工业和信息化设计人才实训指南

Dreamweaver
基础与实战教程

U0217709

张赛 编著

电子工业出版社·
Publishing House of Electronics Industry
北京·BEIJING

读者服务

读者在阅读本书的过程中如果遇到问题，可以关注"有艺"公众号，通过公众号中的"读者反馈"功能与我们取得联系。此外，通过关注"有艺"公众号，您还可以获取艺术教程、艺术素材、新书资讯、书单推荐、优惠活动等相关信息。

资源下载方法：关注"有艺"公众号，在"有艺学堂"的"资源下载"中获取下载链接。如果遇到无法下载的情况，可以通过以下三种方式与我们取得联系。

1.关注"有艺"公众号，通过"读者反馈"功能提交相关信息。

2.请发邮件至art@phei.com.cn，邮件标题命名方式：资源下载+书名。

3.读者服务热线：（010）88254161~88254167转1897。

投稿、团购合作：请发邮件至art@phei.com.cn。

扫一扫关注"有艺"

扫一扫看视频

图书在版编目（CIP）数据

Dreamweaver基础与实战教程 / 张赛编著. -- 北京：电子工业出版社，2022.12

（工业和信息化设计人才实训指南）

ISBN 978-7-121-44465-4

Ⅰ.①D… Ⅱ.①张… Ⅲ.①网页制作工具－教材 Ⅳ.①TP393.092.2

中国版本图书馆CIP数据核字(2022)第199804号

责任编辑：高　鹏　　特约编辑：刘红涛

印　　刷：中国电影出版社印刷厂

装　　订：中国电影出版社印刷厂

出版发行：电子工业出版社

　　　　　北京市海淀区万寿路173信箱　　邮编：100036

开　　本：787×1092　1/16　印张：19.5　字数：561.6千字

版　　次：2022 年 12 月第 1 版

印　　次：2022 年 12 月第 1 次印刷

定　　价：79.00元

Preface 前言

随着互联网的高速发展，人们已经很难离开网络，它已成为人们与社会联系的主要方式，也是人们获取信息的主要方式。当人们浏览到独特、美轮美奂的网页时，都会好奇这些网页是如何制作的。本书就来介绍如何制作出精美而实用的网页。

Dreamweaver 是一款专业的网页编辑软件，用于对 Web 站点、Web 网页和 Web 应用程序进行设计、编码和开发。Dreamweaver 中的可视化编辑功能和强大的编码环境，使不同层次的网页制作者都能拥有更加完美的 Web 创作体验。与 Dreamweaver 的早期版本相比，Dreamweaver 的功能得到了较大的改进。通过学习本书内容，读者能够快速地学习网页的设计制作。

本书内容

本书内容丰富，结构条理清晰，从网页设计的思想出发，向读者传达一种新的设计理念，每个知识点都配有案例进行详细的讲解，循序渐进地介绍 Dreamweaver 软件的相关知识点，让读者真正做到学以致用。本书章节内容安排如下。

第 01 章　Dreamweaver 入门：介绍 Dreamweaver 的相关基础知识，包括 Dreamweaver 的安装与启动、工作界面，以及网页文件的基本操作。

第 02 章　创建与管理站点：介绍在 Dreamweaver 中创建和管理站点的方法，以及站点的一些基本操作，使读者快速掌握建立与管理站点的操作方法和技巧。

第 03 章　从 HTML 到 HTML 5：介绍有关 HTML 和 HTML 5 的基础知识，使读者对 HTML 的发展有所了解，还会介绍网页中的其他源代码。

第 04 章　精通 CSS 样式：介绍如何在网页中创建和应用各种不同类型的 CSS 样式。

第 05 章　CSS 3.0 新增属性及应用：介绍 CSS 3.0 新增的属性，并且通过对案例制作步骤的讲解让读者掌握 CSS 3.0 新增属性的使用方法和技巧。

第 06 章　Div+CSS 网页布局：介绍使用 Div+CSS 对网页进行布局的方法和技巧，包括 CSS 盒模型和网页元素定位的知识。

第 07 章 插入文本元素：介绍在网页中插入网页头信息和文本内容，以及插入特殊文本对象和列表的方法，使读者掌握制作文本网页的方法和技巧。

第 08 章 插入图像和多媒体元素：介绍如何在网页中插入图像、动画、声音、视频等多媒体元素。通过实际案例的制作，使读者快速掌握在网页中应用各种多媒体元素的方法和技巧。

第 09 章 设置网页超链接：介绍网页中各种超链接的创建和设置方法，并且对超链接属性进行介绍。

第 10 章 插入表单元素：介绍如何在网页中插入各种类型的表单元素，并且通过常见表单页面的制作，使读者掌握表单元素的应用。

第 11 章 表格和 iFrame 框架：介绍表格与 iFrame 框架的基础知识和相关操作，使读者掌握表格与 iFrame 框架在网页中的应用。

第 12 章 模板和库的应用：介绍模板和库的创建方法和技巧，并且介绍模板页面中可编辑区域、可选区域等内容的创建，这些操作使得模板页面的功能更加强大。

第 13 章 使用行为创建动态效果：介绍 Dreamweaver 中内置的行为效果，并且通过案例的制作使读者掌握各种行为的使用方法。

第 14 章 综合案例：通过几个典型网站页面的制作，使读者熟练运用 Dreamweaver 中的各种功能来设计制作网站页面。

本书特点

本书内容丰富，结构条理清晰，通过 14 章内容，为读者全面、系统地介绍各种网页设计知识，以及使用 Dreamweaver 进行网页设计制作的方法和技巧。采用理论知识和案例相结合的方法，使读者能够融会贯通。

- 语言通俗易懂，精美案例图文同步，涉及大量的网页设计知识，帮助读者深入了解网页设计。
- 案例涉及面广，几乎涵盖了网页设计的各个领域，每个领域下通过大量的设计讲解和案例制作帮助读者掌握相关领域中的专业知识点。
- 注重设计知识点和案例制作技巧的归纳总结，在知识点和案例的讲解过程中，穿插大量的软件操作技巧和提示等，使读者更好地对知识点进行归纳和吸收。
- 每一个案例都配有相关视频教程和素材，步骤详细，使读者轻松掌握。

本书作者

由于本书编写时间较为仓促，书中难免有疏漏之处，在此敬请广大读者朋友批评、指正。

增值服务介绍

本书增值服务丰富，包括图书相关的训练营、素材文件、源文件、视频教程；设计行业相关的资讯、开眼、社群和免费素材，助力大家自学与提高。

在每日设计 APP 中搜索关键词"D44465"，进入图书详情页面获取；设计行业相关资源在APP主页即可获取。

训练营

书中课后习题线上练习，提交作品后，有专业老师指导。

赠送配套讲义、素材、源文件和课后习题答案，辅助学习。

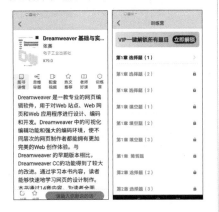

视频教程

配套视频讲解知识点，由浅入深，让你学以致用。

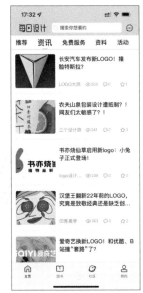

设计资讯

搜集设计圈内最新动态、全球尖端优秀创意案例和设计干货，了解圈内最新资讯。

设计开眼

汇聚全球优质创作者的作品，带你遍览全球，看更好的世界，挖掘更多灵感。

设计社群

八大设计学习交流群，专业老师在线答疑，帮助你成为更好的自己。

免费素材

涵盖 Photoshop、Illustrator、Auto CAD、Cinema 4D、Premiere、PowerPoint 等相关软件的设计素材、免费教程，满足你全方位学习需求。

目录

Contents

第09章　设置网页超链接

第10章　插入表单元素

第11章　表格和iFrame框架

第12章　模板和库的应用

第13章　使用行为创建动态效果

第14章　综合案例

Chapter

01

第01章

Dreamweaver
入门

Dreamweaver 软件是作为网页制作工具被人们所熟知的，设计和开发人员能够利用它有效地创建非常吸引人的、基于 Web 标准的网页。本章重点介绍了 Dreamweaver 的基础知识，包括 Dreamweaver 的安装与启动、工作界面，以及 Dreamweaver 的基本操作。

学习目标

- 了解什么是网页
- 了解网页设计的相关术语
- 认识 Dreamweaver 的工作界面

技能目标

- 熟悉 Dreamweaver 的工作界面
- 熟练掌握网页文件的基本操作

1.1 什么是网页

网页可以通过网址（URL）来识别与存取，当用户在浏览器中输入网址后，网页文件会被传送到用户的计算机，通过浏览器解释网页的内容，再展示到用户眼前。没有使用其他后台程序的页面，通常是 HTML 格式的（文件扩展名为 .html 或 .htm）。

在 IE 浏览器的地址栏中输入 www.qq.com 就可以打开腾讯网站主页，如图 1-1 所示。在网页上单击鼠标右键，选择快捷菜单中的"查看源"命令，可以在浏览器下方的"调试程序"窗口中看到网页的 HTML 代码，如图 1-2 所示。

网页实际上只是一个纯文本文件，它通过各式各样的标记对页面中的文字、图片、表单、视频等元素进行描述（例如字体、颜色、大小）。浏览器的作用就是将这些标记进行解释并生成网页，以方便普通用户浏览。

图 1-1 输入网页 URL 地址

图 1-2 查看网页的 HTML 代码

 提示

除了选择右键快捷菜单中的命令查看源文件，还可以在浏览器的菜单栏中选择"查看 > 源"命令，来查看网页的 HTML 代码。

1.1.1 网页设计与网页制作

很多人对网页设计与网页制作的概念和界限分不清，那么，网页设计和网页制作到底有什么区别和联系呢？首先来看如下两则招聘广告。

甲网络公司：精通 Dreamweaver 等网页制作软件，能够手工修改源代码，熟练使用 Photoshop 等图形设计软件，有网站维护工作经验者优先。

乙网络公司：美术设计专业毕业，五年以上相关专业工作经验，精通现今流行的各种平面设计、动画和网页制作软件。

这是在众多信息中挑出的具有代表性的两则招聘启事，对网页制作的定位可以说各有千秋。甲公司的重点在于能够编写网页代码上；乙公司则更倾向于要求应聘者具有一定水准的美术功底。

由此，可以试着给网页制作与网页设计做出如下定义：

网页制作 = 网页代码编写

网页设计 = 网页代码编写 + 设计

看了以上两个公式大家就明白了，网页设计师需要具备的技能更加全面，优秀的网页设计师肯定是网页代码编写高手和网页设计高手，也就是说应该做到"网页设计"和"网页代码编写"两手抓，这样制作出来的网页才既具备众多交互性能和动态效果，也具有形式上的美感。

另外，人们常说"网页设计"而不说"网页制作"，因为设计是一个思考的过程，而制作只是将思考的结果表现出来。成功的网页首先需要优秀的设计，然后辅以优秀的制作。设计是网页的核心和灵魂，一个相同的设计可以有多种表现方式。

有许多企业现在已经不再设立专门的网页制作职位，不过对于那些想要进入网页设计行业而又欠缺经验的朋友来说，从这个职位做起将是最好的选择。

1.1.2 网页设计术语

下面介绍一些与网页设计相关的术语，只有了解了网页设计的相关术语，才能够制作出具有艺术性和技术性的网页。

因特网：因特网是全球信息资源的总汇，是由许多小的网络（子网）互联而成的逻辑网，每个子网连接着若干台计算机。网络是没有国界的，通过因特网，人们随时可以传递信息到世界上任何因特网覆盖的角落。当然，人们也可以接收来自世界各地的实时信息。

浏览器：浏览器是安装在计算机中用来查看网页的一种工具。每一个因特网用户都要在计算机上安装浏览器来查看网页中的信息，这是使用因特网最基本的条件，就像用电视机来收看电视节目一样。目前，大多数用户所用的 Windows 操作系统中已经内置了浏览器。

网页（Web Page）：随着科学技术的飞速发展，互联网在人们的工作和生活中发挥的作用越来越大。接入互联网后，人们要做的第一件事就是打开浏览器窗口，输入网址，等待网页出现在面前。在现实世界里，人们看到的是多彩的世界，而在网络世界里，这多彩的世界就是一个个漂亮的网页，它可以带着人们周游互联网世界。互联网最重要的作用之一就是"资源共享"。由此可见，网页作为展现 Internet 丰富资源的基础，重要性可见一斑。图 1-3 所示为新浪网站的首页。

网站（Web Site）：简单地说，网站就是多个网页的集合，包括一个首页和若干个分页。那么，什么是首页呢？非常好理解，首页即访问这个网站时打开的第一个网页。除了首页，其他的网页即分页。图 1-4 所示就是新浪网的"新闻"分页。网站是多个网页的集合，但它又不是简单的集合，这要根据网站的内容来决定，比如由多少个网页构成、如何分类等。当然，一个网站也可以只有一个网页（即首页）。但是这种情况比较少，因为这样很可能不会用到网页中最重要的超链接。总之，只有首页的网站是不推荐的。

图 1-3 新浪网站首页　　　　　　　　　　　图 1-4 新浪网站的分页

URL： 即全球资源定位器（Universal Resource Locater）。它是网页在因特网中的地址，如果需要访问某个网站，就需要在浏览器的地址栏中输入该网站的 URL，才能够在浏览器中打开该网站页面。例如，腾讯网站的 URL 是 www. qq.com，如图 1-5 所示。

图 1-5 在地址栏中输入网站的 URL

HTTP： 即超文本传输协议（Hypertext Transfer Protocol），它是一种常用的网络通信协议。如果想链接到某一特定的网页，就必须通过 HTTP 协议，不论使用哪一种网页编辑软件，在网页中加入什么资料，或者使用哪一种浏览器，利用 HTTP 都可以看到正确的网页效果。

TCP/IP： 即传输控制协议 / 网络协议（Transmission Control Protocol/Internet Protocol）。它是因特网采用的标准协议，因此只要遵循 TCP/IP，不管你的计算机使用的是什么系统或平台，均可以在因特网的世界中畅行无阻。

FTP： 即文件传输协议（File Transfer Protocol）。与 HTTP 相同，它也是 URL 地址使用的一种协议名称，以指定传输某一种因特网资源。HTTP 用于链接到某一网页，而 FTP 则主要用于在因特网中上传或下载文件。

IP 地址： 分配给网络中的计算机的一组由 32 位二进制数值组成的编号，以对网络中的计算机进行标记。为了方便记忆地址，人们采用了十进制标记法，每个数值小于等于 225，数值中间用“.”隔开。一个 IP 地址对应一台计算机并且是唯一的。注意，所谓的唯一是指在某一时间内唯一。如果使用动态 IP，那么每一次分配的 IP 地址是不同的，在使用网络的这一时段内，这个 IP 是唯一的指向正在使用的计算机的；静态 IP 是固定将这个 IP 地址分配给某计算机使用的。网络中的服务器使用的是静态 IP。

域名： IP 地址是一组数字，人们记忆起来不够方便，因此人们给每个计算机赋予了一个具有代表性的名字，这就是主机名。主机名由英文字母或数字组成，将主机名和 IP 对应起来，就是域名。

域名和 IP 地址是可以交替使用的，但一般域名要通过转换成 IP 地址才能找到相应的主机，这就是上网的时候经常用到的 DNS 域名解析服务。

静态网页： 静态网页是相对于动态网页而言的，并不是说网页中的元素都是静止不动的。静态网页是指浏览器与服务器端不发生交互的网页，网页中的动画元素等都会发生变化。

动态网页： 动态网页除了包括静态网页中的元素，还包括一些应用程序，这些应用程序需要浏览器与服务器之间发生交互行为，而且应用程序的执行需要通过应用程序服务器才能完成。

1.2 Dreamweaver 简介

Dreamweaver 在增加面向专业人士的基本工具，以及提高可视技术的同时，还为网页设计用户提供了功能强大的、开放的、基于 Web 标准的开发模式。正因如此，Dreamweaver CC 的出现巩固了自 1997 年推出 Dreamweaver 1 以来，长期占据网页设计专业开发领域行业标准级解决方案的领先地位。图 1-6 所示为 Dreamweaver CC 的启动界面。

Dreamweaver 是 Adobe 公司用于网站设计与开发的业界领先软件，Dreamweaver CC 2018 提供了强大的可视化布局工具、应用开发功能和代码编辑支持，使设计和开发人员能够有效地创建基于 Web 标准的网站和应用程序。无论是刚接触网页设计的初学者，还是专业的 Web 开发人员，Dreamweaver 都在前卫的设计理念和强大的软件功能方面给予了充分且可靠的支持，因此占领了绝大部分网页设计制作市场，深受初学者和专业人士的欢迎。

图 1-6 Dreamweaver CC 2018 启动界面

1.3 Dreamweaver的安装与启动

Dreamweaver 是业界领先的网站开发工具，通过该工具能够使用户有效地设计、开发和维护基于标准的网站和应用程序。

1.3.1 系统要求

随着计算机硬件的发展与升级，为了提升软件的运行效率，Dreamweaver CC 2018 软件对系统的要求有了很大的提高。下面分别介绍 Dreamweaver CC 2018 软件对 Windows 系统和 Mac OS 系统的安装及运行要求。

Dreamweaver CC 2018 软件对 Windows 系统的安装和运行要求如表 1-1 所示。

表 1-1　Windows 操作系统要求

处理器	Intel Core 2或AMD Athlon 64处理器；2 GHz或更快的处理器
操作系统	Microsoft Windows 7（64位，带有Service Pack1）或Windows 10 v1607、1803及更高版本（64位）
内存	2GB内存（推荐4GB以上）
硬盘空间	2GB的可用硬盘空间；安装过程中另需额外空间（无法安装在可移动闪存设备上）
显示分辨率	建议1280×1024像素或更高的显示分辨率，16位视频卡
软件激活	需要宽带连接并且注册认证，才能激活软件、验证订阅和访问在线服务

Dreamweaver CC 2018 软件对 Mac OS 系统的安装和运行要求如表 1-2 所示。

表 1-2　Mac OS 操作系统要求

处理器	支持64位的多核Intel处理器
操作系统	Mac OS 10.13及以上版本。注意，不支持Mac OS 10.12版本
内存	2GB内存（推荐4GB以上）
硬盘空间	2GB的可用硬盘空间；安装过程中另需额外空间（无法安装在可移动闪存设备上）
显示分辨率	建议1280×1024像素或更高的显示分辨率，16位视频卡
软件激活	需要宽带连接并且注册认证，才能激活软件、验证订阅和访问在线服务

素材文件	无
案例文件	无
视频教学	视频 \ 第 01 章 \1-3-2.mp4
案例要点	掌握 Dreamweaver CC 2018 的安装方法

扫码观看视频

Step 01 打开 Adobe Dreamweaver CC 2018 安装程序文件夹，然后双击安装程序文件 Set-up.exe，如图 1-7 所示，启动 Adobe Dreamweaver CC 2018 安装程序。如果当前用户没有登录 Adobe ID 账号，则显示 Adobe ID 账号登录界面，如图 1-8 所示。

💡 **提示**

如果用户已经在计算机中安装了 Adobe 系列的其他软件并且登录了 Adob ID 账号，那么在安装 Dreamweaver CC 2018 时，将不再需要登录 Adobe ID，而是直接显示 Dreamweaver CC 2018 的安装进度。

图 1-7 双击安装程序文件　　　　图 1-8 Adobe ID 账号登录界面

Step 02 成功登录 Adobe ID 帐号之后，显示 Dreamweaver CC 2018 安装说明界面，如图 1-9 所示。单击"继续"按钮，将以默认设置安装 Dreamweaver CC 2018，并显示安装进度，如图 1-10 所示。

图 1-9 安装说明界面　　　　图 1-10 显示 Dreamweaver CC 2018 安装进度

💡 **提示**

Creative Cloud 是 Adobe 的创意应用软件，用户可以自行决定其内部软件的部署方式和时间。用户不仅可以对本工具进行外围补充，而且可以在云端存储文件，并从任何终端位置进行文件访问，应用设置也能够存于云端并在多设备间同步。Creative Cloud 中几乎包含 Adobe 公司的所有软件，用户可以方便地对 Adobe 系列软件进行安装、卸载和更新等操作。

Step 03 完成 Dreamweaver CC 2018 的安装之后，会自动关闭程序安装窗口。

1.3.2 Dreamweaver的启动

完成 Dreamweaver CC 2018 软件的安装之后，在 Windows 的"开始"菜单中会自动添加 Dreamweaver CC 2018 启动选项，通过该选项就可以启动 Dreamweaver CC 2018。

在 Windows 的 "开始"菜单中选择 Adobe Dreamweaver CC 2018 选项，如 图 1-11 所示，会显 示 Dreamweaver CC 2018 软件的启动界 面，如图 1-12 所示。

图 1-11 选择 Adobe Dreamweaver CC 2018 选项　　　　图 1-12 启动界面

Dreamweaver CC 2018 软件启动完成后，将显示"主页"窗口，这里为用户提供了创建和打开项目文件的快 捷选项，如图 1-13 所示。在 Dreamweaver CC 2018 中新建或打 开一个网页文件，即 可进入 Dreamweaver CC 2018 软件的工作 界面，如图 1-14 所示。

图 1-13 "主页"窗口　　　　图 1-14 工作界面

如果需要退出 Dreamweaver CC 2018，可以直接单击 Dreamweaver CC 2018 工作界面右上角的"关闭"按钮。 执行"文件 > 退出"命令，也可退出并关闭 Dreamweaver CC 2018。在退出软件时，如果当前还有未保存的文件， 则会弹出文件保存提示，用户进行文件保存操作或放弃保存之后，才能够退出 Dreamweaver CC 2018。

1.4 Dreamweaver的工作界面

Dreamweaver CC 2018 是 Adobe 大家庭中的一员，为用户提供了一个集成、高效的 工作界面，并且用户可以根据自己的喜好，自定义 Dreamweaver CC 2018 的工作界面， 本节将带领读者全面认识 Dreamweaver CC 2018 的工作界面。

1.4.1 认识Dreamweaver的工作界面

Dreamweaver CC 2018 提供了一个将全部元素置于一个窗口中的集成布局，如图 1-15 所示。在集成的工作区中，全部窗口和面板都被集成到一个更大的应用程序窗口中，用户可以查看文档和对象属性。Dreamweaver CC 2018 还将许多常用操作放置于工具栏中，使用户可以快速地更改文档。

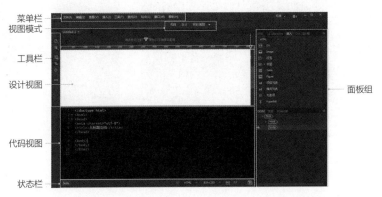

菜单栏
视图模式
工具栏
设计视图
代码视图
状态栏
面板组

图 1-15 Dreamweaver CC 2018 的工作界面

提示

Dreamweaver 提供了多种视图供用户选择，在"视图模式"选项中单击"代码"选项，则可以进入全代码编辑模式，在 Dreamweaver 中只显示代码编辑窗口；单击"拆分"选项，则可以进入拆分视图模式，上半部分显示实时视图或设计视图，下半部分显示代码视图；单击"实时视图"选项，则可以进入实时视图模式，在 Dreamweaver 中只显示实时视图窗口；单击下三角形按钮，在弹出的菜单中选择"设计"命令，则可以进入设计视图模式，在 Dreamweaver 中只显示设计视图。

1.4.2 "插入"面板

网页中的内容虽然多种多样，但是都可以被称为对象，简单的对象有文字、图像和表格等，复杂的对象包括导航条和程序等。

Dreamweaver CC 2018 改进了"插入"面板，对可以插入到网页中的元素进行了重新分类，并提供了许多全新的网页元素，移除了许多不实用的网页元素。大部分对象都可以通过"插入"面板插入到页面中。"插入"面板如图 1-16 所示。

在"插入"面板中，在面板名称下方有一个下拉列表框，在下拉列表中可以选择需要在"插入"面板中显示的元素类别，如图 1-17 所示。

图 1-16 "插入"面板   图 1-17 元素类别下拉列表

HTML：选择此选项后，"插入"面板中会显示网页中除表单元素外的几乎所有元素的插入按钮，并且分类排列。第 1 部分是 HTML 页面中常用元素的插入按钮，包括 Div、图像和项目列表等，如图 1-18 所示。

第 2 部分是 HTML 5 文档结构标签按钮，通过这些按钮可以在网页文件中光标所在位置插入相应的 HTML 5 文档结构标签，如图 1-19 所示。

第 3 部分是 HTML 文档头信息的相关按钮，通过这些按钮可以在 HTML 文档中插入关键字、说明等头信息内容，如图 1-20 所示。

图 1-18 HTML 常用元素　　图 1-19 HTML 5 文档结构元素　　图 1-20 HTML 头信息元素

第 4 部分是 HTML 多媒体元素的插入按钮，包括视频、音频和 Canvas 等，如图 1-21 所示。

第 5 部分是 HTML 页面中的框架和特殊字符插入按钮，包括 "IFRAME" "水平线" "日期" 等，如图 1-22 所示。

图 1-21 HTML 多媒体元素　　图 1-22 HTML 框架和特殊字符元素

表单：选择该选项后，"插入" 面板中会显示 HTML 页面中所有表单元素的插入按钮，包括 HTML 5 新增的表单元素，如图 1-23 所示。

图 1-23 HTML 表单元素

模板：选择该选项后，"插入" 面板中会显示 Dreamweaver 中各种模板对象的创建按钮，包括 "创建模板" "可编辑区域" 等，如图 1-24 所示。

Bootstrap 组件：选择该选项后，"插入" 面板中会显示用于开发响应迅速的 CSS 和 HTML 组件元素，包括按钮、表单、导航、图像旋转视图，以及可能在网页上使用的其他元素，如图 1-25 所示。

图 1-24 模板元素　　　　图 1-25 Bootstrap 组件元素

jQuery Mobile: 选择该选项后，"插入"面板中会显示一系列针对移动设备页面开发的按钮，包括"页面""列表视图""布局网格"等，如图 1-26 所示。

jQuery UI: 选择该选项后，"插入"面板中会显示以 jQuery 为基础的开源 JavaScript 网页用户界面代码库，如图 1-27 所示。

图 1-26 jQuery Mobile 元素

图 1-27 jQuery UI 元素

收藏夹： 选择该选项后，"插入"面板中会显示用于收藏用户自定义的 HTML 元素创建按钮，默认情况下该类别中没有对象，用户可以根据自己的使用习惯，将自己常用的 HTML 元素创建按钮添加到该类别中，如图 1-28 所示。

隐藏标签： 选择该选项后，可以隐藏"插入"面板中各 HTML 元素按钮的标签提示，只显示插入按钮，如图 1-29 所示。当选择了"隐藏标签"选项后，该选项将变为"显示标签"选项，如图 1-30 所示。选择"显示标签"选项，将恢复默认的显示标签提示效果。

图 1-28 "收藏夹"类别

图 1-29 隐藏标签提示

图 1-30 选择"显示标签"选项

> **提示**
>
> 每一个对象都是一段 HTML 代码，允许用户在插入对象时设置不同的属性。例如，用户可以在"插入"面板中单击 Div 按钮，插入一个 Div。当然，也可以不使用"插入"面板，选择"插入"菜单中的命令来插入页面元素。

1.4.3 状态栏

状态栏位于软件工作界面底部，提供与正在创建的文档有关的其他信息，如图 1-31 所示。

图 1-31 状态栏

标签选择器： 显示当前选定内容的标签的层次结构。单击该层次结构中的任何标签，都可以选择该标签及其全部内容。单击 <body> 标签可以选择文档的整个正文。

网页错误提示： Dreamweaver 能够自动对网页中的 HTML 代码进行检测。当 HTML 代码运行正确时，此处显示绿色对钩；当 HTML 代码运行出现错误时，此处显示红色叉号。

代码类型：在该下拉列表中可以选择当前所编辑文档的代码类型。Dreamweaver 为不同的代码类型提供了不同的代码配色方式和代码提示。

窗口大小：显示当前设计视图窗口的尺寸，打开下拉列表，其中提供了一些常用的页面尺寸大小，如图 1-32 所示。

代码编写模式：INS 表示 Dreamweaver 中的代码为插入模式，即在光标所在位置插入所输入的代码内容。在该选项上单击，可以将代码编写模式切换为 OVR。OVR 表示覆盖模式，即在光标所在位置输入的代码内容会向后进行覆盖。

代码位置：此处显示当前元素在 HTML 代码中的位置，前一个数值表示在第几行代码，后一个数值表示在第几个字符。

"预览"按钮 ：单击该按钮，可以在弹出的菜单中选择一种用户预览网页的浏览器，如图 1-33 所示。之后即可在所选择的浏览器中浏览当前编辑的页面。

图 1-32　"窗口大小" 下拉列表　　　　图 1-33　"预览" 弹出菜单

1.5　网页文件的基本操作

在 Dreamweaver 中制作网页最基本的操作，包括网页文件的新建、打开、保存、关闭和预览等。本节将向大家介绍网页文件的基本操作。

1.5.1　新建网页文件

启动 Dreamweaver CC 2018，执行"文件 > 新建"命令，弹出"新建文档"对话框，如图 1-34 所示。"新建文档"对话框中有"新建文档""启动器模板""网站模板"3 个选项卡。

图 1-34　"新建文档"对话框

> **提示**
>
> 在刚打开 Dreamweaver 时，在"主页"窗口中单击"新建"按钮，同样可以打开"新建文档"对话框。

新建文档: 在"新建文档"选项卡中可以新建基本的静态网页和动态网页，其中最常用的就是 HTML 选项。

当用户在"文档类型"列表框中选择 HTML 选项时，在右侧的"框架"选项区域可以选择新建的 HTML 页面是否基于 BOOTSTRAP 框架。如果新建的是基于 BOOTSTRAP 框架的 HTML 页面，可以选择 BOOTSTRAP 选项，可以对 BOOTSTRAP 框架的相关选项进行设置，如图 1-35 所示。

当用户在"文档类型"列表框中选择 HTML 选项之外的其他文档类型时，在对话框右侧会显示"布局"列表框、预览区域和描述区域，如图 1-36 所示。

 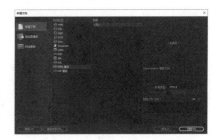

图 1-35 基于 BOOTSTRAP 框架新建 HTML 页面　　　　图 1-36 选择"HTML 模板"选项

启动器模板: 单击"启动器模板"选项卡，可以切换到"启动器模板"设置界面，在该选项卡中提供了"基本布局""Bootstrap 模板""响应式电子邮件""快速响应启动器"4 种启动器模板。选择一种启动器模板，在"示例页"列表框中选择其中一个示例，即可创建相应的启动器模板页面，如图 1-37 所示。

网站模板: 单击"网站模板"选项卡，可以切换到"网站模板"设置界面，可以创建基于各站点中的模板的相关页面，在"站点"列表框中可以选择需要创建基于模板页面的站点，在"站点的模板"列表框中列出了所选站点中的所有模板。选择任意一个模板，单击"创建"按钮，即可创建基于该模板的页面，如图 1-38 所示。

 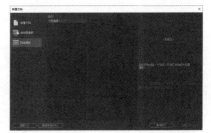

图 1-37 选择"启动器模板"选项　　　　图 1-38 选择"网站模板"选项

在"新建文档"对话框中选择需要新建的文档类型之后，单击"确定"按钮，即可创建指定类型的文档，并进入该文档的编辑状态。

1.5.2　保存网页文件

当用户在 Dreamweaver 中制作了精美的网页之后，需要将其保存，才能在浏览器中预览。

如果需要保存当前编辑的网页文件，可以执行"文件 > 保存"命令，弹出"另存为"对话框，如图 1-39 所示。设置文件名，并设置文件的保存位置，单击"保存"按钮，即可保存当前网页文件。

 提示

保存网页文件时，设置完文件名和保存位置后可以直接按 Enter 键保存。如果没有另外指定文件类型，文件会自动保存为扩展名为 .html 的网页文件。

图 1-39 "另存为"对话框

提示

如果当前编辑的网页文件已经保存过，则执行"文件 > 保存"命令后，将直接覆盖原来保存的网页文件，而不会弹出"另存为"对话框。

1.5.3 打开网页文件

如果需要在 Dreamweaver 中编辑网页文件，就必须先在 Dreamweaver 中打开该网页文件。在 Dreamweaver 中，可以打开多种格式的网页文件，它们的扩展名分别为 .html、.shtml、.asp、.js、.xml、.as、.css、.js 等。

在 Dreamweaver 中执行"文件 > 打开"命令，或者在"主页"窗口中单击"打开"按钮，弹出"打开"对话框，如图 1-40 所示。"打开"对话框和其他 Windows 应用程序类似，包括"查找范围"下拉列表框、导航、视图按钮、

"文件名"组合框，以及文件类型下拉列表框等。用户在文件列表中选择需要打开的网页文件，单击"打开"按钮，即可在 Dreamweaver 中打开网页文件，如图 1-41 所示。

图 1-40 "打开"对话框　　　　图 1-41 在 Dreamweaever 中打开网页

1.5.4 预览网页

在 Dreamweaver 中完成网页的制作或编辑以后，可以预览网页的效果，包括在浏览器中预览和使用 Dreamweaver 中的实时视图预览。

网页制作完成后，可以单击状态栏右侧的"预览"按钮 ，在弹出的菜单中选择一种浏览器进行预览，如图 1-42 所示。之后即可打开选择的浏览器窗口，并在该浏览器窗口中打开当前网页，效果如图 1-43 所示。

图 1-42 选择浏览器　　　　图 1-43 在 IE 浏览器中预览网页

为了更快捷地制作页面，Dreamweaver 提供了实时预览功能，在菜单栏下方的"视图模式"选项组中单击"实时视图"选项，即可在 Dreamweaver 中预览网页在浏览器中的显示效果，如图 1-44 所示。

图 1-44 在实时视图中预览网页

新建并保存网页文件

素材文件	无
案例文件	无
视频教学	视频 \ 第 01 章 \1-6.mp4
案例要点	掌握在 Dreamweaver 中新建 HTML 页面和保存页面的方法

扫码观看视频

1. 练习思路

在开始制作网站页面之前，首先需要在 Dreamweaver CC 中创建一个空白页面，在创建的空白页面中进行制作，并且还需要对新建的网页文件进行保存，从而避免网页文件意外丢失。

2. 制作步骤

Step 01 执行"文件 > 新建"命令，弹出"新建文档"对话框，在"文档类型"列表框中选择"HTML"选项，其他参数保持默认设置，如图 1-45 所示。单击"创建"按钮，即可在 Dreamweaver 中新建一个空白的 HTML 页面，如图 1-46 所示。

图 1-45 "新建文档"对话框

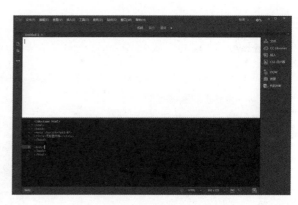

图 1-46 新建空白 HTML 页面

Step 02 在"视图模式"选项组中单击"代码"选项卡，切换到代码视图，可以看到空白 HTML 页面的 HTML 代码，如图 1-47 所示。执行"文件 > 保存"命令，弹出"另存为"对话框，设置文件名称和保存位置，如图 1-48 所示。单击"保存"按钮，即可保存该网页文件。

图 1-47 HTML 代码

图 1-48 "另存为"对话框

课堂练习 打开并预览网页

素材文件	无
案例文件	最终文件\第 01 章\1-7.html
视频教学	视频\第 01 章\1-7.mp4
案例要点	掌握在 Dreamwever 中打开网页和预览网页的方法

扫码观看视频

1. 练习思路

在 Dreamweaver 中完成网页的制作以后,可以浏览网页的效果,包括在指定的浏览器中进行预览和使用 Dreamweaver 的实时视图进行预览。

2. 制作步骤

Step 01 执行"文件 > 打开"命令,在弹出的"打开"对话框中选择需要在 Dreamweaver 中打开的网页文件,如图 1-49 所示。单击"打开"按钮,即可在 Dreamweaver 中打开该网页,如图 1-50 所示。

图 1-49 选择需要打开的网页文件

图 1-50 在 Dreamweaver 中打开网页

Step 02 在"视图模式"选项组中单击"实时视图"选项卡,切换到实时视图模式并预览网页,如图 1-51 所示。单击状态栏右侧的"预览"按钮 ，在弹出的菜单中选择一种浏览器,即可在所选浏览器窗口中预览该网页,效果如图 1-52 所示。

图 1-51 在实时视图模式下预览网页

图 1-52 在 IE 浏览器中预览网页

课后习题

学习本章内容后，请读者完成以下课后习题，测验一下自己学习 Dreamweaver 基础知识的成果，加深对所学知识的理解。

一、选择题

1. 在 Dreamweaver 中可以通过（   ）面板将文字、图像、多媒体等元素插入到网页中。

A. "文件"面板

B. "资源"面板

C. "插入"面板

D. "CSS 设计器"面板

2. 在 Dreamweaver 中使用默认浏览器预览当前网页的快捷键是（   ）。

A. F9

B. F10

C. F11

D. F12

3. 如果需要在 Dreamweaver 中新建一个空白的 HTML 页面，则需要在"新建文档"对话框中的（   ）选项卡中选择 HTML 选项。

A. 新建文档

B. 启动器模板

C. 网站模板

D. 任意选项卡

二、填空题

1. _____ 即超文本传输协议（Hypertext Transfer Protocol），是一种最常用的网络通信协议。

2. Dreamweaver 中的 4 种视图模式分别是：代码、_____、_____ 和 _____。

3. 单击 Dreamweaver 状态栏中的 _____ 按钮，可以在弹出的菜单中选择一种浏览器，从而在该浏览器中预览当前页面。

三、简答题

简单描述什么是网页？什么是网站？

Chapter

02

第02章

创建与管理站点

互联网中形形色色的网站，小到公司企业宣传网站，大到知名主流门户
网站，都是从构建站点开始的。在本地磁盘建立的站点叫作本地站点。
如果想让更多的人浏览到自己的网站，就必须把网站上传到 Web 服务
器上。在 Web 服务器上的站点叫作远程站点。建立完善的站点，疏通
网站的结构与脉络对网站的建设具有重要的意义。

DREAMWEAVER

学习目标

● 了解站点的创建和设置
● 了解站点文件的基本操作
● 了解站点文件的管理

技能目标

● 掌握创建本地静态站点的方法
● 掌握设置站点远程服务器的方法
● 掌握在"文件"面板中管理站点文件的方法

创建站点

无论你是一个网页制作新手，还是一个专业的网页设计师，都要从构建站点开始，理清网站的结构。当然，不同的网站有不同的结构，功能也不同，大家要根据自己的需求组织站点的结构。

课堂案例 创建本地静态站点

素材文件	无
案例文件	无
视频教学	视频\第 02 章\2-1-1.mp4
案例要点	掌握在 Dreamweaver 中创建本地静态站点的方法

扫码观看视频

Step 01 执行"站点 > 新建站点"命令，弹出"站点设置对象"对话框，如图 2-1 所示。在"站点名称"文本框中输入站点的名称，单击"本地站点文件夹"文本框右侧的"浏览"按钮，弹出"选择根文件夹"对话框，浏览到本地站点的位置，如图 2-2 所示。

图 2-1 "站点设置对象"对话框 1　　　　　　　　　　　图 2-2 "选择根文件夹"对话框

Step 02 单击"选择文件夹"按钮，确定本地站点根目录的位置，"站点设置对象"对话框如图 2-3 所示。单击"保存"按钮，即可完成本地站点的创建。执行"窗口 > 文件"命令，打开"文件"面板，在"文件"面板中会显示刚刚创建的本地站点，如图 2-4 所示。

 提示

在大多数情况下，用户都是在本地站点中编辑网页，再通过 FTP 上传到远程服务器的。在 Dreamweaver 中创建本地静态站点的方法更加方便和快捷。

图 2-3 "站点设置对象"对话框 2　　　图 2-4 "文件"面板

下面介绍如何设置站点服务器。

在站点设置对象对话框中选择"服务器"选项,可以切换到"服务器"选项卡,如图2-5所示。在该选项卡中,可以指定远程服务器和测试服务器。

Dreamweaver CC 2018提供了7种连接远程服务器的方式,分别是FTP、SFTP、"基于SSL/TLS的FTP(隐式加密)"、"基于SSL/TLS的FTP(显式加密)"、"本地/网络"、WebDAV和RDS。

单击"添加新服务器"按钮 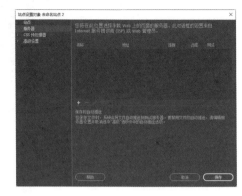,会弹出"服务器设置"对话框,如图2-6所示。大多数情况下,站点都是通过FTP的方式来连接到远程服务器的,FTP是目前最常用的连接远程服务器的方式。

图2-5 "服务器"选项卡

无论选择哪种方式连接远程服务器,对话框中都有一个"高级"选项卡。无论选择哪种连接方式,"高级"选项卡中的选项都是相同的。单击"高级"选项,切换到"高级"选项卡,如图2-7所示。

图2-6 站点服务器设置   图2-7 "高级"选项卡

课堂案例 创建企业站点并设置远程服务器

素材文件	无
案例文件	无
视频教学	视频\第02章\2-1-3.mp4
案例要点	掌握在Dreamweaver中创建站点并设置远程服务器的方法

Step 01 执行"站点 > 新建站点"命令,弹出"站点设置对象"对话框。在"站点名称"文本框中输入站点的名称。单击"本地站点文件夹"右侧的"浏览"按钮 ,弹出"选择根文件夹"对话框,浏览到站点的根文件夹,如图2-8所示。单击"选择文件夹"按钮,选定站点根文件夹,如图2-9所示。

图2-8 "选择根文件夹"对话框   图2-9 设置站点根文件夹

Step 02 选择"站点设置对象"对话框左侧的"服务器"选项，切换到"服务器"选项卡，如图 2-10 所示。单击"添加新服务器"按钮 **+**，弹出"服务器设置"对话框，对远程服务器的相关信息进行设置，如图 2-11 所示。

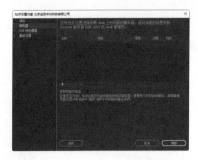 

图 2-10 "服务器"选项卡　　　　　　图 2-11 设置远程服务器相关信息

Step 03 单击"测试"按钮，显示正在与设置的远程服务器连接。连接成功后，弹出提示框，提示"Dreamweaver 已成功连接您的 Web 服务器"，如图 2-12 所示。单击"服务器设置"对话框中的"高级"选项，切换到"高级"选项卡，在"服务器模型"下拉列表中选择"PHP MySQL"选项，如图 2-13 所示。

图 2-12 显示与远程服务器连接成功　　　　图 2-13 "高级"选项卡

Step 04 单击"保存"按钮，完成新服务器的添加，如图 2-14 所示。单击"保存"按钮，完成企业站点的创建，"文件"面板将自动切换至刚创建的站点，如图 2-15 所示。

 提示

在创建站点的过程中，定义远程服务器是为了方便本地站点随时能够与远程服务器相连，上传或下载相关文件。如果用户希望在本地站点中将网站制作完成，再将站点上传到远程服务器，则可以选择不定义远程服务器，待需要上传时再定义。

图 2-14 添加新服务器　　　　　图 2-15 "文件"面板

站点文件的基本操作

在创建网站之前，需要对整个网站的结构进行规划，使网站结构清晰，这样可以节约网站建设者的宝贵时间，不至于出现众多相关联的文件都分布在众多相似名称的文件夹中的情况。

通过"文件"面板，可以对本地站点的文件夹和文件进行创建、删除、移动和复制等操作，还可以编辑站点。

2.2.1 创建页面

在Dreamweaver中创建网页的方法有很多，除了执行"文件>新建"命令，利用"新建文档"对话框创建页面，还可以利用"文件"面板直接创建页面。

在"文件"面板中的站点根目录上单击鼠标右键，从弹出的快捷菜单中选择"新建文件"命令，如图2-16所示，即可在当前站点的根目录中新建一个HTML页面，并自动进入该网页文件的重命名状态，如图2-17所示。

图2-16 选择"新建文件"命令

图2-17 重命名网页

技巧

要在"文件"面板中新建页面，需要在某个文件夹上单击鼠标右键，在弹出的快捷菜单中选择"新建文件"命令，则新建的网页位于该文件夹中。如果在站点的根目录上单击鼠标右键，在弹出的快捷菜单中选择"新建文件"命令，则新建的网页位于站点的根目录中。

2.2.2 创建文件夹

创建文件夹的过程实际上就是构思网站结构的过程，很多情况下文件夹代表网站的子栏目，每个子栏目都有自己对应的文件夹。

在"文件"面板中的站点根目录上单击鼠标右键，从弹出的快捷菜单中选择"新建文件夹"命令，如图2-18所示。即可在当前站点的根目录中新建一个文件夹，并且自动进入该文件夹的重命名状态，如图2-19所示。

图2-18 选择"新建文件夹"命令

图2-19 重命名文件夹

提示

随着站点的扩大，文件夹的数量还会增加。创建文件夹的目的主要是为了方便管理，建立文件夹时也应该以此为原则。有的文件夹用来存放图片，如pics、images等文件夹；有的文件夹作为子目录，用来存放网页等文件，如content等文件夹；有的文件夹是Dreamweaver自动生成的，如templates和libraries文件夹。

技巧

在站点中创建文件夹，除了通过"文件"面板直接创建，还可以直接在本地站点所在的文件夹中，使用在Windows中创建文件夹的方法新建一个文件夹。

2.2.3 移动和复制文件或文件夹

从"文件"面板的本地站点文件列表中，选择需要移动或复制的文件或文件夹。如果要进行移动操作，可以执行"编辑>剪切"命令；如果要进行复制操作，可以执行"编辑>复制"命令；执行"编辑>粘贴"命令，可以将文件或文件夹移动或复制到相应的文件夹中。

使用鼠标拖动也可以实现文件或文件夹的移动，其方法如下：先从"文件"面板的本地站点文件列表中，选择需要移动或复制的文件或文件夹，再将其移动到目标文件夹中，然后释放鼠标，如图2-20所示。

给文件或文件夹重命名的操作十分简单，使用鼠标选中需要重命名的文件或文件夹，然后按F2键，文件名即变为可编辑状态，如图 2-21 所示。输入文件名，再按 Enter 键确认，即可完成重命名操作。

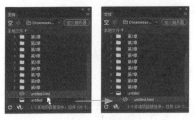

图 2-20 移动网页文件

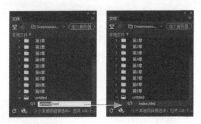

图 2-21 重命名网页文件

提示

无论是重命名还是移动，都应该在 Dreamweaver 的"文件"面板中进行，因为"文件"面板有动态更新链接功能，可以确保站点内部不会出现链接错误。和大多数的文件管理器一样，可以利用剪切、复制和粘贴操作来实现文件或文件夹的移动和复制。

2.2.5 删除文件或文件夹

要从本地站点文件列表中删除文件，可以先选中需要删除的文件或文件夹。然后在其右键快捷菜单中选择"编辑 > 删除"命令或按 Delete 键。这时会弹出一个提示框，询问是否要真正删除文件或文件夹。单击"是"按钮确认，即可将文件或文件夹从本地站点中删除。

2.3 管理站点

在 Dreamweaver 中可以创建多个站点，这就需要用专门的工具来完成站点的切换、添加和删除等站点管理操作。执行"站点 > 管理站点"命令，弹出"管理站点"对话框，通过该对话框可以对站点进行管理操作。

2.3.1 站点的切换

使用 Dreamweaver 编辑网页或进行网站管理时，每次只能操作一个站点。在"文件"面板上方的下拉列表中选择已经创建的站点，如图 2-22 所示，就可以切换到这个站点并对其进行操作。

另外，还可以在"管理站点"对话框中选中要切换到的站点，如图 2-23 所示，单击"完成"按钮，在"文件"面板中就会显示刚刚选择的站点。

图 2-22 在"文件"
面板中切换站点

图 2-23 在"管理站点"对话框中切换站点

2.3.2 "管理站点"对话框

在 Dreamweaver 中对站点的所有管理操作都可以通过"管理站点"对话框来实现。执行"站点 > 管理站点"命令，弹出"管理站点"对话框，如图 2-24 所示。在该对话框中可以实现站点的编辑、复制、删除、导出等操作。

选择需要删除的站点，单击"删除当前选定的站点"按钮，弹出提示框，单击"是"按钮，即可删除当前选中的站点；选择需要编辑的站点，单击"编辑当前选定的站点"按钮，弹出站点设置对象对话框，在该对话框中可以对选中的站点设置信息进行修改；单击"复制当前选

图 2-24 "管理站点"对话框

定的站点"按钮，即可复制选中的站点并得到该站点的副本；单击"导出当前选定的站点"按钮，弹出"导出站点"对话框，选择导出站点的位置，在"文件名"文本框中为导出的站点文件设置名称，如图 2-25 所示，单击"保存"按钮，即可将选中的站点导出为一个扩展名为 .ste 的 Dreamweaver 站点文件。

单击"导入站点"按钮，弹出"导入站点"对话框。在该对话框中选择需要导入的站点文件，如图 2-26 所示，单击"打开"按钮，即可将该站点文件导入 Dreamweaver 中。

图 2-25 "导出站点"对话框

图 2-26 "导入站点"对话框

课堂练习 在站点中新建文件夹和网页文件

素材文件	无
案例文件	无
视频教学	视频 \ 第 02 章 \2-6.mp4
案例要点	掌握在站点中新建文件夹和网页文件的方法

扫码观看视频

1. 练习思路

在 Dreamweaver 的"文件"面板中可以对站点中的文件进行管理，包括新建文件夹 / 文件、删除文件夹 / 文件等。"文件"面板是用户在设计制作网页的过程中常用的面板之一，大家需要熟练掌握在"文件"面板中对网页文件进行管理的操作。

2. 制作步骤

Step 01 在"文件"面板中的站点根目录上单击鼠标右键，在弹出的快捷菜单中选择"新建文件夹"命令，如图 2-27 所示。在当前站点根目录中新建一个文件夹，并自动进入该文件夹的重命名状态，如图 2-28 所示。

Step 02 输入文件夹名称，按 Enter 键确认，完成文件夹的创建，如图 2-29 所示。在刚新建的文件夹上单击鼠标右键，在弹出的快捷菜单中选择"新建文件"命令，如图 2-30 所示。

Step 03 在当前文件夹中新建一个 HTML 网页文件，并自动进入该网页文件的重命名状态，如图 2-31 所示。输入文件名称，按 Enter 键确认，完成网页文件的创建，如图 2-32 所示。

图 2-27 选择"新建文件夹"命令　　图 2-28 重命名文件夹　　图 2-29 确认文件夹名称　　图 2-30 选择"新建文件"命令　　图 2-31 重命名网页文件　　图 2-32 新建网页文件

课后习题

学习本章内容后，请读者完成以下课后习题，测验一下自己对"创建与管理站点"的学习效果，同时加深对所学知识的理解。

一、选择题

1. 在 Dreamweaver 中可以通过（　　）面板对站点进行管理。

A. "文件"面板　　　　B. "资源"面板　　　　C. "站点"面板　　　　D. "插入"面板

2. 下列哪一种方式不属于 Dreamweaver 站点连接远程服务器的方式？（　　）

A. FTP　　　　B. HTTP　　　　C. SFTP　　　　D. RDS

3. Dreamweaver 站点文件的扩展名是（　　）。

A. .html　　　　B. .css　　　　C. .js　　　　D. .ste

二、填空题

1. 在创建站点的过程中，定义 _____ 是为了方便本地站点随时能够与 _____ 相关联，上传或下载相关文件。

2. 通过 _____ 面板，可以对本地站点的文件夹和文件进行创建、删除、移动和复制等操作，还可以编辑站点。

3. 在 _____ 对话框中可以实现站点的编辑、复制、删除、导出等多种站点管理操作。

三、简答题

简单描述 Dreamweaver 中站点的作用。

Chapter

03

第03章

从HTML到HTML 5

HTML 是 Internet 上制作网页的主要语言。网页中的图像、动画、表单和多媒体等复杂的元素，其本质都是 HTML。随着互联网的飞速发展，网页设计语言也在不断地变化和发展，从 HTML 到 HTML 5，每一次的发展变革都是为了适应互联网的需求。本章将向读者介绍有关 HTML 和 HTML 5 的相关知识，使读者对 HTML 的发展有所了解，并且了解 HTML 5 与 HTML 之间的相同点，以及 HTML 5 有哪些改进。

DREAMWEAVER

学习目标

• 了解 HTML 及其特点
• 理解并掌握 HTML 文档的结构
• 理解 HTML 的基本语法
• 认识 HTML 的常用标签
• 了解 HTML 5 的新增标签

技能目标

• 掌握在 Dreamweaver 设计视图中制作 HTML 页面的方法
• 掌握在代码视图中编写 HTML 代码的方法
• 掌握在记事本中编写 HTML 页面文档结构代码的方法

3.1 HTML基础

HTML主要运用标签使页面显示出预期的效果，也就是在文本文件的基础上，加上一系列网页元素，最后形成扩展名为 .htm 或 .html 的文件。当人们通过浏览器阅读 HTML 文档时，浏览器负责解释插入到 HTML 文本中的各种标签，并以此为依据显示文本内容。人们把用 HTML 语言编写的文件称为 HTML 文本，HTML 语言即网页的描述语言。

3.1.1 HTML概述

在介绍 HTML 语言之前，先介绍 World Wide Web（万维网）。万维网是一种建立在因特网上的、全球性的、交互的、多平台的和分布式的信息资源网络。它采用 HTML 语法描述超文本（Hypertext）文件。Hypertext 一词有两个含义：一个是链接相关联的文件；另一个是内含多媒体对象的文件。

超文本标记语言（Hyper Text Markup Language，HTML）是 Internet 中用于编写网页的主要语言，HTML 提供了精简且有力的文件定义，可以设计出多姿多彩的超媒体文件。通过 HTTP 通信协议，HTML 文档可以在万维网上进行跨平台的文件交换。

3.1.2 HTML文档的特点

HTML 文档制作简单，并且功能强大，支持不同数据格式的文件导入，主要有以下几个特点：

（1）HTML 文档容易创建，只需一个文本编辑器就可以完成。

（2）HTML 文档存储容量小，能够尽可能快速地在网络中进行传输和显示。

（3）HTML 文档与操作平台无关，HTML 独立于操作系统平台，能够与多种平台兼容，只需一个浏览器就可以在操作系统中浏览网页文件。

（4）简单易学，不需要很深奥的编程知识。

（5）HTML 文档具有扩展性。HTML 文档采取了类元素的方式，为系统扩展提供了保证。

 提示

HTML 文档可以直接由浏览器解释执行，无须编译。当用浏览器打开网页时，浏览器读取网页中的 HTML 代码，分析其语法结构，然后根据解释的结果显示网页内容。正因如此，网页显示的速度同网页代码的质量有很大的关系，保持精简和高效的 HTML 源代码是十分重要的。

3.1.3 HTML文档的结构

HTML 文档的所有标签都是由 "<" 和 ">" 括起来的，如 <html>。在起始标签的标签名前加上符号 "/" 便是终止标签，如 </html>。HTML 文档内容要放在 <html> 与 </html> 这对标签中间，完整的 HTML 文档应该包括头部和主体两大部分。

　　HTML 文档的基本结构如下：

```
<html>          <!--HTML文档开始-->
<head>          <!--HTML文档的头部开始-->
网页头部内容
</head>         <!--HTML文档的头部结束-->
<body>          <!--HTML文档的主体开始-->
网页主体内容部分
</body>         <!--HTML文档的主体结束-->
</html>             <!--HTML文档结束-->
```

● <html>...</html>

　　此标签对用于标记 HTML 文档的开始和结束。<html> 标签出现在 HTML 文档的第一行，用来表示 HTML 文档的开始；</html> 标签出现在 HTML 文档的最后一行，用来表示 HTML 文档的结束。两个标签一定要一起使用，网页中的所有内容都需要放在 <html> 与 </html> 之间。

● <head>...</head>

　　<head>...</head> 是网页的头标签，用来定义 HTML 文档的头部信息，该标签也是成对使用的。

● <body>...</body>

　　在 <head> 标签之后就是 <body> 与 </body> 标签，该标签也是成对出现的。<body> 与 </body> 标签之间为网页主体内容和其他用于控制内容显示的标签。

3.1.4 HTML的基本语法

　　绝大多数元素都有起始标签和结束标签，起始标签和结束标签之间的部分是元素体，例如，<body>...</body>。每一个元素都有名称和可选择的属性，元素的名称和属性都要在起始标签内标明。HTML 文档中的标签主要有普通标签和空标签两种类型。

1. 普通标签

　　普通标签是由一个起始标签和一个结束标签组成的，其语法格式如下：

　　<x>控制文字</x>

　　其中，x 代表标签名称。<x> 和 </x> 就如同一组开关：起始标签 <x> 为开启某种功能，而结束标签 </x>（通常是在起始标签前加上一条斜线 / ）为关闭该功能，受控制的内容放在两个标签之间。如下面的代码：

　　加粗文字

　　标签之中还可以附加一些属性，用来实现或完成某些特殊效果或功能。如下面的代码：

　　<x a_1="v_1" a_2="v_2" ... a_n="v_n">控制文字</x>

　　其中，a_1，a_2，…，a_n 为属性名称，而 v_1，v_2，…，v_n 则是其所对应的属性值。属性值加不加引号，目前的浏览器都可接受，但根据 W3C 的新标准，属性值是要加引号的，所以最好养成加引号的习惯。

2．空标签

虽然大部分标签是成对出现的，但也有一些是单独存在的，这些单独存在的标签称为空标签，语法格式如下：

<x>

同样，空标签也可以附加一些属性，用来完成某些特殊效果或功能。如下面的代码：

<x a_1="v_1" a_2="v_2" … a_n="v_n">

3.1.5 HTML代码编写的注意事项

HTML 文档的代码由标签和属性构成，在编写 HTML 文档的代码时，需要注意以下几点：

（1）"<"和">"是任何标签的开始和结束。元素的标签需要使用这对尖括号括起来，并且在结束标签的名称前面加上符号"/"，如 <p></p>。

（2）在 HTML 代码中不区分大小写。

（3）任何空格和回车符在 HTML 代码中均不起作用。为了使 HTML 代码比较清晰，建议按 Enter 键在不同的标签之间换行。

（4）在 HTML 标签中可以添加各种属性设置。如下面的 HTML 代码：

<p align="center">这里是段落文本</p>

（5）需要正确输入 HTML 标签。在输入 HTML 标签时，不要输入多余的空格，否则浏览器可能无法识别这个标签，导致无法正确地显示。

（6）在 HTML 代码中合理地使用注释。<!-- 需要注释的内容 --> 注释语句只会出现在 HTML 代码中，不会在浏览器中显示。

3.2 HTML中常用的重要标签

HTML 中的标签较多，本节主要对一些常用的标签进行介绍。读者需要对这些常用标签有基本的了解，这样在后面的学习过程中才能够事半功倍。

3.2.1 字符格式标签

字符格式标签主要用来设置网页中文字的外观，增加网页中文字的美观程度。常用的字符格式标签说明如表3-1所示。

表 3-1 常用字符格式标签说明

标签	说明
<b>	文本加粗标签，用于需要加粗显示的文字
<i>	文本斜体标签，用于需要显示为斜体的文字
<font>	该标签用于设置文本的字体、字号和颜色，对应的属性分别为face、size和color
<strong>	该标签用于加重显示的文本，即粗体的另一种形式
<center>	该标签用于设置文本居中对齐
<big>	该标签用于加大字号
<small>	该标签用于缩小字号

图 3-1 所示为字符格式标签的应用示例。

图 3-1 字符格式标签的应用

3.2.2 区段格式标签

区段格式标签的主要作用是将 HTML 文档中某个区段的文字以特定格式显示，增加网页中文字内容的可看度。常用的区段格式标签说明如表 3-2 所示。

表 3-2 常用区段格式标签说明

标签	说明
<title>	该标签出现在<head>与</head>标签中，用来定义HTML文档的标题，显示在浏览器窗口的标题栏上
<hn>	n=1,2,…,6，这6个标签为文本的标题标签，<h1></h1>标签用于显示字号最大的标题，而<h6></h6>标签则是显示字号最小的标题
 	该标签是换行标签
<hr>	该标签是水平线标签，用来在网页中插入一条水平分隔线
<p>	该标签用于定义一个段落，在该标签之间的文本将以段的格式在浏览器中显示
<pre>	该标签用于设置标签之间的内容以原始格式显示
<address>	该标签用于设置联络人姓名、电话和地址等信息

图 3-2 所示为区段格式标签的应用示例。

图 3-2 区段格式标签的应用

3.2.3 列表标签

列表标签用来对相关的元素进行分组，并由此区别列表中的内容结构。常用的列表标签说明如表 3-3 所示。

表 3-3　常用列表标签说明

标签	说明
\<ul\>	\<ul\>和\</ul\>标签用于创建一个项目列表
\<ol\>	\<ol\>和\</ol\>标签用于创建一个有序列表
\<li\>	\<li\>和\</li\>标签用于创建列表项，只有放在\<ol\>\</ol\>标签或\<ul\>\</ul\>标签之间才可以使用
\<dl\>	\<dl\>和\</dl\>标签用于创建一个定义列表
\<dt\>	\<dt\>和\</dt\>标签用于创建定义列表中的上层项目
\<dd\>	\<dd\>和\</dd\>标签用于创建定义列表中的下层项目。其中，\<dt\>\</dt\>标签和\<dd\>\</dd\>标签一定要放在\<dl\>\</dl\>标签中才可以使用

图 3-3 所示为列表标签的应用示例。

图 3-3 列表标签的应用

3.2.4 表格标签

在 HTML 中，表格标签是开发人员常用的标签，尤其是在 Div+CSS 布局还没有兴起的时候，表格是网页布局的主要方法。表格标签是 \<table\>\</table\>，在表格中可以放入任何元素。常用的表格标签说明如表 3-4 所示。

表 3-4　常用表格标签说明

标签	说明
\<table\>	表格标签，定义表格区域
\<caption\>	表格标题标签，用于设置表格的标题
\<th\>	表头标签，用于设置表头
\<tr\>	单元行标签，用于在表格中定义表格单元行
\<td\>	用于定义表格中的标准单元格

图 3-4 所示为表格标签的应用示例。

图 3-4 表格标签的应用

3.2.5 超链接标签

超链接可以说是 HTML 文档的命脉，HTML 通过超链接标签来整合分散在世界各地的图像、文字、影像和音乐等信息。超链接标签的主要用途为标记超链接。在 HTML 代码中，超链接标签为 \<a\>\</a\>，用于为文本或图像等创建超链接。图 3-5 所示为超链接标签的应用示例。

图 3-5 超链接标签的应用

3.2.6 多媒体标签

多媒体标签主要用来在网页中显示图像、动画、声音和视频等多媒体元素。常用的多媒体标签说明如表 3-5 所示。

表 3-5　常用多媒体标签说明

标签	说明
<img>	图像标签，用于在网页中插入图像
<embed>	多媒体标签，用于在网页中插入声音、视频等多媒体对象
<bgsound>	声音标签，用于在网页中嵌入背景音乐

图 3-6 所示为多媒体标签的应用示例。

图 3-6 多媒体标签的应用

提示

在 HTML 5 中,取消了 <bgsound> 标签,新增了 <audio> 标签。由于是新增的标签,所以在使用时要注意浏览器的兼容问题,否则将不能正确播放背景音乐。

3.2.7 表单标签

表单标签用来制作网页中的交互表单元素。常用的表单标签说明如表 3-6 所示。

表 3-6　常用表单标签说明

标签	说明
<form>	表单区域标签，标记表单区域的开始与结束
<input>	实现单行文本框、单选按钮和复选框等
<textarea>	实现多行输入文本框
<select>	标记下拉列表的开始与结束
<option>	在下拉列表中产生一个选择项目

图 3-7 所示为表单标签的应用示例。

图 3-7 表单标签的应用

 分区标签

在 HTML 文档中，常用的分区标签有两个，分别是 <div> 标签和 <span> 标签。

其中，<div> 标签为区域标签（又称容器标签），用来作为多种 HTML 标签组合的容器。对该区域进行操作和设置，就可以完成对区域中元素的操作和设置。

通过使用 <div> 标签，能让网页代码具有很高的可扩展性，其基本应用格式如下：

```
<body>
    <div>这里是第一个区块的内容</div>
    <div>这里是第二个区块的内容</div>
</body>
```

 **提示**

在 <div> 标签中可以包含文字、图像、多媒体、表格等页面元素，但需要注意的是，<div> 标签不能嵌套在 <p> 标签中使用。

<span> 标签用来作为片段文字、图像等简短内容的容器标签。其意义与 <div> 标签类似，但是用法和 <div> 标签是不一样的。<span> 标签是文本级元素，默认情况下是不会占用整行的，可以在一行显示多个 <span> 标签。<span> 标签常用于段落、列表等项目中。

3.3 在Dreamweaver中编写 HTML代码

网页文件即扩展名为 .htm 或 .html 的文件，本质上是文本类型的文件，网页中的图片、动画等资源是通过网页文件的 HTML 代码连接的，与网页文件分开存储。

由于用 HTML 语言编写的文件是标准的 ASCII 文本文件，因此可以使用任意一种文本编辑器来打开或编辑 HTML 代码。例如，Windows 操作系统中自带的记事本或者专业的网页制作软件 Dreamweaver。

课堂案例 在设计视图中制作HTML页面

素材文件	无
案例文件	最终文件 \ 第 03 章 \3-3-1.html
视频教学	视频 \ 第 03 章 \3-3-1.mp4
案例要点	掌握在 Dreamweaver 设计视图中制作 HTML 页面的方法

扫码观看视频

Step 01 执行"文件 > 新建"命令，弹出"新建文档"对话框，在"文档类型"列表框中选择"HTML"选项，在右侧的"标题"文本框中可以设置新建 HTML 页面的标题，如图 3-8 所示。单击"创建"按钮，新建一个 HTML 页面，如图 3-9 所示。

图 3-8 "新建文档"对话框

图 3-9 新建 HTML 页面

提示

在 Dreamweaver CC 中，新建的 HTML 页面默认遵循 HTML 5 规范。如果需要新建其他规范的 HTML 页面，可以在"新建文档"对话框中的"文档类型"列表框中进行选择。

Step 02 在"视图模式"选项组中单击"设计"选项卡，进入设计视图的编辑窗口，如图 3-10 所示。在空白的文档窗口中输入页面的正文内容，如图 3-11 所示。

Step 03 执行"文件 > 保存"命令，弹出"另存为"对话框，将其保存为"源文件 \ 第 03 章 \3-3-1.html"，如图 3-12 所示。完成第一个 HTML 页面的制作后，在浏览器中预览该页面，效果如图 3-13 所示。

图 3-10 设计视图编辑窗口

图 3-11 输入页面的正文内容

图 3-12 "另存为"对话框

图 3-13 预览页面

课堂案例 在代码视图中制作HTML页面

素材文件	无
案例文件	最终文件 \ 第 03 章 \3-3-2.html
视频教学	视频 \ 第 03 章 \3-3-2.mp4
案例要点	掌握在 Dreamweaver 代码视图中制作 HTML 页面的方法

扫码观看视频

Step 01 执行"文件 > 新建"命令，弹出"新建文档"对话框，在"文档类型"列表框中选择"HTML"选项，如图 3-14 所示。单击"创建"按钮，新建 HTML 5 文档，在代码视图中可以看到文档的 HTML 代码，如图 3-15 所示。

图 3-14 "新建文档"对话框　　图 3-15 HTML 代码

Step 02 执行"文件 > 保存"命令，弹出"另存为"对话框，将该网页保存为"源文件\第 03 章\3-3-2.html"，如图 3-16 所示。在页面的 <title> 与 </title> 标签之间输入网页的标题，如图 3-17 所示。

Step 03 在 <body> 标签中添加 style 属性设置代码，如图 3-18 所示。在 <body> 与 </body> 标签之间编写相应的网页正文内容代码，如图 3-19 所示。

图 3-16 "另存为"对话框　　图 3-17 输入网页标题

图 3-18 输入 style 属性设置代码　　图 3-19 编写网页正文内容代码

 提示

在 <body> 标签中添加 style 属性设置代码，实际上是 CSS 样式的一种使用方式，即内联 CSS 样式。此处通过内联 CSS 样式设置页面整体的背景颜色、水平对齐方式和文字颜色。

Step 04 完成该网页 HTML 代码的编写，在"视图模式"选项组中单击"设计"选项卡，切换到设计视图，可以看到页面的效果，如图 3-20 所示。保存网页，在浏览器中预览该网页，可以看到网页的效果，如图 3-21 所示。

图 3-20 设计视图

图 3-21 预览页面

 提示

通过在不同的视图中制作网页的方法可以看出，使用 Dreamweaver 的设计视图制作网页更加直观，但网页的本质还是一个由 HTML 代码组成的文本。

3.4 HTML 5基础

HTML 5 是近十年来 Web 标准巨大的飞跃。和以前的版本不同，HTML 5 并非仅仅用来表示 Web 内容，它的使命是将 Web 带入一个成熟的应用平台，在这个平台上，视频、音频、图像、动画，以及与计算机的交互都被标准化。尽管 HTML 5 的实现还有很长的路要走，但HTML 5 正在改变 Web。

3.4.1 HTML 5概述

W3C 在 2010 年发布了 HTML 5 的工作草案，并于 2014 年制定了完整的 HTML 5 标准规范。HTML 5 的工作组包括 AOL、Apple、Google、IBM、Microsoft、Mozilla、Nokia、Opera，以及数百个其他的开发商。人们制定 HTML 5 标准规范的目的是取代 1999 年 W3C 制定的 HTML4.01 和 XHTML1.0 标准，希望能够在网络应用迅速发展的同时，网页语言能够符合网络发展的需求。

HTML 5 实际上指的是包括 HTML、CSS 样式和 JavaScript 脚本在内的一整套技术的组合。人们希望通过 HTML 5 能够轻松地实现许多丰富的网络应用需求，减少浏览器对插件的依赖，并且提供更多能有效增强网络应用的标准集。

HTML 5 中增加了许多新的应用标签，如 <video>、<audio> 和 <canvas> 等。增加这些标签是为了让设计者能够更轻松地在网页中添加或处理图像和多媒体内容。其他的新标签还有 <section>、<article>、<header> 和 <nav>，增加这些新标签是为了丰富网页中的数据内容。除了增加许多功能强大的新标签和属性，HTML 5 还对一些标签进行了修改，以适应快速发展的网络。同时也有一些标签和属性在 HTML 5 标准中被去除。

3.4.2 HTML 5的文档结构

HTML 5 的文档结构与前面介绍的 HTML 文档结构非常类似，基础的文档结构如下：

```
<!doctype html>
<html>
<head>
<meta charset="utf-8">
<title>无标题文档</title>
</head>
<body>
页面主体内容部分
</body>
</html>
```

HTML 5 的文档结构非常简洁，第一行代码 <!doctype html> 声明此文档是一个 HTML 文档，接下来使用的 <html> 标签包含头部内容标签 <head> 和主体内容标签 <body>，从而构成 HTML 5 文档的基本结构。

对于用户和网站开发者而言，HTML 5的出现意义非常重大。因为HTML 5解决了Web页面存在的诸多问题，HTML 5的优势主要表现在5个方面，下面具体介绍。

● **化繁为简**

HTML 5为了尽可能地做到简化，避免了一些不必要的复杂设计。例如，DOCTYPE声明的简化处理。在过去的HTML版本中，第一行的DOCTYPE过于冗长，在实际的Web开发中也没有什么意义，而在HTML 5中，DOCTYPE声明就非常简洁。

为了让一切变得简单，HTML 5下了很大的功夫。为了避免造成误解，HTML 5对每一个细节都有着非常明确的规范说明，不允许有任何歧义和模糊的问题。

● **向下兼容**

HTML 5有着很强的兼容能力。在这方面，HTML 5没有颠覆性的革新，允许存在不严谨的写法。例如，一些标签的属性值没有使用英文引号括起来、标签属性中包含大写字母、有的标签没有闭合等。然而关于这些不严谨的错误的处理，在HTML 5的规范中都有着明确的规定，人们也希望未来在浏览器中对此有一致的支持。当然，对于Web开发者来说，还是遵循严谨的代码编写规范比较好。

对于HTML 5的一些新特性，如果旧的浏览器不支持，也不会影响页面的显示。在HTML规范中，也考虑了这方面的内容。例如，在HTML 5中，<input>标签的type属性增加了很多新的类型，当浏览器不支持这些类型时，会默认将其视为text。

● **支持合理**

HTML 5的设计者们花费了大量的精力来研究通用的行为。例如，Google分析了上百万个网页，从中提取了<div>标签的ID名称，很多网页开发人员都这样标记导航区域。

```
<div id="nav">
  //导航区域内容
</div>
```

既然该行为已经大量存在，HTML 5就会想办法去改进，所以直接增加了一个<nav>标签，用于网页导航。

● **实用性**

对于HTML无法实现的一些功能，用户会寻求其他方法来实现。例如，对于绘图、多媒体、地理位置和实时获取信息等应用，通常会开发一些相应的插件间接地实现。HTML 5的设计者们研究了这些需求，开发了一系列用于Web应用的接口。

HTML 5规范的制定是非常开放的，所有人都可以获取草案的内容，也可以参与进来提出宝贵的意见。因为开放，所以可以得到更加全面的发展。一切以用户的需求为最终目的。所以，当用户使用HTML 5的新功能时，会发现正是自己期待已久的功能。

● **用户优先**

在遇到无法解决的冲突时，HTML 5规范会把用户的诉求放在第一位。因此，HTML 5的绝大部分功能都是非常实用的。用户与开发者的重要性远远高于规范和理论。例如，有很多用户都需要实现一个新的功能，HTML 5规范的设计者们会研究这种需求，并将其纳入规范；HTML 5规范一套错误处理机制，以便当 Web 开发者写了不够严谨的代码时，会接纳这种不严谨的写法。HTML 5 比以前版本的 HTML 更加友好。

3.5 HTML 5中新增的标签

HTML 5中新增了许多新的有意义的标签，为了方便读者学习和记忆，本节会对 HTML 5 中新增的标签进行分类介绍。

3.5.1 结构标签

HTML 5中新增的结构标签及说明如表3-7所示。

表3-7 新增的结构标签及说明

标签	说明
<article>	<article>标签用于在网页中标记独立的主体内容区域，可用于论坛帖子、报纸文章、博客条目和用户评论等
<aside>	<aside>标签用于在网页中标记非主体内容区域，该区域中的内容应该与附近的主体内容相关
<section>	<section>标签用于在网页中标记文档的小节
<footer>	<footer>标签用于在网页中标记页脚部分，或者内容区块的脚注
<header>	<header>标签用于在网页中标记页首部分，或者内容区块的标头
<nav>	<nav>标签用于在网页中标记导航部分

3.5.2 文本标签

HTML 5中新增的文本标签及说明如表3-8所示。

表3-8 新增的文本标签及说明

标签	说明
<bdi>	<bdi>标签用于在网页中设置一段文本，使其脱离其父元素的文本方向设置
<mark>	<mark>标签用于标记网页中需要高亮显示的文本
<time>	<time>标签用于标记网页中的日期或时间
<output>	<output>标签用于标记网页中输出的结果

3.5.3 应用和辅助标签

HTML 5中新增的应用和辅助标签及说明如表3-9所示。

表 3-9　新增的应用和辅助标签及说明

标签	说明
\<audio\>	\<audio\>标签用于在网页中定义声音，如背景音乐或其他音频流
\<video\>	\<video\>标签用于在网页中定义视频，如电影片段或其他视频流
\<source\>	\<source\>标签为媒介标签（如video和audio），在网页中用于定义媒介资源
\<track\>	\<track\>标签在网页中为video元素之类的媒介规定外部文本轨道
\<canvas\>	\<canvas\>标签用于定义网页中的图形，比如图标和其他图像。该标签只是图形容器，必须使用脚本绘制图形
\<embed\>	\<embed\>标签用于标记网页中来自外部的互动内容或插件

3.5.4　进度标签

HTML 5 中新增的进度标签及说明如表 3-10 所示。

表 3-10　新增的进度标签及说明

标签	说明
\<progress\>	\<progress\>标签用于标记网页中显示任务进度的进度条
\<meter\>	在网页中使用\<meter\>标签，可以根据value属性赋值和最大/最小值的度量显示进度

3.5.5　交互性标签

HTML 5 中新增的交互性标签及说明如表 3-11 所示。

表 3-11　新增的交互性标签及说明

标签	说明
\<command\>	\<command\>标签用于在网页中标记一个命令元素（单选按钮、复选框或者按钮）；当且仅当这个元素出现在\<menu\>标签里时才会被显示，否则只能作为键盘快捷方式的一个载体
\<datalist\>	\<datalist\>标签用于在网页中标记一个选项组，与\<input\>标签配合使用定义input元素可能的值

3.5.6　在文档和应用中使用的标签

HTML 5 中新增的在文档和应用中使用的标签及说明如表 3-12 所示。

表 3-12　新增的在文档和应用中使用的标签及说明

标签	说明
\<details\>	\<details\>标签用于标记描述文档或文档某个部分的细节
\<summary\>	\<summary\>标签用于标记\<details\>标签内容的标题
\<figcaption\>	\<figcaption\>标签用于标记\<figure\>标签内容的标题
\<figure\>	\<figure\>标签用于标记网页中一块独立的流内容（图像、图表、照片和代码等）
\<hgroup\>	\<hgroup\>标签用于标记网页中文档或内容的多个标题。用于将h1至h6元素打包，优化页面结构在SEO中的表现

3.5.7 <ruby>标签

HTML 5 中新增的 <ruby> 标签及说明如表 3-13 所示。

表 3-13　新增的 <ruby> 标签及说明

标签	说明
<ruby>	<ruby>标签在网页中用于标记ruby注释（中文注音或字符）
<rp>	<rp>标签在ruby注释中使用，以定义不支持<ruby>标签的浏览器所显示的内容
<rt>	<rt>标签在网页中用于标记字符（中文注音或字符）的解释或发音

3.5.8 其他标签

HTML 5 中新增的其他标签及说明如表 3-14 所示。

表 3-14　新增的其他标签及说明

标签	说明
<keygen>	<keygen>标签用于标记表单密钥生成器元素。当提交表单时，私密钥被存储在本地，公密钥被发送到服务器
<wbr>	<wbr>标签用于标记单词中适当的换行位置，可以用该标签为一个长单词指定合适的换行位置

3.6 网页中的其他源代码

网页的源代码除了HTML，还有很多不同的代码类型，例如CSS样式表、JavaScript脚本等，接下来简单介绍几种源代码的特点。

3.6.1 CSS样式代码

如今的网页排版格式越来越复杂，很多效果都需要通过CSS 样式来实现。网页制作离不开 CSS 样式，采用 CSS 样式可以有效地对网页的布局、字体、颜色、背景和其他效果实现更加精确的控制。只要对CSS 样式代码做一些简单的编辑，就可以改变同一页面中不

图 3-22 应用 CSS 样式美化网页

同部分或不同页面的外观和格式。使用 CSS 样式不仅可以做出美观工整、令浏览者赏心悦目的网页,而且能够给网页添加许多神奇的效果。图 3-22 所示为应用 CSS 样式的效果。

3.6.2 JavaScript脚本

在网页设计中使用脚本,不仅可以缩小网页的规模,提高网页的显示速度,还可以丰富网页的表现力,因此脚本已成为网页设计必不缺少的一种工具。目前,最常用的脚本有 JavaScript 和 VBScript 等。其中,JavaScript 是众多脚本语言中较为优秀的一种,是许多网页开发者首选的脚本语言。JavaScript 是一种描述性语言,它可以被嵌入到 HTML 文档中。和 HTML 一样,用户可以用任意一种文本编辑工具对它进行编辑,并在浏览器中进行预览。图 3-23 所示为使用 JavaScript 实现的网页特效。

图 3-23 使用 JavaScript 实现的网页特效

3.6.3 源代码中的注释

在几百行甚至更多的代码中要想清楚地区分各个部分的功能是一件相当麻烦的事,而且很多编程任务并不是一个人完成的,需要多人分工合作。那么,怎样保证彼此能够清楚地了解对方代码的含义呢?时间一长,修改了哪些内容,以及增加了哪些内容,谁都弄不清,维护成本相当高。

此时,就可以借助在代码中加入注释来解决问题。注释的内容不会在最终效果中显示,只是作为提示编码存在。

在 HTML 中使用 <!--……--> 注释的代码如下:

```
<body>
<!--这里是注释内容-->
<p>代码注释是不会显示在网页里的。</p>
</body>
```

CSS 允许用户在源代码中嵌入注释,浏览器会完全忽略注释。CSS 的注释以 /* 符号开始,以 */ 符号结束。CSS 忽略注释开始和结束之间的所有内容,以下是 CSS 样式中注释的代码:

```
/*设置所有段落文本颜色为蓝色*/
P {
color:blue;
}
```

注释可以出现在任何地方,甚至出现在 CSS 规则中,代码如下:

```
P {
color: blue; /*设置为蓝色*/
font-size: 12px;
}
```

提示

注释是不能嵌套的,也就是说,如果想在注释里装入另一条注释,这两条注释都在第一个 */ 处结束。读者在设置注释时需要仔细,避免不小心将注释嵌套放置。

素材文件	无
案例文件	最终文件 \ 第 03 章 \3-7.html
视频教学	视频 \ 第 03 章 \3-7.mp4
案例要点	掌握 HTML 页面文档结构代码的使用

扫码观看视频

1. 练习思路

　　HTML 是一个以文字为基础的语言，并不需要特殊的开发环境，可以直接在 Windows 操作系统自带的记事本中进行编辑。读者应该熟记 HTML 页面的基础文档结构代码，并且能够正确编写。

2. 制作步骤

Step 01 在 Windows 操作系统中执行"开始 > 附件 > 记事本"命令，打开记事本，如图 3-24 所示。在记事本中按正确的 HTML 文档结构编写页面代码，如图 3-25 所示。

图 3-24 打开记事本窗口

图 3-25 编写 HTML 代码

Step 02 编写的完整的 HTML 页面代码如下：

```
<!doctype html>
<html>
<head>
<meta charset="utf-8">
<title>在记事本中编写HTML页面</title>
</head>
<body>
<img src="images/3701.jpg" width="100%" height="auto">
</body>
</html>
```

提示

此处编写的 HTML 页面代码非常简单，即在头部的 <title> 与 </title> 标签之间输入网页的标题，在页面主体内容的 <body> 与 </body> 标签之间使用 <img> 标签插入一张图片，并且添加图片宽度和高度属性设置代码。

Step 03 执行 "文件 > 另存为" 命令，弹出 "另存为" 对话框，将文件保存为 "源文件 \ 第 03 章 \3-7.html"，如图 3-26 所示。单击 "保存" 按钮，即可将记事本编写的 HTML 代码保存为网页文件，在浏览器中预览该网页文件，可以看到网页的效果，如图 3-27 所示。

图 3-26 "另存为" 对话框

图 3-27 预览网页

> **技巧**
>
> 当将在记事本中编写的 HTML 代码保存为网页文件时，需要注意 "编码" 选项的设置。默认情况下，需要将 "编码" 设置为 UTF-8，否则，网页中的中文在浏览器中可能显示为乱码。

课后习题

学习本章内容后，请读者完成以下课后习题，测验一下自己对 "从 HTML 到 HTML 5" 的学习效果，同时加深对所学知识的理解。

一、选择题

1. 在 Dreamweaver CC 2018 中新建的 HTML 页面，默认的文档类型是（　　）。
A. HTML4.01　　　　B. XHTML1.0　　　　C. XHTML1.1　　　　D. HTML 5
2. 在 HTML 文档结构中，以下哪个标签是 HTML 主体内容标签？（　　）
A. \<html\>　　　　B. \<head\>　　　　C. \<body\>　　　　D. \<font\>
3. 以下哪个标签属于换行符标签？（　　）
A. \<body\>　　　　B. \<font\>　　　　C. \<p\>　　　　D. \<br\>

二、填空题

1. ＿＿＿＿标签是 HTML 的头标签，用来定义 HTML 文档的头部信息。
2. 在 HTML 文档中，常用的分区标签有两个，分别是 ＿＿＿＿ 标签和 ＿＿＿＿ 标签。
3. ＿＿＿＿标签是 HTML 5 新增的视频标签，用于在网页中定义视频，如电影片段或其他视频流。

三、简答题

简单描述 \<div\> 标签与 \<span\> 标签的区别。

Chapter
04

精通CSS样式

第04章

精通CSS样式

对于网页设计制作而言，HTML 代码是网页的基础和本质，任何网页的
基础源代码都是 HTML 代码。但是，如果希望制作出来的网页美观、大方，
并且便于后期的升级维护，那么仅仅掌握 HTML 代码的使用是远远不够
的，还需要熟练地掌握 CSS 样式的应用。CSS 样式控制着网页的外观，
是网页制作不可缺少的重要内容。本章将向读者介绍 CSS 样式的相关
知识，为读者学习后面的内容打下基础。

DREAMWEAVER

学习目标

- 了解 CSS 样式和 CSS 样式的发展
- 理解 CSS 样式的规则
- 认识"CSS 设计器"面板
- 理解不同类型的 CSS 选择器
- 了解使用 CSS 样式的 4 种方法

技能目标

- 掌握"CSS 设计器"面板的使用方法
- 掌握不同类型 CSS 选择器的创建和使用方法
- 掌握链接外部 CSS 样式表的方法
- 理解并掌握不同类型 CSS 样式属性的设置和使用方法

4.1 了解CSS样式

CSS样式是对HTML语言的有效补充,通过使用CSS样式,能够节省许多重复性的格式设置,例如,网页文字的大小和颜色设置等。通过CSS样式可以轻松地设置网页元素的显示位置和格式,还可以使用CSS 3.0新增的样式属性,在网页中实现动态的交互效果,大大提升网页的美观性。

4.1.1 什么是CSS样式

层叠样式表(Cascading Style Sheets,CSS)是一种为网页添加样式的简单机制,是一种表现HTML或XML等文件外观样式的计算机语言,它是由W3C来定义的。CSS用于网页的排版与布局,对网页设计制作来说是非常重要的。

CSS是由W3C发布的,用来取代基于表格布局、框架布局及其他非标准的表现方法。CSS是一组格式设置规则,用于控制Web页面的外观。使用CSS样式设置页面的格式,可以将页面的内容与表现形式分离。页面内容存放在HTML文档中,而用于定义表现形式的CSS样式存放在另一个文件中。将内容与表现形式分离,不仅使维护站点的外观更加容易,而且使HTML文档代码更加简练,缩短浏览器的加载时间。

4.1.2 CSS样式的发展

随着CSS的广泛应用,CSS技术也越来越成熟。CSS现在有3个不同层次的标准,即CSS 1.0、CSS 2.0和CSS 3.0。CSS 1.0主要定义网页的基本属性,如字体、颜色和空白边等。CSS 2.0在此基础上增加了一些高级功能,如浮动和定位,以及一些高级选择器,如子选择器和相邻选择器等。而CSS 3.0开始遵循模块化,这将有助于理清模块化规范之间的不同关系,减小完整文件的大小。

● CSS 1.0

CSS 1.0是CSS的第一层次标准,它正式发布于1996年12月,并在1999年1月进行了修改。该标准提供简单的CSS样式表机制,使得网页的编写者可以通过附属的样式表对HTML文档的表现进行描述。

● CSS 2.0

CSS 2.0是1998年5月正式作为标准发布的,CSS 2.0基于CSS 1.0,包含CSS 1.0的所有特点和功能,并在多个领域进行完善,将表现形式与文档内容相分离。CSS 2.0支持多媒体样式表,使得网页设计者能够根据不同的输出设备给文档制定不同的表现形式。

● CSS 3.0

随着互联网的发展,网页的表现方式更加多样化,需要新的CSS规则来适应网页的发展,所以近几年W3C已经开始着手CSS 3.0标准的制定。CSS 3.0目前还处于工作草案阶段,人们在工作草案中制定了CSS 3.0的发展路线,详细列出了所有模块,并在逐步进行规范。目前,许多CSS 3.0属性已经得到了浏览器的广泛支持,让人们可以领略到CSS 3.0的强大功能和效果。

4.1.3 CSS样式规则

所有 CSS 样式的基础就是 CSS 规则，每一条规则都是一条单独的语句，确定应该如何设计样式，以及应该如何应用这些样式。因此，CSS 样式由规则列表组成，浏览器用它来确定页面的显示效果。

CSS 由两部分组成：选择器和声明。其中，声明由属性和属性值组成，简单的 CSS 规则如图 4-1 所示。

图 4-1 CSS 规则

● 选择器

选择器用于指定对文档中的哪个对象进行定义，选择器最简单的类型是"标签选择器"，它可以直接输入 HTML 标签的名称，以便对其进行定义。例如，定义 HTML 中的 <p> 标签，只需给出尖括号 < > 内的标签名称，用户就可以编写标签选择器了。

● 声明

声明包含在大括号 {} 内。在大括号中首先给出属性名，接着是冒号，然后是属性值，结尾的分号是可选项。推荐用户使用结尾分号，整条规则以结尾大括号结束。

● 属性

属性由官方 CSS 规范定义。用户可以定义特有的样式，与 CSS 兼容的浏览器会支持显示这些效果。尽管有些浏览器会识别不是正式语言规范部分的非标准属性，但是大多数浏览器很可能忽略一些非 CSS 规范部分的属性。最好不要依赖这些专有的扩展属性，不识别它们的浏览器只是简单地忽略它们。

● 属性值

属性值要放置在属性名和冒号之后，它会确切地定义应该如何设置属性。每个属性值的范围也要在 CSS 规范中定义。

认识"CSS设计器"面板

"CSS设计器"面板是一个CSS样式集成面板，也是 Dreamweaver 中非常重要的面板之一。该面板支持可视化创建与管理网页中的 CSS 样式。在该面板中，包括"源""@ 媒体""选择器""属性" 4 个选项区，每个选项区针对 CSS 样式进行不同的管理与设置操作。

"CSS 设计器"面板中的"源"选项区用于确定网页使用 CSS 样式的方式——是使用外部 CSS 样式表文件，还是使用内部 CSS 样式，如图 4-2 所示。单击"源"选项区左上角的加号按钮■■，在弹出的菜单中提供了 3 种定义 CSS 样式的方式，如图 4-3 所示。

图 4-2 "源"选项区　　　　　　图 4-3 3 种定义 CSS 样式的方式

1. 创建新的 CSS 文件

选择"创建新的 CSS 文件"命令，弹出"创建新的 CSS 文件"对话框，如图 4-4 所示。单击"文件/URL"选项右侧的"浏览"按钮，弹出"将样式表文件另存为"对话框。浏览到保存外部 CSS 样式表文件的目录，在"文件名"文本框中输入外部 CSS 样式表名称，如图 4-5 所示。

单击"保存"按钮，即可在所选目录中创建外部 CSS 样式表文件，并返回"创建新的 CSS 文件"对话框，如图 4-6 所示。设置"添加为"为"链接"，单击"确定"按钮，即可创建并链接外部 CSS 样式表文件。在"源"选项区中可以看到刚刚创建的外部 CSS 样式表文件，如图 4-7 所示。

图 4-4 "创建新的 CSS　　　图 4-5 "将样式表文件另存为"　　　图 4-6 "创建新的 CSS 文件"　　　图 4-7 显示新建的文件
文件"对话框　　　　　　对话框　　　　　　　　　对话框

2. 附加现有的 CSS 文件

选择"附加现有的 CSS 文件"命令，弹出"使用现有的 CSS 文件"对话框，如图 4-8 所示。单击"文件/URL"右侧的"浏览"按钮，弹出"选择样式表文件"对话框，可以选择已经创建的外部 CSS 样式表文件。

在"附加现有的 CSS 文件"对话框中，单击"有条件使用（可选）"选项前的三角形按钮，可以在对话框中显示"有条件使用（可选）"的设置选项，如图 4-9 所示。在这里可以设置使用外部 CSS 样式表文件的条件。该部分的设置与"CSS 设计器"面板中"@ 媒体"选项区的设置基本相同，将在下一节进行介绍，默认不进行设置。

图 4-8 "使用现有的 CSS 文　　　图 4-9 显示"有条件使用（可
件"对话框　　　　　　选）"的设置选项

3．在页面中定义

选择"在页面中定义"命令，实际上是创建内部 CSS 样式，在"源"选项区中会自动添加 <style> 标签。切换到网页的代码视图中，可以在网页头部分的 <head> 与 </head> 标签之间看到放置内部 CSS 样式的 <style> 标签，在网页中创建的所有内部 CSS 样式都会放置在 <style> 与 </style> 标签之间。

 提示

在网页中使用 CSS 样式，首先需要添加 CSS 源，也就是首先要确定将 CSS 样式创建在外部 CSS 样式表文件中，还是创建在文件内部。完成 CSS 源的添加后，可以在"源"选项区中选中不需要的 CSS 源，单击"源"选项区左上角的减号按钮━，删除该 CSS 源。

4.2.2 "@媒体"选项区

在"CSS 设计器"面板中，新增了有关媒体查询功能。在"@ 媒体"选项区中可以为不同的媒介类型设置不同的 CSS 样式。

"@ 媒体"选项区如图 4-10 所示。在"CSS 设计器"面板中的"源"选项区中选择一个 CSS 源，单击"@ 媒体"选项区左上角的"添加媒体查询"按钮┇┇，弹出"定义媒体查询"对话框。在该对话框中可以定义媒体查询的条件，如图 4-11 所示。

在媒体属性下拉列表中可以选择需要设置的属性，如图 4-12 所示。选择不同的媒体属性，其属性的设置方式也不相同。

图 4-10 "@ 媒体"选项区　　　图 4-11 "定义媒体查询"对话框　　　图 4-12 媒体属性下拉列表

 提示

media 属性用于为不同媒介类型规定不同的 CSS 样式表。在 Dreamweaver 中，新增了许多 media 属性，这些属性都是为了更好地将网页应用于各种不同类型的媒介。对于大多数网页设计师来说，只需对 media 属性有所了解即可，因为大多数情况下人们开发的网页都只在显示器或移动设备中供人们浏览。

4.2.3 "选择器"选项区

"CSS 设计器"面板的"选择器"选项区中显示了在网页中创建的 CSS 样式,如图 4-13 所示。单击"选择器"选项区左上角的"添加选择器"按钮 ██,即可在"选择器"选项区出现一个文本框,用于输入要创建的选择器名称,如图 4-14 所示。

选择器搜索框

选择器列表

图 4-13 "选择器"选项区   图 4-14 创建 CSS 选择器

> 💡 **提示**
>
> 在"选择器"选项区可以创建任意类型的 CSS 选择器,包括通配符选择器、标签选择器、ID 选择器、类选择器、伪类选择器和复合选择器等。这就要求用户了解 CSS 样式中各种类型 CSS 选择器的使用与规定,关于 CSS 选择器将在 4.3 节进行详细介绍。

4.2.4 "属性"选项区

"CSS 设计器"面板中的"属性"选项区主要用于对 CSS 样式的属性进行设置和编辑。在该选项区中,将 CSS 样式属性分为 5 种类型,如图 4-15 所示,分别是"布局""文本""边框""背景""更多"。单击不同的按钮,可以快速切换到该类别属性的设置。

图 4-15 "属性"选项区

> 💡 **提示**
>
> CSS 样式包括众多属性,这也是 CSS 样式非常重要的内容。只有熟练地掌握各种不同类型的 CSS 样式属性,才能够在网页设计制作过程中灵活地进行运用。关于 CSS 样式各种类型属性的设置将在本章 4.5 节进行详细的讲解。

4.3 CSS选择器

CSS 样式有多种类型的选择器,包括通配符选择器、标签选择器、类选择器、ID 选择器和伪类选择器等,还有一些特殊的选择器。在创建 CSS 样式时,首先需要了解各种选择器的作用。

CSS 选择器的类型比较多，不同类型的选择器所针对的网页元素、起到的作用及应用方式是不同的。本节将带领读者认识各种类型的 CSS 选择器，以及各种 CSS 选择器的语法规则和使用方法。

1. 通配符选择器

所谓通配符选择器，是指可以使用模糊指定的方式对对象进行选择。CSS 通配符选择器使用 * 作为关键字，使用方法如下：

```
* {
    属性: 属性值;
}
```

* 表示 HTML 页面中的所有对象，包含所有不同 id、不同 class 的所有 HTML 标签。使用如上选择器进行样式定义，页面中的所有对象都会使用相同的属性设置。

2. 标签选择器

HTML 文档是由多个不同的标签组成的，CSS 标签选择器可以用来控制标签的应用样式。例如，p 选择器用来控制页面中所有 <p> 标签的样式。

标签选择器的语法格式如下：

```
标签名 {
属性: 属性值;
...
}
```

如果在整个网站中经常出现一些基本样式，可以采用具体的标签来命名，从而对文档中标签出现的地方应用标签样式，使用方法如下：

```
body {
font-family: 微软雅黑;
font-size: 14px;
color: #333333;
}
```

3. ID 选择器

ID 选择器是依据 DOM 文档对象的模型出现的选择器类型，对于一个网页而言，其中的每一个标签（或其他对象），均可以使用 id=" " 的形式，对 id 属性进行名称的指派。id 可以理解为一个标记，在网页中，每个 id 名称只能使用一次。

```
<div id="top"></div>
```

如本例所示，HTML 中的一个 div 标签被指定 id 名称为 top。

在 CSS 样式中，ID 选择器使用 # 进行标记。如果需要对 id 名称为 top 的标签设置样式，应当使用如下格式：

```
#top {
属性: 属性值;
```

```
    ...
    }
```

4. 类选择器

在网页中使用标签选择器，可以控制网页中所有使用该标签的样式。但是，根据网页设计的实际需要，使用标签选择器设置个别标签的样式还是力不能及的。因此，就需要使用类（class）选择器来设置特殊效果。

类选择器用来为一系列标签定义相同的样式，其基本语法如下：

```
.类名称 {
属性: 属性值;
...
}
```

类名称表示类选择器的名称，其具体名称由 CSS 定义者自己命名。在定义类选择器时，需要在类名称前面加一个英文句点（.）。

```
.font01 { color: black;}
.font02 { font-size: 14px;}
```

以上代码定义了两个类选择器，名称分别是 font01 和 font02。类的名称可以是任意英文字字符串，也可以是以英文字母开头与数字组合的名称。通常情况下，这些名称都是其效果与功能的简要缩写。

用户可以使用 HTML 标签的 class 属性来引用类 CSS 样式。

```
<p class="font01">文字内容</p>
```

以上定义的类选择器被应用于指定的 HTML 标签中（如 <p> 标签）。同时，它还可以应用于不同的 HTML 标签中，使其显示出相同的样式，代码如下：

```
<span class="font01">文字内容</span>
<h1 class="font01">文字内容</h1>
```

5. 伪类及伪对象选择器

伪类及伪对象是一种特殊的类和对象，由 CSS 样式自动支持，属于 CSS 的一种扩展类型和对象，名称不能被用户自定义，使用时只能够按标准格式进行应用。使用形式如下：

```
a:hover {
background-color:#ffffff;
}
```

伪类和伪对象由以下两种形式组成：

```
选择器:伪类
选择器:伪对象
```

上面代码中的 hover 便是一个伪类，用于指定对象的鼠标经过状态。CSS 样式中内置了几个标准的伪类用于用户的样式定义。

CSS 样式内置伪类的介绍如表 4-1 所示。

表 4-1　CSS 样式中内置伪类说明

伪类	说明
:link	该伪类用于设置超链接元素未被访问的样式
:hover	该伪类用于设置将鼠标指针移至指定元素上方时的样式
:active	该伪类用于设置指定元素被单击并且还没有释放鼠标时的样式
:visited	该伪类用于设置超链接元素被访问过的样式
:focus	该伪类用于设置当元素成为输入焦点时的样式
:first-child	该伪类用于设置指定元素第一个子元素的样式
:first	该伪类用于设置指定页面第一页使用的样式

同样，CSS 样式中内置了几个标准伪对象用于用户的样式定义。CSS 样式中内置伪对象的介绍如表 4-2 所示。

表 4-2　CSS 样式中内置伪对象说明

伪对象	说明
:after	该伪对象用于设置指定元素之后的内容
:first-letter	该伪对象用于设置指定元素中第一个字符的样式
:first-line	该伪对象用于设置指定元素中第一行的样式
:before	该伪对象用于设置指定元素之前的内容

实际上，除了用于超链接样式控制的 :hover 和 :active 等伪类，大多数伪类及伪对象实际并不常用。设计者接触到的 CSS 布局，大部分是关于版式的布局，对于伪类及伪对象支持的多类属性基本上很少用到，但是不排除使用的可能。由此可以看出，CSS 对于样式及样式中对象的逻辑关系、对象组织提供了很多便利的接口。

 技巧

伪类 CSS 样式是网页中应用最广泛的超链接，但是设计师也可以为其他的网页元素应用伪类 CSS 样式，特别是 :hover 伪类。:hover 伪类用于设置将鼠标指针移至元素上时的状态，通过该伪类 CSS 样式的应用，设计师可以在网页中实现许多交互效果。

6．派生选择器

以如下 CSS 样式代码为例：

```
h1 span {
font-weight: bold;
}
```

当仅想对某一个对象中的子对象进行样式设置时，派生选择器就被派上了用场。派生选择器指选择器组合中前一个对象包含后一个对象，对象之间使用空格作为分隔符。如本例所示，对 h1 下的 span 进行样式设置，最后应用到 HTML 中是如下格式：

```
<h1>这是一段文本<span>这是span内的文本</span></h1>
<h1>单独的h1</h1>
<span>单独的span</span>
<h2>被h2标签套用的文本<span>这是h2下的span</span></h2>
```

h1 标签之中的 span 标签将被应用 font-weight:bold 样式设置。注意，该设置仅对有此结构的标签有效，对于单独存在的 h1 或单独存在的 span，以及其他非 h1 标签下属的 span 均不会应用此样式。

这样做能帮助避免过多的 id 及 class 设置，直接对需要设置的元素进行设置。派生选择器除了可以二级包含，也可以多级包含，例如以下选择器样式同样能够使用：

```
body h1 span {
font-weight: bold;
}
```

7．群组选择器

群组选择器可以对单个 HTML 对象进行 CSS 样式设置，也可以对一组对象进行相同的 CSS 样式设置。

```
h1, h2, h3, p, span {
font-size: 14px;
font-family: 宋体;
}
```

使用逗号对选择器进行分隔，可以使页面中所有的 <h1>、<h2>、<h3>、<p> 和 <span> 标签都具有相同的样式定义。这样做的好处是对页面中需要使用相同样式的地方只需书写一次 CSS 样式，减少了代码量，改善了 CSS 代码的结构。

课堂案例 使用通配符选择器控制网页中的所有标签

素材文件	源文件 \ 第 04 章 \4-3-2.html
案例文件	最终文件 \ 第 04 章 \4-3-2.html
视频教学	视频 \ 第 04 章 \4-3-2.mp4
案例要点	掌握通配符选择器的创建与使用

扫码观看视频

Step 01 执行"文件 > 打开"命令，打开"源文件 \ 第 04 章 \4-3-2.html"，如图 4-16 所示。在浏览器中预览该页面，可以看到页面效果，如图 4-17 所示。

图 4-16 打开页面

图 4-17 预览页面

提示

通过观察浏览器中的页面效果，可以发现页面内容并没有顶到浏览器窗口的边界。这是因为网页中许多元素的边界和填充属性值并不为 0，其中就包括页面的主体标签 <body>，所以页面内容并没有沿着浏览器窗口的边界显示。

Step 02 切换到该网页链接的外部 CSS 样式表文件中，创建通配符 * 的 CSS 样式，如图 4-18 所示。保存外部 CSS 样式表文件，在浏览器中预览页面，可以看到页面内容与浏览器窗口之间的间距消失了，如图 4-19 所示。

图 4-18 CSS 样式代码　　　　　　　　　　　　　　　　图 4-19 修改边界和填充值的页面效果

技巧

在 HTML 页面中，很多标签默认的间距和填充均不为 0，包括 <body>、<p>、<ul> 等标签。这样就会导致在使用 CSS 样式进行定位布局时比较难控制，所以在使用 CSS 样式对网页进行布局制作时，首先需要使用通配符选择器将页面中所有元素的边距和填充值均设置为 0，这样便于控制。

课堂案例 使用标签选择器设置网页整体样式

素材文件	源文件 \ 第 04 章 \4-3-3.html
案例文件	最终文件 \ 第 04 章 \4-3-3.html
视频教学	视频 \ 第 04 章 \4-3-3.mp4
案例要点	掌握标签选择器的创建与使用

扫码观看视频

Step 01 执行"文件 > 打开"命令，打开"源文件 \ 第 04 章 \4-3-4.html"，如图 4-20 所示。在浏览器中预览该页面，页面的效果如图 4-21 所示。

图 4-20 打开页面　　　　　　　　　　　　　　　　图 4-21 预览页面

Step 02 切换到该网页所链接的外部 CSS 样式表文件中，创建 <body> 标签的 CSS 样式，如图 4-22 所示。保存外部 CSS 样式表文件，在浏览器中预览页面，页面的整体效果如图 4-23 所示。

图 4-22 CSS 样式代码　　　　　　图 4-23 页面整体效果

 提示

此处的 <body> 标签 CSS 样式中定义了页面中默认的字体、字体大小和字体颜色，以及页面整体的背景颜色、背景图像、背景图像平铺方式和背景图像定位。

 技巧

HTML 标签在网页中都是具有特定作用的，并且有些标签在一个网页中只能出现一次。例如 <body> 标签，如果定义了两次 <body> 标签的 CSS 样式，则两个 CSS 样式中相同的属性设置会出现覆盖的情况。

课堂案例 创建和使用ID CSS样式

素材文件	源文件 \ 第 04 章 \4-3-4.html
案例文件	最终文件 \ 第 04 章 \4-3-4.html
视频教学	视频 \ 第 04 章 \4-3-4.mp4
案例要点	掌握 ID CSS 样式的创建与使用

扫码观看视频

Step 01 执行“文件 > 打开”命令，打开“源文件 \ 第 04 章 \4-3-4.html”，可以看到该页面的 HTML 代码，如图 4-24 所示。切换到设计视图，可以看到页面中 id 名称为 logo 的 Div 默认在页面中占据一整行空间，并且在容器中是居左居顶显示的，如图 4-25 所示。

```
<!doctype html>
<html>
<head>
<meta charset="utf-8">
<title>创建和使用ID CSS样式</title>
<link href="style/4-3-4.css" rel="stylesheet" type="text/css">
</head>

<body>
<div id="logo">
    <img src="images/93302.jpg" width="376" height="106" alt="">
</div>
</body>
</html>
```

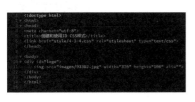

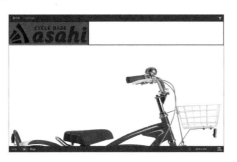

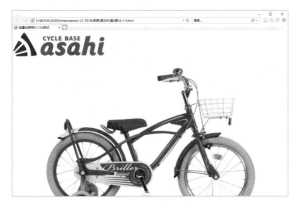

图 4-24 网页的 HTML 代码

图 4-25 设计视图效果

提示

在该网页中，设计师未给 id 名称为 logo 的 Div 设置相应的 CSS 样式，所以其内容在网页中的显示效果为默认的效果，并不符合页面整体风格。

Step 02 在浏览器中预览该页面，可以看到页面中 id 名称为 logo 的元素的默认效果，如图 4-26 所示。切换到该网页所链接的外部 CSS 样式表文件中，创建名称为 #logo 的 ID CSS 样式，如图 4-27 所示。

图 4-26 logo 的默认效果

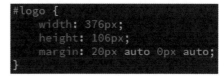

```
#logo {
    width: 376px;
    height: 106px;
    margin: 20px auto 0px auto;
}
```

图 4-27 CSS 样式代码

Step 03 保存外部 CSS 样式表文件，在浏览器中预览页面，可以看到 id 名称为 logo 的元素的显示效果有了变化，如图 4-28 所示。

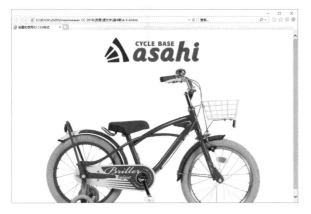

图 4-28 预览设置完成的页面效果

提示

ID CSS 样式是针对网页中具有唯一 id 名称的元素。在为网页中的元素设置 id 名称时需要注意，id 名称可以是任何字母和数字组合，但是不能以数字或特殊字符开头。ID CSS 样式的命名必须以井号（#）开头，接着是 id 名称。

课堂案例 创建和使用类CSS样式

素材文件	源文件 \ 第 04 章 \4-3-5.html
案例文件	最终文件 \ 第 04 章 \4-3-5.html
视频教学	视频 \ 第 04 章 \4-3-5.mp4
案例要点	掌握类 CSS 样式的创建与使用

Step 01 执行"文件 > 打开"命令，打开"源文件 \ 第 04 章 \4-3-5.html"，可以看到该页面的 HTML 代码，如图 4-29 所示。在浏览器中预览该页面，可以看到页面背景及页面中默认的文字效果，如图 4-30 所示。

图 4-29 页面的 HTML 代码

图 4-30 页面默认效果

Step 02 切换到该网页所链接的外部 CSS 样式表文件中，创建名称为 .font01 的类 CSS 样式，如图 4-31 所示。返回代码视图中，为相应的文字添加 <span> 标签，并在 <span> 标签中通过 class 属性应用相应的类 CSS 样式，如图 4-32 所示。

```
.font01 {
    font-family: Arial;
    font-size: 90px;
    line-height: 120px;
    color: #FFF;
    letter-spacing: 10px;
}
```

图 4-31 创建类 CSS 样式 1

```
<body>
<div id="logo">
    <img src="images/93402.png" width="179" height="68" alt="">
</div>
<div id="text">
    <span class="font01">FRESH VISION</span><br>
    <br>
    进入网站  了解更多 》》
    </div>
</body>
```

图 4-32 应用类 CSS 样式 1

 提示

ID 选择器与类选择器有一定的区别，ID 选择器并不像类选择器那样可以给任意数量的标签定义样式，它在页面的标签中只能使用一次；同时，ID 选择器比类选择器还具有更高的优先级，当 ID 选择器与类选择器发生冲突时，将会优先使用 ID 选择器。

Step 03 保存页面和外部 CSS 样式表文件，在浏览器中预览页面，可以看到应用了类 CSS 样式后的文字效果，如图 4-33 所示。返回到外部 CSS 样式表文件中，创建名称为 .font02 的类 CSS 样式，如图 4-34 所示。

图 4-33 应用类 CSS 样式的文字效果 1

图 4-34 创建类 CSS 样式 2

Step 04 返回代码视图，为相应的文字添加 <span> 标签，并在 <span> 标签中通过 class 属性应用相应的类 CSS
样式，如图 4-35 所示。保存页面和外部 CSS 样式表文件，在浏览器中预览页面，可以看到应用类 CSS 样式后的
页面效果，如图 4-36 所示。

图 4-35 应用类 CSS 样式 2

图 4-36 应用类 CSS 样式的文字效果 2

💡 **提示**

新建类 CSS 样式时，默认在类 CSS 样式名称前有一个"."。这个"."说明此 CSS 样式是一个类 CSS 样式（class），
根据 CSS 规则，类 CSS 样式（class）必须应用于网页中的元素才会生效，类 CSS 样式可以在一个 HTML 页面中被多
次调用。

课堂案例 设置网页中的超链接伪类样式

素材文件	源文件 \ 第 04 章 \4-3-6.html
案例文件	最终文件 \ 第 04 章 \4-3-6.html
视频教学	视频 \ 第 04 章 \4-3-6.mp4
案例要点	掌握超链接伪类样式的创建与使用

扫码观看视频

Step 01 打开"源文件 \ 第 04 章 \4-3-6.html",可以看到该页面的 HTML 代码,如图 4-37 所示。为页面中相应的文字添加超链接标签,设置空的超链接,如图 4-38 所示。

图 4-37 页面的 HTML 代码

图 4-38 为文字设置超链接

Step 02 在浏览器中预览该页面,可以看到网页中超链接文字默认的显示效果,如图 4-39 所示。切换到该文件所链接的外部 CSS 样式表文件中,创建超链接标签 <a> 的 4 种伪类 CSS 样式,如图 4-40 所示。

图 4-39 超链接文字默认显示效果

图 4-40 4 种伪类 CSS 样式代码

提示

通过对超链接 <a> 标签的 4 种伪类 CSS 样式进行设置,可以控制网页中所有超链接文字的样式。如果需要在网页中实现不同的超链接样式,则可以定义类 CSS 样式的 4 种伪类或 ID CSS 样式的 4 种伪类。

Step 03 切换到设计视图,可以看见超链接文字的效果,如图 4-41 所示。保存页面,并保存外部 CSS 样式表文件,在浏览器中预览页面,页面中超链接文字的效果如图 4-42 所示。

图 4-41 超链接文字效果

图 4-42 设置完成的超链接文字效果

课堂案例 创建并应用派生选择器

素材文件	源文件 \ 第 04 章 \4-3-7.html
案例文件	最终文件 \ 第 04 章 \4-3-7.html
视频教学	视频 \ 第 04 章 \4-3-7.mp4
案例要点	掌握派生选择器的创建与使用

扫码观看视频

Step 01 打开"源文件 \ 第 04 章 \4-3-7.html",可以看到该页面的 HTML 代码,如图 4-43 所示。在浏览器中预览该页面,可以看到页面中 id 名称为 box 的 Div 中包含的 3 张图片的默认显示效果,如图 4-44 所示。

图 4-43 页面的 HTML 代码　　　　　图 4-44 图片默认显示效果

Step 02 返回到该网页所链接的外部 CSS 样式表文件中,创建名称为 #box img 的派生选择器,如图 4-45 所示。保存页面,并保存外部 CSS 样式表文件,再浏览器中预览页面,可以看到页面中 id 名称为 box 的 Div 中所包含的 3 张图片应用了相同的 CSS 样式设置,效果如图 4-46 所示。

 提示

此处通过派生选择器定义了网页中 id 名称为 box 的元素中的 <img> 标签,也就是定义了 id 名称为 box 元素中的图片,主要设置了图片的上边距、下边距和边框。此处的定义仅对 id 名称为 box 的元素中包含的图片起作用,不会对网页中其他的图片起作用。

图 4-45 创建派生选择器

图 4-46 应用相同 CSS 样式的图片效果

技巧

派生选择器是指组合中的前一个对象包含后一个对象,对象之间使用空格作为分隔符。这样做能够避免定义过多的 ID 和类 CSS 样式,直接对需要设置的元素进行设置。派生选择器除了可以二级包含,还可以多级包含。

素材文件	源文件 \ 第 04 章 \4-3-8.html
案例文件	最终文件 \ 第 04 章 \4-3-8.html
视频教学	视频 \ 第 04 章 \4-3-8.mp4
案例要点	掌握群组选择器的创建与使用

扫码观看视频

Step 01 打开"源文件 \ 第 04 章 \ 4-3-8.html",可以看到该页面的 HTML 代码,如图 4-47 所示。切换到设计视图中,可以看到 id 名称为 pic1 至 pic4 的 4 个 Div 目前并没有应用 CSS 样式,所以显示的是其默认效果,如图 4-48 所示。

图 4-47 页面的 HTML 代码

图 4-48 未应用 CSS 样式的 Div

Step 02 在浏览器中预览页面,可以看到 pic1 至 pic4 的 4 个 Div 默认的显示效果,如图 4-49 所示。返回到该网页所链接的外部 CSS 样式表文件中,创建名称为 #pic1,#pic2,#pic3,#pic4 的群组选择器,如图 4-50 所示。

图 4-49 在浏览器中预览 Div 默认显示效果

图 4-50 创建群组选择器

Step 03 切换到设计视图,可以看到为 id 名称为 pic1 至 pic4 的 4 个 Div 同时应用 CSS 样式的效果,如图 4-51 所示。保存页面,并保存外部 CSS 样式表文件,在浏览器中预览页面,可以看到完成样式设置的页面效果,如图 4-52 所示。

图 4-51 应用 CSS 样式的 Div

图 4-52 预览完成样式设置的页面效果

 提示

在群组选择器中使用逗号对各选择器名称进行分隔,使得群组选择器中所定义的多个选择器均具有相同的 CSS 样式定义。这样做的好处是,页面中需要使用相同样式的地方只需书写一次 CSS 样式,减少了代码量。

4.4 使用CSS样式的方法

在网页中包含多种使用 CSS 样式的方法，每种方法都有不同的应用方式和优缺点。本节将向读者介绍在网页中使用 CSS 样式的多种方法。

在网页中使用 CSS 样式有 4 种方法：内联 CSS 样式、嵌入 CSS 样式、链接外部 CSS 样式和导入 CSS 样式。在实际操作中，根据设计的不同要求来选择使用 CSS 样式的方法。

1. 内联 CSS 样式

内联 CSS 样式是应用 CSS 样式比较简单和直观的方法，就是直接把 CSS 样式代码添加到 HTML 的标签中，即作为 HTML 标签的属性存在。通过这种方法，可以很简单地对某个元素单独定义样式。

使用内联样式的方法是直接在 HTML 标签中使用 style 属性，该属性的内容就是 CSS 的属性和值，其应用格式如下：

```
<p style="font-family:宋体; font-size:14px; color:#333333;">内联样式</p>
```

内联 CSS 样式由 HTML 文档中元素的 style 属性支持，只需将 CSS 代码输入 style=" " 并用 ";" 隔开，便可以完成对当前标签的样式定义，是定义 CSS 样式的一种基本形式。

2. 嵌入 CSS 样式

嵌入 CSS 样式就是将 CSS 样式代码添加到 <head> 与 </head> 标签之间，并且用 <style> 与 <style> 标签进行声明。这种写法虽然没有完全实现页头内容与 CSS 样式表现的完全分离，但可以将内容与 HTML 代码分离在两个部分进行统一的管理。代码如下：

```
...
<head>
<title>内部样式表</title>
<style type="text/css">
body{
    font-family: 宋体;
    font-size: 14px;
    color: #333333;
}
</style>
</head>
<body>
内部CSS样式
</body>
...
```

嵌入 CSS 样式是 CSS 样式的初级应用形式，它只对当前页面有效，不能跨页面执行，因此达不到 CSS 代码多用的目的。在实际的大型网站开发中，很少会用到嵌入 CSS 样式。

3. 链接外部 CSS 样式

外部 CSS 样式是应用 CSS 样式较为理想的一种形式。将 CSS 样式代码单独编写在一个独立的文件之中，由网页进行调用，多个网页可以调用同一个外部 CSS 样式，因此能够实现代码的最大化重用及网站文件的最优化配置。

链接外部 CSS 样式是指在外部定义 CSS 样式并形成以 .css 为扩展名的文件，在网页中通过 <link> 标签将外部的 CSS 样式文件链接到网页中，而且该语句必须放在页面的 <head> 与 </head> 标签之间，其语法格式如下：

```
<link rel="stylesheet" type="text/css" href="CSS样式表文件">
```

rel 属性指定链接到的 CSS 样式，其值为 stylesheet；type 属性指定链接的文件类型为 CSS 样式表；href 属性指定所定义链接的外部 CSS 样式文件的路径，可以使用相对路径和绝对路径。

4. 导入外部 CSS 样式

导入外部 CSS 样式与链接外部 CSS 样式基本相同，都是创建一个独立的 CSS 样式文件，然后再引入到 HTML 文档中，只不过在语法和运作方式上有所区别。采用导入外部 CSS 样式的方式，在 HTML 文档初始化时，会被导入到 HTML 文档内，成为文件的一部分，类似于嵌入 CSS 样式。

导入的外部 CSS 样式是指在嵌入样式的 <style> 与 </style> 标签中，使用 @import 命令导入一个外部 CSS 样式。

课堂案例 创建并链接外部CSS样式表文件

素材文件	源文件 \ 第 04 章 \4-4-2.html
案例文件	最终文件 \ 第 04 章 \4-4-2.html
视频教学	视频 \ 第 04 章 \4-4-2.mp4
案例要点	掌握创建并链接外部 CSS 样式表文件的方法

扫码观看视频

Step 01 打开"源文件 \ 第 04 章 \4-2-2.html"，可以看到该页面的 HTML 代码，如图 4-53 所示。在浏览器中预览该页面，可以看到当前页面并没有使用任何 CSS 样式，如图 4-54 所示。

图 4-53 页面的 HTML 代码

图 4-54 未使用 CSS 样式的页面效果

Step 02 单击"CSS 设计器"面板中"源"选项区中的"添加 CSS 源"按钮，在弹出的菜单中选择"创建新的 CSS 文件"命令，在弹出的对话框中单击"文件/URL"选项右侧的"浏览"按钮，浏览到需要创建外部 CSS 样式表文件的位置，如图 4-55 所示。单击"保存"按钮，创建外部 CSS 样式表文件，返回"创建新的 CSS 文件"对话框，如图 4-56 所示。

图 4-55 "将样式表文件另存为"对话框 图 4-56 "创建新的 CSS 文件"对话框

Step 03 设置"添加为"选项为"链接"，单击"确定"按钮，链接刚创建的外部 CSS 样式表文件。在"CSS 设计器"面板的"源"选项区中可以看到链接的外部 CSS 样式表文件，如图 4-57 所示。切换到代码视图，可以在页面头部的 <head> 与 </head> 标签之间看到链接外部 CSS 样式表的代码，如图 4-58 所示。

图 4-57 "源"选项区 图 4-58 链接外部 CSS 样式表文件代码

Step 04 切换到链接的外部 CSS 样式表文件，创建名称为 * 的通配符 CSS 样式和名称为 body 的标签 CSS 样式，如图 4-59 所示。切换到设计视图，可以看到页面的效果，如图 4-60 所示。

图 4-59 创建 CSS 样式 1 图 4-60 设计视图中的页面效果 1

Step 05 切换到外部 CSS 样式表文件中，创建名称分别为 #menu 和 #text 的 CSS 样式，如图 4-61 所示。回到网页的设计视图，效果如图 4-62 所示。

图 4-61 创建 CSS 样式 2　　　　　图 4-62 设计视图中的页面效果 2

Step 06 保存页面并保存外部 CSS 样式表文件，在浏览器中预览该页面，可以看到设置完成的页面效果，如图 4-63 所示。

图 4-63 预览设置完成的页面效果

> 💡 **提示**
>
> 推荐使用链接外部 CSS 样式的方式在网页中应用 CSS 样式，其优势主要有：①独立于 HTML 文档，便于修改；②多个文件可以引用同一个 CSS 样式；③CSS 样式只需下载一次，就可以在其他链接了该样式的页面内使用；④浏览器会先显示 HTML 内容，再根据 CSS 样式进行渲染，从而使访问者可以更快地看到内容。

4.5 丰富的CSS样式设置

通过 CSS 样式可以定义页面中几乎所有元素的外观效果，包括文本、背景、边框、位置和效果等。在 Dreamweaver CC 中，为了方便初学者的可视化操作，提供了集成的"CSS 设计器"面板，在该面板中几乎可以设置所有的 CSS 样式属性。完成 CSS 样式属性的设置后，Dreamweaver 会自动生成相应的 CSS 样式代码。

4.5.1 布局样式设置

布局样式主要用来定义页面中各元素的位置等属性，如大小和环境方式等。通过应用 padding 和 margin 属性还可以设置各元素（如图像）在水平和垂直方向上的空白区域。

在"CSS 设计器"面板的"属性"选项区中单击"布局"按钮，可以对与布局相关 CSS 属性进行设置，如图 4-64 所示。

图 4-64 布局相关的 CSS 属性

与布局相关的 CSS 样式属性说明如表 4-3 所示。

表 4-3　与布局相关 CSS 样式属性说明

CSS样式属性	说明
width	该属性用于设置元素的宽度，默认为auto
height	该属性用于设置元素的高度，默认为auto
min-width、min-height	这两个属性是CSS 3.0的新增属性，分别用于设置元素的最小宽度和最小高度
max-width、max-height	这两个属性是CSS 3.0的新增属性，分别用于设置元素的最大宽度和最大高度
display	该属性用于设置是否显示及如何显示元素
box-sizing	该属性是CSS 3.0的新增属性，用于设置元素盒模型的计算方式
margin	该属性用于设置元素的边界，如果为元素设置了边框，margin设置的是边框外侧的空白区域。可以在下面对应的top、right、bottom和left等选项中设置具体的数值和单位
padding	该属性用于设置元素的填充，如果为元素设置了边框，则padding指的是边框和元素中内容之间的空白区域。该属性与margin属性的用法相同
position	该属性用于设置元素的定位方式，包括static（静态）、absolute（绝对）、fixed（固定）和relative（相对）4个选项。选择一种定位方式之后，可以在下方分别设置该元素距离其父级元素的位置
float	该属性用于设置元素的浮动定位，float实际上是指文字等对象的环绕效果，有left█、right█和none█3个选项
clear	该属性用于清除元素浮动，有left█、right█、both█和none█4个选项
overflow-x、overflow-y	这两个属性分别用于设置元素内容溢出在水平方向和在垂直方向上的处理方式，可以在其属性值列表中选择相应的属性值
visibility	该属性用于设置元素的可见性，在属性值列表中包括inherit（继承）、visible（可见）和hidden（隐藏）3个选项。如果不指定可见性属性，则默认情况下将继承父级元素的属性设置。设置visibility属性为visible，则无论在哪种情况下，元素都将是可见的；设置visibility属性为hidden，则无论在哪种情况下，元素都是隐藏的
z-index	该属性用于设置元素的先后顺序和覆盖关系
opacity	该属性是CSS 3.0的新增属性，用于设置元素的不透明度

课堂案例　**布局CSS样式**

素材文件	源文件 \ 第 04 章 \4-5-2.html
案例文件	最终文件 \ 第 04 章 \4-5-2.html
视频教学	视频 \ 第 04 章 \4-5-2.mp4
案例要点	掌握 CSS 样式的布局

扫码观看视频

Step 01 执行"文件 > 打开"命令，打开"源文件\第04章\4-5-2.html"，在设计视图中可以看到页面的默认效果，如图4-65所示。切换到代码视图，可以看到页面的HTML代码，如图4-66所示。

图4-65 设计视图中的页面默认效果 　　　　　图4-66 页面的HTML代码

Step 02 需要为页面中id名称为pic的元素设置CSS样式。在"CSS设计器"面板的"选择器"选项区左上角单击"添加选择器"按钮，在文本框中输入ID CSS样式名称#pic，如图4-67所示。单击"属性"选项区中的"布局"按钮，对与布局相关的CSS属性进行设置，如图4-68所示。

图4-67 创建ID CSS样式 　　　　　图4-68 设置布局CSS属性

Step 03 在"属性"选项区中单击"边框"按钮，对边框的CSS属性进行设置，如图4-69所示。完成该ID CSS属性的设置后，切换到该网页链接的外部CSS样式表文件中，可以看到创建的名称为#pic的CSS样式代码，如图4-70所示。

图4-69 设置边框CSS属性 　　　　　图4-70 CSS样式代码

Step 04 返回设计视图，可以看到页面中名称为pic的Div的效果，如图4-71所示。将该Div中将多余的文字删除，插入相应的图像，如图4-72所示。

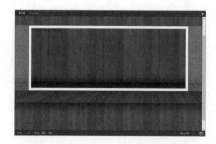

图4-71 设置CSS样式后的效果 　　　　　图4-72 插入图像

Step 05 保存页面并保存外部CSS样式表文件，在浏览器中预览页面，效果如图4-73所示。

图 4-73 在浏览器中预览页面

提示

在"CSS 设计器"面板中进行 CSS 样式的创建和 CSS 样式属性的设置,对初学者来说减少了代码的编写,并且容易操作,但是操作比较烦琐,也不便于用户对 CSS 样式属性的理解。建议直接编写 CSS 样式代码,这样能够有效地提高用户对 CSS 样式属性的理解和记忆,并且 Dreamweaver 具有代码提示功能,能够有效地提高 CSS 样式代码的编写效率。

4.5.2 文本样式设置

文本是网页中的重要元素之一。文本的 CSS 样式设置是最常见的操作,也是在网页制作过程中使用频率最高的。在"CSS 设计器"面板的"属性"选项区中单击"文本"按钮▼,在"属性"选项区中将显示与文本相关的 CSS 属性,如图 4-74 所示。

与文本相关的 CSS 样式属性说明如表 4-4 所示。

图 4-74 与文本相关的 CSS 属性

表 4-4 与文本相关的 CSS 样式属性说明

CSS属性	说明
color	该属性用于设置文本颜色,用户可以直接在文本框中输入颜色值
font-family	该属性用于设置字体,可以选择默认预设的字体,也可以在该选项后的文本框中输入相应的字体名称
font-style	该属性用于设置字体样式,在该下拉列表中可以选择合适的字体样式。其中,normal(正常)表示显示标准的字体样式,italic表示显示斜体的样式,oblique表示显示倾斜的样式
font-variant	该属性主要针对英文。normal表示显示标准的样式,small-caps表示浏览器会显示小型大写字母
font-weight	该属性用于设置字体的粗细,可以在该属性下拉列表中选择相应的属性值
font-size	在该属性处单击可以首先选择字体的单位,随后输入字体的大小值
line-height	该属性用于设置文本行的高度。在设置行高时,需要注意,设置行高的单位应该和设置字体大小的单位一致。行高的数值是把字体大小选项中的数值包括在内的
text-align	该属性用于设置文本的对齐方式,有left(左对齐)▤、center(居中对齐)▤、right(右对齐)▤和justify(两端对齐)▤4个选项
text-decoration	该属性用于设置文字修饰效果,Dreamweaver提供了4种修饰效果供用户选择。 none(无)▣:设置text-decoration属性值为none,则文字无任何修饰; underline(下画线)▼:设置text-decoration属性值为underline,可以为文字添加下画线; overline(上画线)▼:设置text-decoration属性值为overline,可以为文字添加上画线; line-through(删除线)▼:设置text-decoration属性值为line-through,可以为文字添加删除线
text-indent	该属性用于设置段落文本的首行缩进

CSS属性	说明
text-shadow	该属性是CSS 3.0的新增属性，用于设置文本的阴影效果。h-shadow用于设置阴影在水平方向的位置，允许使用负值；v-shadow用于设置阴影在垂直方向的位置，允许使用负值；blur用于设置阴影的模糊程度；color用于设置文本阴影的颜色
text-transform	该属性用于设置英文字体大小写，Dreamweaver提供了4种样式，none◣是默认样式；单击capitalize▣按钮则文本中的每个单词都以大写字母开头；单击uppercase▣按钮则文本中的字母全部大写，单击lowercase▣按钮则文本中的字母全部小写
letter-spading	该属性可以设置英文字母之间的距离，使用正值可以增加字母间距，使用负值可以减小字母间距
word-spading	该属性可以设置单词之间的距离，使用正值可以增加单词间距，使用负值可以减小单词间距
white-space	该属性可以对源代码文字空格进行控制，包含5个属性值。 normal（正常）：设置white-space属性值为normal，将忽略源代码文字之间的所有空格； nowrap（不换行）：设置white-space属性值为nowrap，可以设置文字不自动换行； pre（保留）：设置white-space属性值为pre，将保留源代码中所有形式的空格，包括按空格键、Tab键和Enter键形成的空格，如果写了一首诗，使用普通的方法很难保留所有形式的空格； pre-line（保留换行）：设置white-space属性值为pre-line，可以忽略空格，保留源代码中的换行； pre-wrap（保留空格）：设置white-space属性值为pre-wrap，可以保留源代码中的空格，正常进行换行
vertical-align	该属性用于设置对象的垂直对齐方式，属性值包括baseline（基线）、sub（下标）、super（上标）、top（顶部）、text-top（文本顶对齐）、middle（中线对齐）、bottom（底部）、text-bottom（文本底对齐），以及自定义的数值
list-style-position	该属性用于设置列表项目缩进的程度。单击inside（内）按钮▤，则列表缩进；单击outside（外）按钮▤，则列表贴近左侧边框
list-style-image	该属性可以选择图像作为项目的引导符号
list-style-type	在该下拉列表中可以设置引导列表项目的符号类型，包含disc（圆点）、circle（圆圈）、square（方块）、decimal（数字）、lower-roman（小写罗马数字）、upper-roman（大写罗马数字）、lower-alpha（小写字母）、upper-alpha（大写字母）和none（无）等多个属性值

课堂案例　设置网页中的文字效果

素材文件	源文件 \ 第 04 章 \4-5-4.html
案例文件	最终文件 \ 第 04 章 \4-5-4.html
视频教学	视频 \ 第 04 章 \4-5-4.mp4
案例要点	掌握与文字相关的 CSS 样式属性的设置

扫码观看视频

Step 01 打开"源文件 \ 第 04 章 \4-5-4.html"，在设计视图中可以看到页面的默认效果，如图 4-75 所示。切换到代码视图，可以看到页面的 HTML 代码，如图 4-76 所示。

图 4-75 设计视图中的页面默认效果

图 4-76 页面的 HTML 代码

Step 02 切换到该网页所链接的外部 CSS 样式表文件中，创建名称为 .font01 的类 CSS 样式，对文字的 CSS 属性进行设置，如图 4-77 所示。打开"CSS 设计器"面板，可以看到刚创建的名称为 .font01 的类 CSS 样式的相关属性设置，如图 4-78 所示。

Step 03 返回网页的代码视图，为相应的文字应用名称为 .font01 的类 CSS 样式，如图 4-79 所示。返回网页的设计视图，可以看到为文字应用名称为 .font01 的类 CSS 样式后的效果，如图 4-80 所示。

图 4-77 创建类 CSS 样式

图 4-78 "CSS 设计器"面板

图 4-79 应用类 CSS 样式

图 4-80 应用类 CSS 样式的效果

Step 04 切换到外部 CSS 样式表文件中，创建名称为 #text p 的 CSS 样式，对段落文字首行缩进的 CSS 属性进行设置，如图 4-81 所示。返回网页的设计视图，可以看到页面中 id 名称为 text 的 Div 中的段落文字首行会缩进 28 像素，如图 4-82 所示。

Step 05 保存页面并保存外部 CSS 样式表文件，在浏览器中预览页面，效果如图 4-83 所示。

图 4-81 首行缩进 CSS 属性设置

图 4-82 段落首行缩进效果

图 4-83 预览页面

💡 **提示**

注意：类 CSS 样式必须为网页元素应用才会起作用。另外，本案例创建的名称为 #text p 的 CSS 样式属于派生 CSS 样式，只针对页面中 id 名称为 text 的元素中的 <p> 标签起作用，而不会对非 text 元素中的 <p> 标签起作用。

4.5.3 边框样式设置

通过为网页元素设置边框样式，可以对网页元素的边框颜色、粗细和样式进行设置。在"CSS 设计器"面板的"属性"选项区中单击"边框"按钮，在"属性"选项区将显示边框的 CSS 属性，如图 4-84 所示。

与边框相关 CSS 属性说明如表 4-5 所示。

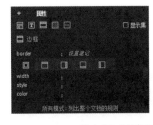

图 4-84 与边框相关的 CSS 属性

表 4-5　与边框相关的 CSS 属性说明

CSS属性	说明
border	该属性用于设置元素的边框，该属性包含3个子属性，分别是width（边框宽度）、style（边框样式）和color（边框颜色）。在border属性中单击"所有边"按钮▣，则下方3个子属性设置的是元素所有边的样式；如果单击"顶部"按钮▣，则下方3个子属性设置的是元素顶部边框的样式；如果单击"右侧"按钮▣，则下方3个子属性设置的是元素右侧边框的样式；如果单击"底部"按钮▣，则下方3个子属性设置的是元素底部边框的样式效果；如果单击"左侧"按钮▣，则下方3个子属性设置的是元素左侧边框的样式
border-radius	该属性是CSS 3.0中新增的属性，用于设置元素的圆角效果
border-collapse	该属性用于设置边框是否合并单一的边框，collapse▮▮用于设置合并单一的边框，separate▮▮用于分开边框，默认为分开
border-spading	该属性用于设置相邻边框之间的距离，前提是border-collapse:separate;，第一个属性值表示垂直间距，第二个属性值表示水平间距

课堂案例 设置网页元素的边框效果

素材文件	源文件 \ 第 04 章 \4-5-6.html
案例文件	最终文件 \ 第 04 章 \4-5-6.html
视频教学	视频 \ 第 04 章 \4-5-6.mp4
案例要点	掌握与边框相关的 CSS 样式属性的设置

扫码观看视频

Step 01 打开"源文件 \ 第 04 章 \4-5-6.html"，在设计视图中可以看到页面的默认效果，如图 4-85 所示。切换到代码视图，可以看到页面的 HTML 代码，如图 4-86 所示。

图 4-85 设计视图中的页面默认效果　　　　　　　　　图 4-86 页面的 HTML 代码

Step 02 切换到该网页所链接的外部 CSS 样式表文件中，创建名称为 .border01 的类 CSS 样式，对与边框相关的 CSS 属性进行设置，如图 4-87 所示。返回网页的代码视图，在 id 名称为 title 的 Div 标签中应用刚创建的名称为 .border01 的类 CSS 样式，如图 4-88 所示。

图 4-87 创建类 CSS 样式 1　　　　　　　　　图 4-88 应用类 CSS 样式 1

图 4-89 应用类 CSS 样式的效果 1

Step 03 返回网页的设计视图，可以看到为 id 名称为 title 的 Div 应用名称为 .border01 的类 CSS 样式的效果，如图 4-89 所示。切换到该网页所链接的外部 CSS 样式表文件中，创建名称为 .border02 的类 CSS 样式，对边框相关的 CSS 属性进行设置，如图 4-90 所示。

```
.border02 {
    border: 6px solid #FFFFFF;
}
```

图 4-90 创建类 CSS 样式 2

Step 04 返回网页的代码视图，为页面中的图片应用刚创建的名称为 .border02 的类 CSS 样式，如图 4-91 所示。返回网页的设计视图，可以看到为页面中的图片应用名称为 .border02 的类 CSS 样式的效果，如图 4-92 所示。

图 4-91 应用类 CSS 样式 2

图 4-92 应用类 CSS 样式的效果 2

图 4-93 预览页面

Step 05 保存页面并保存外部 CSS 样式表文件，在浏览器中预览页面，效果如图 4-93 所示。

💡 提示

在本案例中创建的名称为 .border02 的类 CSS 样式中，为 border 属性设置了 3 个属性值，分别是边框宽度、边框样式和边框颜色，3 个属性值之间使用空格分隔，并且 3 个属性值没有顺序要求，这种简写方式可以实现为元素 4 条边应用相同边框属性设置的效果。

4.5.4 背景样式设置

在使用 HTML 代码编写的页面中，背景只能使用单一的色彩或利用背景图像在水平和垂直方向平铺，而通过 CSS 样式可以更加灵活地对背景进行设置。在 "CSS 设计器" 面板的 "属性" 选项区中，单击 "背景" 按钮，会显示与背景相关的 CSS 属性，如图 4-94 所示。

与背景相关的 CSS 属性说明如表 4-6 所示。

图 4-94 与背景相关的 CSS 属性

表 4-6　与背景相关的 CSS 属性说明

CSS属性	说明
background-color	该属性用于设置元素的背景颜色
background-image	该属性用于设置元素的背景图像，在url文本框中可以直接输入背景图像的路径
background-position	该属性用于设置背景图像在元素中水平和垂直方向的位置。在水平方向可以left（左对齐）、right（右对齐）和center（居中对齐），在垂直方向可以top（上对齐）、bottom（底对齐）和center（居中对齐），还可以通过输入数值设置背景图像的位置
background-size	该属性为CSS 3.0的新增属性，用于设置背景图像的尺寸
background-clip	该属性为CSS 3.0的新增属性，用于设置背景图像的裁切
background-repeat	该属性用于设置背景图像的平铺方式，共4种方式。repeat▦：设置背景图像在水平和垂直方向平铺；repeat-x▭：设置背景图像只在水平方向平铺；repeat-y▮：设置背景图像只在垂直方向平铺；no-repeat▪：设置背景图像不平铺，只显示一次
background-origin	该属性为CSS 3.0的新增属性，用于设置背景图像的显示区域
background-attachment	如果以图像作为背景，可以设置背景图像是否随着页面一同滚动，在该下拉列表中可以选择fixed（固定）或scroll（滚动）选项，背景图像默认随着页面一同滚动
box-shadow	该属性是CSS 3.0的新增属性，用于为元素添加阴影效果。h-shadow用于设置水平阴影的位置；v-shadow用于设置垂直阴影的位置；blur用于设置阴影的模糊程度；spread用于设置阴影的尺寸；color用于设置阴影的颜色；inset用于将外部投影设置为内部投影

课堂案例　为网页元素设置背景图像

素材文件	源文件 \ 第 04 章 \4-5-8.html	扫码观看视频
案例文件	最终文件 \ 第 04 章 \4-5-8.html	
视频教学	视频 \ 第 04 章 \4-5-8.mp4	
案例要点	掌握背景 CSS 样式属性的设置	

Step 01 打开"源文件 \ 第 04 章 \4-5-8.html"，在设计视图中可以看到页面的默认效果，如图 4-95 所示。切换到代码视图，可以看到页面的 HTML 代码，如图 4-96 所示。

图 4-95 设计视图中的页面默认效果

图 4-96 页面的 HTML 代码

Step 02 切换到该网页所链接的外部 CSS 样式表文件中，找到名称为 #box 的 CSS 样式，如图 4-97 所示。在该 CSS 样式中添加与背景图像相关的 CSS 样式设置代码，如图 4-98 所示。

图 4-97 CSS 样式代码

图 4-98 添加背景图像的 CSS 属性设置代码

Step 03 返回设计视图，可以看到页面中为 id 名称为 box 的 Div 设置背景图像的效果，如图 4-99 所示。保存页面并保存外部 CSS 样式表文件，在浏览器中预览页面，效果如图 4-100 所示。

图 4-99 为元素设置背景图像效果

图 4-100 在浏览器中预览页面

4.5.5 其他样式设置

除了前面几节介绍的与布局、文本、边框和背景相关的 CSS 属性，还包括许多其他的 CSS 属性。这些属性在 "CSS 设计器" 面板中并没有直接给出属性名称，但是可以在 "属性" 选项区的 "其他" 类别中手动输入属性名称并设置属性值，如图 4-101 所示。这里建议读者能够自己手动编写 CSS 样式代码，这样能够有效地提高读者对 CSS 样式属性和属性值的熟悉程度。

图 4-101 "更多" 类别

技巧

在 "CSS 设计器" 面板的 "属性" 选项区完成某个 CSS 属性的设置之后，可以选中 "显示集" 复选框，在 "属性" 选项区将只显示为该 CSS 样式所设置的属性，隐藏其他没有设置的所有属性，从而方便用户的查看和修改操作。

课堂练习 链接外部CSS样式表文件

素材文件	源文件 \ 第 04 章 \4-6.html
案例文件	最终文件 \ 第 04 章 \4-6.html
视频教学	视频 \ 第 04 章 \4-6.mp4
案例要点	掌握创建与链接外部 CSS 样式表文件的方法

扫码观看视频

1. 练习思路

在网页的设计制作过程中，设计师通常会使用外部 CSS 样式表文件，将 CSS 样式与网页结构分离，通过链接外部 CSS 样式表文件的方式来使用 CSS 样式。

2. 制作步骤

Step 01 打开"源文件 \ 第 04 章 \4-6.html"，在设计视图中可以看到页面的默认效果，如图 4-102 所示。切换到代码视图，可以看到页面的 HTML 代码，如图 4-103 所示。

图 4-102 设计视图中的页面默认效果　　　　　　　　图 4-103 HTML 代码

Step 02 当前页面并没有使用任何 CSS 样式。执行"文件 > 新建"命令，弹出"新建文档"对话框，在"文档类型"列表框中选择 CSS 类型，如图 4-104 所示。单击"创建"按钮，新建外部 CSS 样式表文件。执行"文件 > 保存"命令，弹出"另存为"对话框，将其保存到指定的站点文件夹中，名称为 4-6-1.css，如图 4-105 所示。单击"保存"按钮，保存外部 CSS 样式表文件。

图 4-104 "新建文档"对话框　　　　　　　　图 4-105 保存外部 CSS 样式表文件

Step 03 返回 4-6-1.html 页面，单击"CSS 设计器"面板中"源"选项区左上角的"添加 CSS 源"按钮，在弹出的菜单中选择"附加现有的 CSS 文件"命令，弹出"使用现有的 CSS 文件"对话框，单击"浏览"按钮，在弹出对话框中选择刚创建的 CSS 样式表文件，如图 4-106 所示。单击"确定"按钮，设置"添加为"选项为"链接"，如图 4-107 所示。

图 4-106 选择需要链接的 CSS 样式表文件　　　　图 4-107 "使用现有的 CSS 文件"对话框

Step 04 单击"确定"按钮，完成外部 CSS 样式表文件的链接。在"CSS 设计器"面板的"源"选项区中显示所链接的 CSS 样式表文件，如图 4-108 所示。在网页的 HTML 代码中自动生成链接外部 CSS 样式表文件的代码，如图 4-109 所示。

图 4-108 "CSS 设计器"面板

图 4-109 链接外部 CSS 样式表文件代码

Step 05 切换到链接的外部 CSS 样式表文件中，创建相应的 CSS 样式，对网页中的元素进行设置，如图 4-110 所示。

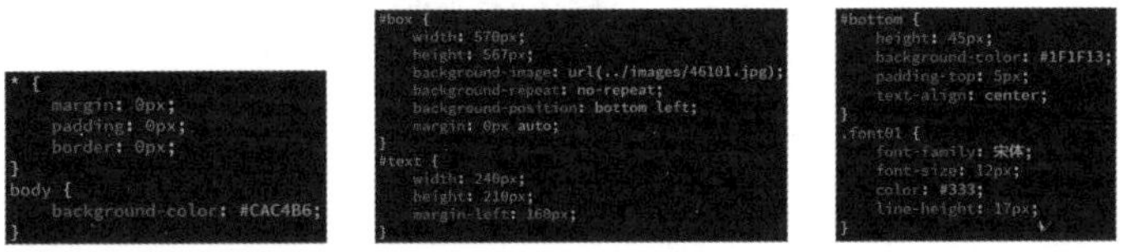

图 4-110 创建 CSS 样式

Step 06 返回设计视图，可以看到应用 CSS 样式的页面效果，如图 4-111 所示。保存页面并保存外部 CSS 样式表文件，在浏览器中预览页面，效果如图 4-112 所示。

图 4-111 应用 CSS 样式的效果　　图 4-112 在浏览器中预览页面

课堂练习　在网页中设置文字列表效果

素材文件	源文件 \ 第 04 章 \4-7.html
案例文件	最终文件 \ 第 04 章 \4-7.html
视频教学	视频 \ 第 04 章 \4-7.mp4
案例要点	掌握列表 CSS 样式属性的设置

扫码观看视频

1. 练习思路

Dreamweaver 为用户提供了对列表进行设置的 CSS 样式属性，通过列表 CSS 样式的设置，可以实现非常丰富的列表效果。本练习主要是让读者学习通过对列表 CSS 样式属性的设置，使用自定义的图像作为列表项目符号。

2. 制作步骤

Step 01 打开"源文件 \ 第 04 章 \4-7.html"，在设计视图中可以看到页面的默认效果，如图 4-113 所示。切换到代码视图，可以看到项目列表部分的 HTML 代码，如图 4-114 所示。

Step 02 在浏览器中预览该页面，可以看到项目列表的默认显示效果，如图 4-115 所示。返回该网页所链接的外部 CSS 样式表文件中，创建名称为 #news li 的 CSS 样式，对列表 CSS 样式属性和底部边框属性进行设置，如图 4-116 所示。

图 4-113 设计视图中的页面　　图 4-114 项目列表部分的 HTML 代码　　图 4-115 预览默认项目列表效果　　图 4-116 创建 CSS 样式
默认效果

Step 03 返回设计视图，可以看到应用 CSS 样式的项目列表效果，如图 4-117 所示。保存页面并保存外部 CSS 样式表文件，在浏览器中预览页面，效果如图 4-118 所示。

图 4-117 应用 CSS 样式的项目列表效果　　　图 4-118 预览页面

课后习题

学习本章内容后，请读者完成以下课后习题，测验一下自己对 CSS 样式的学习效果，同时加深读者对所学知识的理解。

一、选择题

1. 如果需要对网页的整体效果进行设置，可以创建哪种标签选择器？（　）
A. head　　　　B. div　　　　C. body　　　　D. p
2. 以下哪种不属于为网页应用 CSS 样式的方法？（　）
A. 内部 CSS 样式　　　B. 链接外部 CSS 样式表文件　　　C. 导入外部 CSS 样式　　　D. CSS 选择器
3. 以下哪个 CSS 属性可以用来设置字体？（　）
A. font-family　　　B. font-size　　　C. font-style　　　D. font-weight

二、填空题

1. CSS 由两部分组成：_____ 和 _____，其中，_____ 由属性和属性值组成。
2. _____ 必须应用给网页中的元素才会生效，_____ 可以在一个 HTML 页面中被多次调用。
3. _____ 是指组合中的前一个对象包含后一个对象，对象之间使用空格作为分隔符。

三、简答题

简单介绍 CSS 样式的版本发展。

Chapter

05

CSS 3.0新增属性及应用

CSS 的网页布局和排版功能强大，可以说 CSS 是网页设计的利器。CSS 3.0 新增了许多实用的属性，例如圆角边框、元素阴影和不透明度等，实现了以前无法实现或难以实现的效果。本章将向读者介绍 CSS 3.0 新增的相关属性，并且通过案例的制作练习让读者掌握 CSS 3.0 新增属性的使用方法和技巧。

DREAMWEAVER

学习目标

- 了解 CSS 3.0 新增的颜色定义方法
- 了解 CSS 3.0 新增的文字属性设置
- 了解 CSS 3.0 新增的背景属性设置
- 了解 CSS 3.0 新增的边框属性设置
- 了解 CSS 3.0 新增的多列布局属性设置
- 了解 CSS 3.0 新增的盒模型属性设置

技能目标

- 掌握实现半透明颜色的方法
- 掌握为文字设置阴影的方法
- 掌握在网页中实现特殊字体的方法
- 掌握设置背景图像大小的方法
- 掌握实现多背景图像的方法
- 掌握为网页元素添加圆角边框的方法
- 掌握实现网页元素半透明效果的方法

新增的颜色定义方法

网页中优秀的颜色搭配可以更好地吸引浏览者的目光，CSS 3.0 新增了几种定义颜色的方法，下面依次介绍。

5.1.1 HSL颜色的定义方法

HSL 是工业界广泛使用的一种颜色标准，通过对色调（H）、饱和度（S）和亮度（L）3 个颜色通道的改变，以及它们之间的相互叠加来获得各种颜色。CSS 3.0 新增了 HSL 颜色设置方式。在设置 HSL 颜色时，需要定义 3 个值，分别是色调（H）、饱和度（S）和亮度（L）。定义 HSL 颜色的语法如下：

```
hsl (<length>,<percentage>,<percentage>);
```

HSL 的相关属性说明如表 5-1 所示。

表 5-1　HSL 属性说明

属性值	说明
<length>	用于设置Hue（色调），0（或360）表示红色，120表示绿色，240表示蓝色。当然，也可以取其他的数值来确定其他颜色
<percentage>	用于设置Saturation（饱和度），在0~100%范围内取值
<percentage>	用于设置Lightness（亮度），在0~100%范围内取值

5.1.2 HSLA颜色的定义方法

HSLA 是 HSL 颜色定义方法的扩展，在色相、饱和度、亮度三要素的基础上增加了不透明度的设置。通过定义 HSLA 颜色，能够灵活地设置各种不同的透明效果。定义 HSLA 颜色的语法如下：

```
hsla (<length>,<percentage>,<percentage>,<opacity>);
```

前 3 个属性与 HSL 颜色的属性相同，第 4 个属性用于设置颜色的不透明度，取值范围为 0~1。如果值为 0，则表示颜色完全透明；如果值为 1，则表示颜色完全不透明。

5.1.3 RGBA颜色的定义方法

RGBA 在 RGB 的基础上多了控制 Alpha 的参数，定义 RGBA 颜色的语法如下：

```
rgba (r,g,b,<opacity>);
```

R、G 和 B 分别用于设置红色、绿色和蓝色 3 种原色所占的比例，R、G 和 B 的值可以是正整数或百分数，正整数的取值范围为 0~255，百分数的取值范围为 0~100%，超出范围的数值将被截至其最近的取值极限。注意，并非所有浏览器都支持百分数。第 4 个属性 <opacity> 表示不透明度，取值范围为 0~1。

课堂案例 为网页元素设置半透明背景

素材文件	源文件 \ 第 05 章 \5-1-4.html
案例文件	最终文件 \ 第 05 章 \5-1-4.html
视频教学	视频 \ 第 05 章 \5-1-4.mp4
案例要点	掌握 HSLA 和 RGBA 颜色的设置方法

扫码观看视频

Step 01 执行"文件 > 打开"命令，打开"源文件 \ 第 05 章 \5-1-4.html"，切换到页面的代码视图，如图 5-1 所示。在浏览器中预览该页面，可以看到 id 名称为 box 的元素显示为纯黑的实色背景，如图 5-2 所示。

图 5-1 代码视图

图 5-2 预览页面原始效果

Step 02 切换到该网页所链接的外部 CSS 样式表文件中，找到名称为 #box 的 CSS 样式代码，如图 5-3 所示。在名称为 #box 的 CSS 样式代码中修改背景颜色的设置，并使用 HSLA 颜色设置方法，如图 5-4 所示。

图 5-3 CSS 样式代码

图 5-4 修改背景颜色代码 1

Step 03 保存页面并保存外部 CSS 样式表文件，在浏览器中预览页面，可以看到元素的半透明背景效果，如图 5-5 所示。切换到外部 CSS 样式表文件中，将 HSLA 颜色设置方法修改为 RGBA 颜色设置方法，如图 5-6 所示。

图 5-5 预览页面半透明效果

图 5-6 修改背景颜色代码 2

Step 04 切换到网页的设计视图，可以看到为网页元素设置半透明背景的效果，如图 5-7 所示。保存页面并保存外部 CSS 样式表文件，在浏览器中预览页面，效果如图 5-8 所示。

图 5-7 设计视图

图 5-8 预览页面最终效果

 技巧

熟悉 Photoshop 的用户都知道,在 Photoshop 的拾色器对话框中提供了多种颜色值,其中就包括 RGB 颜色值和十六进制颜色值,所以十六进制颜色值与 RGB 颜色值的相互转换非常方便。但是 Photoshop 中并没有提供 HSL 颜色值,不过在网络上能够找到很多颜色值转换小工具,可以很方便地将 RGB 或十六进制颜色值转换成 HSL 颜色值。

5.2 新增的文字设置属性

对网页而言,文字永远都是不可缺少的重要元素,也是传递信息的主要工具。CSS 3.0 新增加了几种有关网页文字控制的新属性,下面分别对这几种新增的文字设置属性进行介绍。

5.2.1 text-overflow属性

text-overflow 属性解决了以前需要程序或者 JavaScript 脚本才能够完成的事情。text-overflow 属性的语法格式如下:

```
text-overflow: clip | ellipsis;
```

text-overflow 属性比较简单,只有两个属性值,具体说明如表 5-2 所示。

表 5-2 text-overflow 的属性值说明

属性值	说明
clip	当文本内容发生溢出时,不显示省略标记(…),而是简单地裁切
ellipsis	当文本内容发生溢出时,显示省略标记(…),省略标记插入的位置是最后一个字符

实际上,text-overflow 属性仅用于决定文本溢出时是否显示省略标记(…),并不具备样式定义的功能。要实现文本溢出时裁切文本显示省略标记(…)的效果,还需要两个 CSS 属性的配合:强制文本在一行内显示

（white-space:nowrap）和溢出内容隐藏（overflow:hidden），并且需要定义容器的宽度，只有这样才能实现文本溢出时裁切文本显示省略标记（…）的效果。

5.2.2 word-wrap属性

CSS 3.0 新增了 word-wrap 属性，通过该属性能够实现长单词与 URL 地址的自动换行处理。word-wrap 属性的语法格式如下：

```
word-wrap: normal | break-word;
```

word-wrap 属性的属性值说明如表 5-3 所示。

表 5-3　word-wrap 的属性值说明

属性值	说明
normal	默认值，浏览器只在半角空格或连字符的地方进行换行
break-word	内容将在边界内换行

5.2.3 word-break和white-space属性

word-break 属性用于设置指定容器内文本的字内换行行为，在出现多种语言的情况时非常有用。

```
word-break: normal | break-all | keep-all;
```

word-break 属性的属性值与使用的文本语言有关，属性值说明如表 5-4 所示。

表 5-4　word-break 的属性值说明

属性值	说明
normal	默认值，根据语言自身的规则确定容器内文本换行的方式，中文遇到容器边界自动换行，英文遇到容器边界从整个单词换行
break-all	允许强行截断英文单词，达到词内换行效果
keep-all	不允许强行将字断开。如果内容为中文，则将前后标点符号内的一个汉字短语整个换行；如果内容为英文，则单词整个换行。如果出现某个英文字符长度超出容器边界的情况，则后面的部分将撑破容器；如果边框为固定属性，则后面部分无法显示

在前面介绍 text-overflow 属性时提到了 white-space 属性。text-overflow 属性要想实现控制溢出文本的功能，就需要 white-space 属性的配合。white-space 属性主要用来声明在建立布局的过程中如何处理元素中的空白符。

white-space 属性早在 CSS2.1 中就出现了，CSS 3.0 在原有的基础上为该属性增加了两个属性值。white-space 属性的语法格式如下：

```
white-space: normal | pre | nowrap | pre-line | pre-wrap | inherit;
```

white-space 属性的属性值说明如表 5-5 所示。

表 5-5　white-space 的属性值说明

属性值	说明
normal	默认值，空白会被浏览器忽略
pre	文本内容中的空白会被浏览器保留，其行为方式类似于HTML中的\<pre\>标签效果

属性值	说明
nowrap	文本内容会在同一行显示，不会自动换行，直到碰到换行标签
为止
pre-line	合并空白符序列，但是保留换行符
pre-wrap	保留空白符序列，但是正常地进行换行
inherit	继承父元素的white-space属性值，所有IE浏览器都不支持该属性值

5.2.4 text-shadow属性

在 text-shadow 属性出现之前，如果需要实现文本的阴影效果，只能将文本在 Photoshop 中制作成图片插入到网页中，这种方式使用起来非常不便。现在 CSS 3.0 新增了 text-shadow 属性，使用该属性可以直接对网页中的文本设置阴影效果。

要想掌握 text-shadow 属性在网页中的应用，首先需要理解其语法规则。text-shadow 属性的语法格式如下：

```
text-shadow: h-shadow v-shadow blur color;
```

text-shadow 属性包含 4 个属性参数，每个属性参数都有自己的作用。text-shadow 属性的属性参数说明如表 5-6 所示。

表 5-6　text-shadow 的属性参数说明

属性参数	说明
h-shadow	该参数是必需参数，用于设置阴影在水平方向上的位移值。该参数可以取正值，也可以取负值。如果为正值，则阴影在对象的右侧；如果取负值，则阴影在对象的左侧
v-shadow	该参数是必需参数，用于设置阴影在垂直方向上的位移值。该参数可以取正值，也可以取负值，如果为正值，则阴影在对象的底部；如果取负值，则阴影在对象的顶部
blur	该参数是可选参数，用于设置阴影的模糊半径，代表阴影向外模糊的范围。该参数只能取正值，值越大，阴影向外模糊的范围越大，阴影的边缘越模糊。当该参数值为0时，表示阴影不具有模糊效果
color	该参数是可选参数，用于设置阴影的颜色。该参数的取值可以是颜色关键词、十六进制颜色值、RGB颜色值、RGBA颜色值等。如果不设置阴影颜色，则会使用文本的颜色作为阴影颜色

技巧

使用 text-shadow 属性可以为文本指定多个阴影效果，并且可以针对每个阴影使用不同的颜色。指定多个阴影时需要使用逗号将多个阴影进行分隔。text-shadow 属性的多阴影效果将按照所设置的顺序应用，因此前面的阴影有可能覆盖后面的阴影，但是它们永远不会覆盖文字本身。

课堂案例　为网页文字设置阴影效果

素材文件	源文件 \ 第 05 章 \5-2-5.html
案例文件	最终文件 \ 第 05 章 \5-2-5.html
视频教学	视频 \ 第 05 章 \5-2-5.mp4
案例要点	掌握使用 text-shadow 属性为文字设置阴影的方法

扫码观看视频

Step 01 执行"文件 > 打开"命令，打开"源文件 \ 第 05 章 \5-2-5.html"，切换到页面的代码视图，如图 5-9 所示。在浏览器中预览该页面，可以看到页面中的文字效果，如图 5-10 所示。

图 5-9 代码视图   图 5-10 预览页面中的文字效果

Step 02 切换到该网页所链接的外部 CSS 样式表文件中，找到名称为 #text 的 CSS 样式代码，在该 CSS 样式代码中添加 text-shadow 属性设置代码，如图 5-11 所示。保存外部 CSS 样式表文件，在浏览器中预览该页面，可以看到为文字添加阴影的效果，如图 5-12 所示。

图 5-11 添加 text-shadow 属性设置代码   图 5-12 预览为文字添加阴影的效果

Step 03 切换到外部 CSS 样式表文件中，在名称为 #text 的 CSS 样式代码中修改 text-shadow 属性设置，如图 5-13 所示。保存外部 CSS 样式表文件，在浏览器中预览该页面，可以看到向四周发散的文字阴影效果，如图 5-14 所示。

图 5-13 修改 text-shadow 属性设置代码   图 5-14 向四周发散的文字阴影效果

5.2.5 @font-face规则

CSS 的字体样式通常会受到客户端的限制，只有在客户端安装了相应的字体，才能正确显示设置的字体样式。如果使用的不是常用的字体，那么没有安装该字体的用户是看不到真正的文字样式的。因此，设计师会避免使用不常用的字体，更不敢使用艺术字体。

为了弥补这一缺陷，CSS 3.0 新增了字体自定义功能，通过 @font-face 规则来引用互联网中任意服务器中存在的字体。这样在设计页面时，就不会因为字体稀缺而受限制。

只需将字体放置在网站服务器端，即可在网站的页面中使用 @font-face 规则来加载服务器端的特殊字体，从而在网页中表现出特殊字体的效果。不管用户端是否安装了对应的字体，网页中的特殊字体都能够正常显示。

通过 @font-face 规则可以加载服务器端的字体文件，让客户端显示它没有安装的字体。@font-face 规则的语法格式如下：

```
@font-face: {font-family:属性值; font-style:属性值; font-variant:属性值; font-weight:属性值;
font-stretch:属性值; font-size:属性值; src:属性值; }
```

@font-face 规则的相关属性说明如表 5-7 所示。

表 5-7　@font-face 规则的相关属性说明

属性	说明
font-family	设置自定义字体名称，最好使用默认的字体文件名
font-style	设置自定义字体的样式
font-variant	设置自定义字体是否有大小写
font-weight	设置自定义字体的粗细
font-stretch	设置自定义字体是否横向拉伸变形
font-size	设置自定义字体的大小
src	设置自定义字体的相对路径或者绝对路径，可以包含format信息。注意，此属性只能在@font-face规则中使用

提示

@font-face 规则和 CSS 3.0 中的 @media、@import、@keyframes 等规则一样，都是用关键字符 @ 封装多项规则。@font-face 的 @ 规则主要用于指定自定义字体，然后在其他 CSS 样式中调用 @font-face 中自定义的字体。

课堂案例 在网页中实现特殊字体效果

素材文件	源文件 \ 第 05 章 \5-2-7.html	扫码观看视频
案例文件	最终文件 \ 第 05 章 \5-2-7.html	
视频教学	视频 \ 第 05 章 \5-2-7.mp4	
案例要点	掌握使用 @font-face 规则在网页中嵌入 Web 字体的方法	

Step 01 执行"文件 > 打开"命令，打开"源文件\第05章\5-2-7.html"，切换到页面的代码视图，如图5-15所示。在浏览器中预览该页面，可以看到系统支持的字体的显示效果，如图5-16所示。

图 5-15 代码视图

图 5-16 系统支持的字体的显示效果

Step 02 切换到该网页链接的外部 CSS 样式表文件中，创建 @font-face 规则，在该规则中引用准备好的特殊字体，如图5-17所示。在名称为 #text 的 CSS 样式中，添加 font-family 属性设置代码，设置其属性值为在 @font-face 中声明的字体名称，如图5-18所示。

图 5-17 创建自定义字体

图 5-18 设置字体为自定义字体

 提示

在 @font-face 规则中，通过 font-family 属性声明了字体名称 myfont1，并通过 src 属性指定了字体文件的 URL 相对地址。接下来在名称为 #text 的 CSS 样式中，就可以通过 font-family 属性，设置字体名称为在 @font-face 规则中声明的字体名称 myfont1，从而应用特殊字体。

Step 03 保存外部 CSS 样式表文件，在 Chrome 浏览器中预览页面，可以看到特殊的字体效果，如图5-19所示。因为 IE 浏览器并不支持所加载的 TTF 格式的字体，所以在 IE 浏览器中并不能显示出文字的特殊字体效果，如图5-20所示。

图 5-19 在 Chrome 浏览器中预览特殊字体的效果

图 5-20 在 IE 浏览器中无法显示特殊字体效果

 技巧

通常人们下载的字体文件都是单一格式的，那么，如何才能得到该字体其他格式的文件呢？其实每种格式的文件都可以用专门的工具转换得到，同时也有专门的用于生成 @font-face 文件的网站，可以将字体文件上传到网站上，转换后下载，就可以将其嵌入到网页上使用了。

Step 04 通过转换得到其他几种格式的字体文件以后，切换到外部 CSS 样式表文件中，在 @font-face 规则中加载多种不同格式的字体文件，如图 5-21 所示。保存外部 CSS 样式表文件，在 IE 浏览器中预览页面，可以看到页面中特殊字体的效果，如图 5-22 所示。

图 5-21 加载多种格式的字体文件

图 5-22 在 IE 浏览器中预览特殊字体效果

5.3 新增的背景设置属性

通过 CSS 3.0 新增的背景设置属性不仅可以设置半透明的背景，还可以实现渐变背景。CSS 3.0 还新增了有关网页背景图像设置的属性。本节将具体介绍。

5.3.1 background-size属性

以前网页中背景图像的大小是无法控制的，利用 CSS 3.0 新增的 background-size 属性可以设置背景图像的大小，可以控制背景图像在水平和垂直两个方向的缩放，也可以控制拉伸背景图像覆盖背景区域的方式。

background-size 属性的语法格式如下：

```
background-size: <length> | <percentage> | auto | cover | contain ;
```

background-size 属性的属性值说明如表 5-8 所示。

表 5-8　background-size 属性的属性值说明

属性值	说明
<length>	由浮点数字和单位标记符组成的长度值，不可以为负值
<percentage>	取值范围为 0~100%，不可以为负值。该百分比值是相对于页面元素进行计算的，并不是根据背景图像的大小进行计算的
auto	默认值，将保持背景图像的原始尺寸
cover	对背景图像进行缩放，以铺满整个容器，但这种方法会对背景图像进行裁切
contain	保持背景图像本身的宽高比，将背景图像进行等比例缩放，该方法会导致容器留白

 技巧

background-size 属性可以通过 <length> 和 <percentage> 属性值来设置背景图像的宽度和高度，第一个属性值用于设置宽度，第二个属性值用于设置高度。如果只给出一个属性值，则第二个属性值为 auto。

素材文件	源文件 \ 第 05 章 \5-3-2.html
案例文件	最终文件 \ 第 05 章 \5-3-2.html
视频教学	视频 \ 第 05 章 \5-3-2.mp4
案例要点	掌握 background-size 属性的使用方法

扫码观看视频

Step 01 执行"文件 > 打开"命令，打开"源文件 \ 第 05 章 \5-3-2.html"，切换到页面的代码视图，如图 5-23 所示。在浏览器中预览该页面，可以看到该页面背景图像的默认显示效果，如图 5-24 所示。

图 5-23 代码视图

图 5-24 预览页面的默认效果

Step 02 切换到该网页所链接的外部 CSS 样式表文件中，找到名称为 body 的标签 CSS 样式代码。在该 CSS 样式代码中添加 background-size 属性设置代码，使用固定值，如图 5-25 所示。保存 CSS 样式表文件，在浏览器中预览页面，可以看到以固定尺寸显示页面背景图像的效果，如图 5-26 所示。

图 5-25 添加 background-size 属性设置代码

图 5-26 背景图像以固定尺寸显示

 提示

如果利用 background-size 属性设置背景图像的大小，那么背景图像将以设置的固定尺寸显示。但这种方式会造成背景图像不按等比例缩放，会使背景图像失真。如果 background-size 属性只取一个固定值，例如"background-size: 880px auto;"，那么背景图像的宽度依然是固定值 880px，但背景图像的高度则会根据固定的宽度值进行等比例缩放。

Step 03 切换到外部 CSS 样式表文件中，修改 body 标签中 background-size 的属性设置代码，使用百分比值，如图 5-27 所示。保存 CSS 样式表文件，在浏览器中预览页面，可以看到使用百分比值设置背景图像大小的显示效果，如图 5-28 所示。

```
body {
    font-family: 微软雅黑;
    color: #FFF;
    background-image: url(../images/53201.jpg);
    background-repeat: no-repeat;
    background-position: center center;
    background-size: 100% 100%;
}
```

图 5-27 修改 background-size 属性设置代码 1

图 5-28 以百分比值设置背景图像大小的显示效果

 提示

当 background-size 的取值为百分比值时，不是相对于背景图片的尺寸来计算的，而是相对于元素的宽度来计算的。此处设置的是 \<body\> 标签的背景图像。\<body\> 标签表示的是整个页面。当设置背景图像的宽度和高度均为 100% 时，则背景图像始终占满整个屏幕。但这种情况下背景图像不能等比例缩放，会导致背景图像失真。如果设置其中一个值为 100%，另一个值为 auto，就能够实现背景图像的等比例缩放，保持背景图像不失真。但是，这种方式可能导致背景图像无法完全覆盖整个容器区域。

Step 04 切换到外部 CSS 样式表文件中，修改 body 标签 CSS 样式代码中的 background-size 属性值为 contain，如图 5-29 所示。保存 CSS 样式表文件，在浏览器中预览页面，可以看到背景图像的显示效果，如图 5-30 所示。

```
body {
    font-family: 微软雅黑;
    color: #FFF;
    background-image: url(../images/53201.jpg);
    background-repeat: no-repeat;
    background-position: center center;
    background-size: contain;
}
```

图 5-29 修改 background-size 属性设置代码 2

图 5-30 背景图像显示效果

Step 05 当设置 background-size 属性值为 contain 时，可以让背景图像保持本身的宽高比例，将背景图像缩放到宽度或高度正好适应所定义的区域。在这种情况下，会导致背景图像无法完全覆盖容器区域，出现留白。例如，当缩放浏览器窗口时，可以看到页面背景的留白，如图 5-31 所示。

图 5-31 始终保持背景图像等比例缩放使背景出现留白

Step 06 切换到外部 CSS 样式表文件中，修改 body 标签 CSS 样式代码中的 background-size 属性值为 cover，如图 5-32 所示。保存 CSS 样式表文件，在浏览器中预览页面，可以看到铺满整个容器的背景图像显示效果，如图 5-33 所示。

図5-32 修改 background-size 属性设置代码

 提示

注意，在为 body 标签设置背景图像，并且设置 background-size 属性的值为 cover 时，必须添加 body,html{height:100%;} 的 CSS 样式设置，否则在预览页面时背景效果可能出错。

图5-33 铺满整个容器的背景图像显示效果

Step 07 当 设 置 background-size 属性值为 cover 时，背景图像会自动进行等比例缩放，通过对背景图像进行裁切的方式铺满整个容器。所以，无论如何缩放浏览器窗口，都可以看到页面背景始终是满屏显示的，如图 5-34 所示。

图5-34 背景图像始终保持满屏显示

 提示

background-size: cover 属性与 background-position: center 属性配合设置，常用来制作满屏的背景图像效果。唯一的缺点是，需要制作一张足够大的背景图像，保证即使在较大分辨率的浏览器中显示时，背景图像依然非常清晰。

5.3.2 background-origin属性

默认情况下，background-position 属性总是以元素左上角为原点为背景图像定位，使用 CSS 3.0 新增的 background-origin 属性可以改变定位背景图像的原点位置。

通过使用 CSS 3.0 新增的 background-origin 属性可以大大改善背景图像的定位方式，方便用户更加灵活地对背景图像进行定位。background-origin 属性的语法格式如下：

```
background-origin: padding | border | content;
```

这种语法是早期的 Wekit 和 Gecko 内核浏览器（Chrome、Safari 和 Firefox 低版本）支持的一种旧的语法格式，在新版本浏览器下，background-origin 属性具有如下所示的新的语法格式：

```
background-origin: padding-box | border-box | content-box;
```

 提示

IE9+、Chrome4+、Firefox 4+、Safari 3+ 和 Opera 10.5+ 版本的浏览器都支持 background-origin 属性的新语法格式。

background-origin 属性的属性值说明如表 5-9 所示。

表 5-9　background-origin 属性的属性值说明

属性值	说明
padding-box（padding）	默认值，利用background-position属性定位背景图像，会从元素填充的外边缘（border的内边缘）开始显示背景图像
border-box（border）	利用background-position属性定位背景图像，会从元素边框的外边缘开始显示背景图像
content-box（content）	利用background-position属性定位背景图像，会从元素内容区域的外边缘（padding的内边缘）开始显示背景图像

5.3.3　background-clip属性

CSS 3.0 新增了背景图像裁剪区域属性 background-clip，通过该属性可以定义背景图像的裁剪区域。background-clip 属性与 background-origin 属性比较类似，background-clip 属性的语法格式如下：

```
background-clip: border-box | padding-box | content-box;
```

background-clip 属性的语法规则与 background-origin 属性的语法规则一样，它们的取值也是相似的。background-clip 属性的属性值说明如表 5-10 所示。

表 5-10　background-clip 属性的属性值说明

属性值	说明
padding-box	背景图像从元素的padding区域向外裁剪，即元素padding区域之外的背景图像将被裁掉
border-box	默认值，背景图像从元素的border区域向外裁剪，即元素边框之外的背景图像都将被裁掉
content-box	背景图像从元素的content区域向外裁剪，即元素内容区域之外的背景图像将被裁掉

5.3.4　background属性

在 CSS 3.0 之前，在每个容器中只能设置一张背景图像，因此每当需要增加一张背景图像时，必须至少添加一个容器来容纳它。早期使用嵌套 Div 显示特定背景的做法不是很复杂，但是明显难以管理和维护。

在 CSS 3.0 中，可以通过 background 属性为一个容器应用一张或多张背景图像。代码和 CSS 2.0 中的一样，只需用逗号分隔。第一个声明的背景图像定位在容器顶部，其他的背景图像依次在其下排列。

CSS 3.0 多背景语法和 CSS 其他的背景语法其实并没有本质区别，只是在 CSS 3.0 中可以给多个背景图像设置相同或不同的背景相关属性。其中，最重要的是，在 CSS 3.0 的多背景语法中，相邻背景设置之间必须使用逗号分隔。background 多背景语法格式如下：

```
background: [background-image] | [background-repeat] | [background-attachment] |
[background-position] | [background-size] | [background-origin] | [background-clip],*;
```

CSS 3.0 多背景的属性与 CSS 的基础背景属性类似，只是在其基础上增加了 CSS 3.0 为背景添加的新属性。

除了 background-color 属性，其他属性都可以设置多个属性值，不过前提是元素有多个背景图像存在。如果这个条件成立，多个属性之间必须使用逗号分隔开。其中，background-image 属性需要设置多个属性值，而其他属性可以设置一个或多个属性值。如果一个元素有多个背景图像，而其他属性只有一个属性值，表示所有背景图像都应用了相同的属性值。

 提示

注意，在使用 background 属性为元素设置多背景图像时，background-color 属性只能设置一个属性值。如果设置多个属性值，这是致命的语法错误。

课堂案例 为网页设置多背景图像

素材文件	源文件 \ 第 05 章 \5-3-6.html
案例文件	最终文件 \ 第 05 章 \5-3-6.html
视频教学	视频 \ 第 05 章 \5-3-6.mp4
案例要点	掌握使用 background 属性设置多个背景图像的方法

扫码观看视频

Step 01 执行 "文件 > 打开" 命令，打开 "源文件 \ 第 05 章 \5-3-6.html"，可以看到页面的 HTML 代码，如图 5-35 所示。在浏览器中预览该页面，可以看到页面的背景效果，如图 5-36 所示。

图 5-35 页面的 HTML 代码

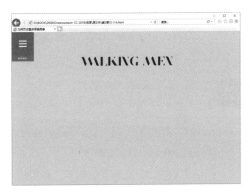

图 5-36 预览页面默认效果

Step 02 切换到该网页所链接的外部 CSS 样式表文件中，找到名称为 body 的标签 CSS 样式设置代码，如图 5-37 所示。在该 CSS 样式表文件中添加 background 多背景图像的设置代码，如图 5-38 所示。

图 5-37 CSS 样式设置代码

```
body {
    font-family: Arial;
    font-size: 14px;
    color: #FFF;
    line-height: 28px;
    background-color: #BBE1EA;
    background:    url(../images/53603.png) repeat,
                   url(../images/53602.png) no-repeat center top,
                   url(../images/53601.jpg) no-repeat center center;
}
```

图 5-38 添加 background 多背景图像设置代码

Step 03 保存外部 CSS 样式表文件，在浏览器中预览页面，可以看到为页面同时设置多个背景图像的效果，如图 5-39 所示。

💡 **提示**

利用 background 属性同时设置 3 个背景图像，中间使用逗号分隔开，并为每个背景图像设置不同的平铺方式，代码写在前面的背景图像会显示在上面，代码写在后面的背景图像则显示在下面。

图 5-39 预览页面多背景图像效果

5.4 新增的边框设置属性

在 CSS 3.0 之前，页面边框效果比较单调，通过 border 属性只能设置边框的粗细、样式和颜色。如果想实现更加丰富的边框效果，只能事先设计好边框图片，然后通过使用背景或直接插入图片的方式来实现。CSS 3.0 新增了 3 个有关边框的属性，分别是 border-colors、border-image 和 order-radius，通过这 3 个新增的边框属性能够实现更加丰富的边框效果。

5.4.1 border-colors属性

border-colors 属性早在 CSS 1.0 就已经被写入 CSS 语法规范，但是直接使用 border-colors 属性设置多个颜色值是不起任何作用的。为了避免与 border-colors 属性的原生功能（也就是在 CSS 1.0 中定义边框颜色的功能）发生冲突，如果需要为边框设置多种色彩，必须将 border-colors 属性拆分为 4 个边框颜色子属性，使用多种颜色才会有效果。

```
border-top-colors:[<color> | transparent]{1,4} | inherit;
border-right-colors:[<color> | transparent]{1,4} | inherit;
border-bottom-colors:[<color> | transparent]{1,4} | inherit;
border-left-colors:[<color> | transparent]{1,4} | inherit;
```

这里的属性中使用的是复数 colors，如果在书写过程中少写了字母 s，就会导致无法实现多种边框颜色的效果。

多种边框颜色属性的设置其实很简单，就是使用多个颜色值，可以取任意合法的颜色值。如果设置 border 的宽度为 Npx，那么就可以在这个 border 上使用 N 种颜色，每种颜色显示 1px 的宽度。如果设置 border 的宽度为 10 像素，但只声明了 5 或 6 种颜色，那么最后一个颜色将被添加到剩下的宽度中。

5.4.2 border-image属性

CSS 3.0 新增了图像边框属性 border-image。使用该属性能够模拟出 background-image 属性的功能，但其功能比 background-image 功能强大，通过 border-image 属性能够为页面中的任何元素设置图像边框效果，还可以使用该属性来制作圆角按钮效果等。

CSS 3.0 新增的 border-image 属性专门用于处理图像边框，它的强大之处在于它能灵活地分割图像，并应用于边框。

border-image 属性的语法格式如下：

```
border-image: none | <image> [ <number> | <percentage>]{1,4}[ / <border-width>{1,4} ]?
[stretch | repeat | round] {0,2}
```

border-image 属性的属性值说明如表 5-11 所示。

表 5-11　border-image 属性的属性值说明

属性值	说明
none	none为默认值，表示无图像
<image>	用于设置边框图像，可以使用绝对地址或相对地址
<number>	number是一个数值，用来设置边框或者边框背景图像的大小，其单位是像素（px），可以使用1~4个值设置4个方位，大家可以参考border-width属性设置方式
<percentage>	percentage也是用来设置边框或者边框背景图像大小的，与number的不同之处是，percentage使用的是百分比值
<border-width>	由浮点数字和单位标记符组成的长度值，不可以为负值，用于设置边框宽度
stretch、repeat、round	这3个属性值用来设置边框背景图像的铺放方式，类似于background-position属性。其中，stretch会拉伸边框背景图像，repeat会重复边框背景图像，round会平铺边框背景图像，stretch为默认值

5.4.3 border-radius属性

在 CSS 3.0 之前，如果需要在网页中实现圆角边框的效果，通常都会使用图像来实现。而 CSS 3.0 新增了圆角边框属性 border-radius，通过该属性，用户可以轻松地在网页中实现圆角边框效果。

圆角能够让页面元素看起来不是那么生硬，能够增强页面的曲线之美。CSS 3.0 专门针对元素的圆角效果新增了 border-radius 属性。

border-radius 属性的语法格式如下：

```
border-radius: none | <length>{1,4} [ / <length>{1,4} ]?
```

border-radius 属性的属性值说明如表 5-12 所示。

表 5-12 border-radius 属性的属性值说明

属性值	说明
none	none为默认值，表示不设置圆角效果
\<length>	由浮点数和单位标记符组成的长度值，不可以为负值

 提示

如果 border-radius 属性设置中存在反斜杠符号"/"，那么"/"前面的值是水平方向的圆角半径，"/"后面的值是垂直方向的半径；如果属性设置中没有反斜杠符号"/"，则圆角水平方向和垂直方向的半径值相等。

border-radius 属性是一种缩写方式，在该属性设置中可以按照 top-left、top-right、bottom-right 和 bottom-left 的顺时针顺序同时设置 4 个角的圆角半径值，主要会有 4 种情况出现。

（1）只为 border-radius 属性设置一个属性值。

如果只为 border-radius 属性设置一个属性值，就说明 top-left、top-right、bottom-right 和 bottom-left 的 4 个值是相等的，也就是元素的 4 个圆角效果相同。

（2）为 border-radius 属性设置两个属性值。

如果为 border-radius 属性设置两个属性值，就说明 top-left 与 bottom-right 的值相等，并取第一个值；top-right 与 bottom-left 的值相同，并取第二个值。也就是说，元素的左上角与右下角取第一个值，右上角与左下角取第二个值。

（3）为 border-radius 属性设置 3 个属性值。

如果为 border-radius 属性设置 3 个属性值，则第一个属性值用于设置 top-left，第二个属性值用于设置 top-right 和 bottom-left，第三个属性值用于设置 bottom-right。

（4）为 border-radius 属性设置 4 个属性值。

如果为 border-radius 属性设置 4 个属性值，则第一个属性值用于设置 top-left，第二个属性值用于设置 top-right，第三个属性值用于设置 bottom-right，第四个属性值用于设置 bottom-left。

 技巧

如果需要重置元素使其没有圆角效果，那么只是设置 border-radius 的属性值为 none，是没有效果的，而是需要将元素的 border-radius 属性值设置为 0。

课堂案例 为网页元素设置圆角效果

素材文件	源文件 \ 第 05 章 \5-4-4.html	 扫码观看视频
案例文件	最终文件 \ 第 05 章 \5-4-4.html	
视频教学	视频 \ 第 05 章 \5-4-4.mp4	
案例要点	掌握 border-radius 属性的设置方法	

Step 01 执行"文件 > 打开"命令，打开"源文件\ 第 05 章 \5-4-4.html"，可以看到页面的 HTML 代码，如图 5-40 所示。在浏览器中预览该页面，可以看到页面中相应的元素显示为直角边框效果，如图 5-41 所示。

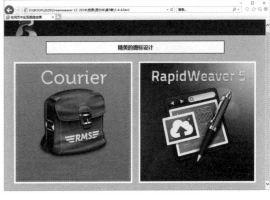

图 5-40 页面的 HTML 代码　　　　　　　　　　　　　　　　　　图 5-41 直角边框效果

Step 02 切换到该网页所链接的外部 CSS 样式表文件中，找到名称为 #main img 的 CSS 样式代码，在其中添加 border-radius 属性设置代码，如图 5-42 所示。保存外部 CSS 样式表文件，在浏览器中预览该页面，可以看到页面中 id 名称为 main 的 Div 中包含的图片的 4 个角为相同的圆角效果，如图 5-43 所示。

图 5-42 添加 border-radius 属性设置代码 1　　　　　　　　　图 5-43 图片的 4 个角为圆角效果

在为元素设置边框效果时，当元素的圆角半径值小于或等于边框宽度时，该角会显示为外圆内直的效果；当元素的圆角半径值大于边框宽度时，该角会显示为内外都是圆角的效果。

使用 border-radius 属性可以为网页中的任意元素应用圆角效果，但是在为图片 <img> 元素应用圆角效果时，只有以 Webkit 为核心的浏览器不会对图片进行裁切，而在其他的浏览器中都能够实现图片的圆角效果。

Step 03 切换到外部 CSS 样式表文件中，在名称为 #title 的 CSS 样式代码中添加 border-radius 属性设置代码，如图 5-44 所示。保存外部 CSS 样式表文件，在浏览器中预览该页面，可以看到元素对角显示为相同的圆角效果，如图 5-45 所示。

图 5-44 添加 border-radius 属性
设置代码 2

图 5-45 元素对角显示相同的圆角效果

技巧

border-radius 属性本身包含 4 个子属性，当为该属性赋一组值的时候，将遵循 CSS 的赋值规则。从 border-radius 属性语法可以看出，其值也可以同时包含 2 个值、3 个值或 4 个值，多个值使用空格进行分隔。

5.4.4 box-shadow属性

通过 box-shadow 属性可以为网页中的元素设置一个或多个阴影效果。如果在 box-shadow 属性中同时设置了多个阴影效果，则多个阴影的代码之间必须使用英文逗号 "," 隔开。

box-shadow 属性的法语法规则如下：

box-shadow: none | [<length> <length> <length>?<length>? || <color>] [,<length> <length> <length>?<length>? || <color>] +;

上面的语法规则可以简写为如下形式：

box-shadow: none | [inset x-offset y-offset blur-radius spread-radius color], [inset x-offset y-offset blur-radius spread-radius color];

box-shadow 属性的属性值说明如表 5-13 所示。

表 5-13 box-shadow 属性的属性值说明

属性值	说明
none	none为默认值，表示元素没有任何阴影效果
inset	可选值，如果不设置该值，则默认的阴影效果为外阴影；如果设置该值，则可以为元素设置内阴影效果
x-offset	该属性值表示阴影的水平偏移值，其值可以为正值，也可以为负值。如果取正值，则阴影在元素的右边；如果取负值，则阴影在元素的左边
y-offset	该属性值表示阴影的垂直偏移值，其值可以为正值，也可以为负值。如果取正值，则阴影在元素的底部；如果取负值，则阴影在元素的顶部
blur-radius	该属性值为可选值，表示阴影的模糊半径，其值只能为正值。如果取值为0，表示阴影不具有模糊效果，取值越大，阴影边缘就越模糊
spread-radius	该属性值为可选值，表示阴影的扩展半径，其值可以为正值或负值。如果取正值，则整个阴影都延展扩大；如果取负值，则整个阴影都缩小
color	可选属性值，用于设置阴影的颜色。如果不设置此属性的值，浏览器会使用默认颜色作为阴影颜色，但是各浏览器的默认阴影颜色不同，特别是在以Webkit为核心的浏览器中将会显示透明效果，建议在设置box-shadow属性时不要省略该属性的设置

为网页元素设置阴影效果

素材文件	源文件 \ 第 05 章 \5-4-6.html
案例文件	最终文件 \ 第 05 章 \5-4-6.html
视频教学	视频教学：视频 \ 第 05 章 \5-4-6.mp4
案例要点	掌握 box-shadow 属性的设置方法

扫码观看视频

Step 01 执行"文件 > 打开"命令，打开"源文件 \ 第 05 章 \5-4-6.html"，可以看到页面的 HTML 代码，如图 5-46 所示。在浏览器中预览该页面，可以发现目前页面中的元素并没有应用阴影效果，如图 5-47 所示。

图 5-46 页面的 HTML 代码

图 5-47 未应用阴影效果的页面

Step 02 切换到该网页所链接的外部 CSS 样式表文件中，找到名称为 #box 的 CSS 样式代码，添加 box-shadow 属性设置代码，如图 5-48 所示。保存外部 CSS 样式表文件，在浏览器中预览该页面，可以看到为 id 名称为 box 的元素添加阴影的效果，如图 5-49 所示。

图 5-48 添加 box-shadow 属性设置代码 1

图 5-49 预览为网页元素应用阴影的效果

 提示

在此处的 box-shadow 属性设置中，第一个值为水平方向偏移值，该值为 0 则表示水平方向不发生偏移；第二个值为垂直方向偏移值，该值为 0 表示阴影在垂直方向上不发生偏移；第三个值为阴影模糊半径值，表示阴影的模糊范围；第四个值为颜色值，表示阴影颜色。此处因为没有对阴影进行偏移处理，只是进行了模糊处理，所以产生的阴影效果类似于元素向四周投影的效果。

Step 03 切换到外部 CSS 样式表文件中，找到名称为 #box img 的 CSS 样式代码，添加 box-shadow 属性设置代码，如图 5-50 所示。保存外部 CSS 样式表文件，在浏览器中预览该页面，可以看到页面中 id 名称为 box 的 Div 中所包含的图片都应用了相同的阴影效果，如图 5-51 所示。

```
#box img {
    border: solid 4px #FFF;
    margin-top: 5px;
    margin-bottom: 5px;
    box-shadow: 6px 6px 0px #999;
}
```

图 5-50 添加 box-shadow 属性设置代码 2　　　　　图 5-51 所有图片都应用了相同的阴影效果

5.5 新增的多列布局属性

CSS 3.0 新增了多列布局功能，可以让浏览器确定何时结束一列或开始下一列，无须任何额外的标记。简单来说，就是 CSS 3.0 的多列布局功能可以自动将内容按指定的列数进行排列，通过多列布局功能实现的效果和报纸、杂志的排版效果类似。

5.5.1　columns属性

cloumns 属性是 CSS 3.0 新增的多列布局功能中的一个基础属性，也是一个复合属性，包含列宽度（column-width）和列数（column-count）两个属性，用于快速定义多列布局的列数目和每列的宽度。

columns 属性的语法格式如下：

```
columns: <column-width> || <column-count>;
```

columns 属性的说明如表 5-14 所示。

表 5-14　columns 属性的说明

属性	说明
<column-width>	用于设置多列布局中每列的宽度，详细使用方法请参阅5.5.2节
<column-count>	用于设置多列布局的列数，详细使用方法请参阅5.5.3节

 提示

在实际布局的过程中，用户定义的多列布局的列数是最大列数。当容器的宽度不足以划分所设置的列数时，列数会自动适当地减少，而每列的宽度会自适应宽度，从而填满整个容器。

5.5.2 column-width属性

column-width 属性用于设置多列布局的列宽，与 CSS 样式中的 width 属性相似。不过，当 column-width 属性用于设置列布局的列宽度时，既可以单独使用，又可以和多列布局的其他属性配合使用。

column-width 属性的语法格式如下：

```
column-width: auto | <length>;
```

column-width 属性的属性值说明如表 5-15 所示。

表 5-15　column-width 属性的属性值说明

属性值	说明
auto	该属性值为默认值，表示元素多列布局的列宽度将由其他属性来决定，例如，由column-count属性来决定
<length>	表示使用固定值来设置元素的多列布局列宽度，主要由数值和长度单位组成，其值只能取正值，不能为负值

5.5.3 column-count属性

column-count 属性用于设置多列布局的列数，并且不需要通过列宽度自动调整列数。

column-count 属性的语法格式如下：

```
column-count: auto | <integer>;
```

column-count 属性的属性值说明如表 5-16 所示。

表 5-16　column-count 属性的属性值说明

属性值	说明
auto	该属性值为默认值，表示元素多列布局的列数将由其他属性来决定，例如，由column-width属性来决定。如果没有设置column-width属性，则当设置column-count属性为auto时，布局只有一列
<integer>	表示多列布局的列数，取值为大于0的正整数，不可以取负数

> **提示**
>
> 使用 column-count 属性实现容器的分列布局时，如果容器的宽度是按百分比值设置的，那么分列中每列的宽度是不固定的，会根据容器的宽度自动计算每列的宽度，但始终保持 column-count 属性所设置的列数不变。

5.5.4 column-gap属性

使用前面介绍的 column-width 和 column-count 属性能够很方便地将元素创建为多列布局的效果，而列与列之间的间距是默认的。通过使用 column-gap 属性可以设置多列布局中列与列之间的间距，从而可以更好地控制多列布局中的内容和版式。

column-gap 属性的语法格式如下：

```
column-gap: normal | <length>;
```

column-gap 属性的属性值说明如表 5-17 所示。

表 5-17　column-gap 属性的属性值说明

属性值	说明
normal	该属性值为默认值，通过浏览器默认设置进行解析。一般情况下，normal值相当于1em
\<length>	由浮点数和单位标记符组成的长度值，主要用来设置列与列之间的距离，常使用以px、em为单位的任何整数值，但其不能为负值

 提示

多列布局中的 column-gap 属性类似于盒模型中的 margin 和 padding 属性，具有一定的空间位置，当其值过大时会撑破多列布局，浏览器会自动根据相关参数重新计算列数，直到容器无法容纳，显示为一列为止。但是 column-gap 属性与 margin 和 padding 属性不同，column-gap 只存在于列与列之间，并与列高度相等。

5.5.5　column-rule属性

边框是 CSS 非常重要的属性之一，利用边框可以划分不同的区域。CSS 3.0 新增了 column-rule 属性，在多列布局中，通过该属性可以设置多列布局的边框，用于区分不同的列。

column-rule 属性的语法格式如下：

```
column-rule: <column-rule-width> | <column-rule-style> | <column-rule-color>;
```

column-rule 属性的属性值说明如表 5-18 所示。

表 5-18　column-rule 属性的属性值说明

属性值	说明
\<column-rule-width>	类似于border-width属性，用来定义列边框的宽度，其默认值为medium。该属性值可以是任意浮点数，但不可以取负值。与border-width属性相同，可以使用关键词medium、thick和thin
\<column-rule-style>	类似于border-style属性，用来定义列边框的效果，其默认值为none。该属性值与border-style属性值相同，包括none、hidden、dotted、dashed、solid、double、groove、ridge、inset和outset
\<column-rule-color>	类似于border-color属性，用来定义列边框的颜色，可以为任意颜色。如果不希望显示颜色，也可以将其设置为transparent（透明的）

 提示

column-rule 属性类似于盒模型中的 border 属性，主要用来设置列分隔线的宽度、样式和颜色，并且 column-rule 属性所表现出的列分隔线不具有任何空间位置，同样具有与列一样的高度。但是，column-rule 属性与 border 属性也有不同之处，border 会撑破容器，而 column-rule 不会撑破容器，只不过当其列分隔线的宽度大于列间距时，列分隔线会自动消失。

5.5.6　column-span属性

报纸或杂志的文章标题经常会跨列显示，如果需要在分列布局中实现相同的跨列显示效果，则需要使用

column-span 属性。

column-span 属性主要用于设置一个分列元素中的子元素能够跨所有列。column-width 和 column-count 属性能够实现将一个元素分为多列，不管里面的元素如何摆放，它们都是从左至右放置内容的。但有时候需要其中一段内容或一个标题不进行分列，也就是横跨所有列，这时使用 column-span 属性就能够轻松实现。

column-span 属性的语法格式如下：

```
column-span: none | all;
```

column-span 属性的属性值说明如表 5-19 所示。

表 5-19　column-span 属性的属性值说明

属性值	说明
none	该属性值为默认值，表示不横跨任何列
all	该属性值与 none 属性值刚好相反，表示元素横跨多列布局元素中的所有列，并定位在列的 Z 轴之上

课堂案例　设置网页内容分栏显示

素材文件	源文件 \ 第 05 章 \5-5-7.html	
案例文件	最终文件 \ 第 05 章 \5-5-7.html	扫码观看视频
视频教学	视频 \ 第 05 章 \5-5-7.mp4	
案例要点	掌握多列布局相关属性的设置和使用方法	

Step 01 执行"文件 > 打开"命令，打开"源文件 \ 第 05 章 \5-5-7.html"，切换到设计视图，页面的效果如图 5-52 所示。切换到该网页所链接的外部 CSS 样式表文件中，找到名称为 #text 的 CSS 样式，如图 5-53 所示。

图 5-52　设计视图

图 5-53　CSS 样式代码

Step 02 在该 CSS 样式代码中添加列宽度 column-width 属性设置代码，如图 5-54 所示。保存 CSS 样式表文件，在浏览器中预览页面，可以看到网页元素被分为多栏，并且每一栏的宽度为 180 像素，效果如图 5-55 所示。

图 5-54　添加 column-width 属性
设置代码

图 5-55 预览页面 1

 提示

使用 column-width 属性以固定宽度可以实现多列布局的效果。不过这种方式比较特殊，如果容器的宽度为百分比值，那么当容器宽度超出分栏宽度时，会以分栏的方式显示；如果容器宽度小于所设置的分栏宽度，容器将减少分栏数量，直到最终只显示一列。

Step 03 返回外部 CSS 样式表文件中，在名称为 #text 的 CSS 样式代码中将刚添加的 column-width 属性设置代码删除，添加定义栏目列数的 column-count 属性设置代码，如图 5-56 所示。保存 CSS 样式表文件，在浏览器中预览页面，可以看到该元素内容被分为 3 栏，如图 5-57 所示。

图 5-56 添加 column-count 属性设置代码

图 5-57 预览页面 2

技巧

单独使用 column-width 属性或者 column-count 属性都能够实现容器的分列布局效果，但这两种属性所实现的分列布局效果又有所不同。在容器宽度不固定的情况下，使用 column-width 属性实现分列布局，列数不是固定的，会根据容器的宽度增多或减少；使用 column-count 属性实现分列布局，列数是固定的，但每列的宽度并不固定。如果容器变宽，则每列宽度都随之增加；如果容器变窄，则每列宽度都随之变小。

Step 04 返回外部 CSS 样式表文件中，在名称为 #text 的 CSS 样式代码中添加列间距 column-gap 属性设置代码，如图 5-58 所示。保存 CSS 样式表文件，在浏览器中预览页面，可以看到设置的列间距效果，如图 5-59 所示。

图 5-58 添加 column-gap 属性设置代码

图 5-59 预览页面 3

Step 05 返回外部 CSS 样式表文件中，在名称为 #text 的 CSS 样式代码中添加列分隔线 column-rule 属性设置代码，如图 5-60 所示。保存 CSS 样式表文件，在浏览器中预览页面，可以看到设置分栏线的效果，如图 5-61 所示。

图 5-60 添加 column-rule 属性设置代码

图 5-61 预览页面 4

提示

需要注意的是，列分隔线不占任何空间，所以列分隔线宽度的增大并不会影响分列布局的效果。但是如果列分隔线的宽度增大到超过列间距，那么列分隔线就会自动消失，不可见。

Step 06 返回外部 CSS 样式表文件中，找到名称为 #text h1 的 CSS 样式代码，在该 CSS 样式代码中添加横跨所有列 column-span 属性设置代码，如图 5-62 所示。保存 CSS 样式表文件，在浏览器中预览页面，可以看到文章标题横跨所有列的效果，如图 5-63 所示。

图 5-63 预览页面 5

图 5-62 添加 column-span 属性设置代码

5.6 新增的盒模型设置属性

除了以上针对页面中不同元素的新增属性，在 CSS 3.0 中还新增了一些可应用于多种元素的属性，包括元素的不透明度、内容溢出处理方式、元素大小自由调整、轮廓外边框等，为网页设计制作带来更多的便利及人性化设计。

5.6.1 opacity属性

以前，想要实现网页中元素的半透明效果，大多数都是通过背景图片来实现的，CSS 3.0 新增了 opacity 属性，通过该属性可以直接设置网页元素的不透明度。

使用 opacity 属性可以通过具体的数值设置元素透明的程度，能够使网页中的任何元素呈现出半透明的效果。opacity 属性的语法格式如下：

```
opacity: <length> | inherit;
```

opacity 属性的属性值说明如表 5-20 所示。

表 5-20 opacity 属性的属性值说明

属性值	说明
<length>	默认值为1，可以取0~1范围内的任意浮点数，不可以为负数。当取值为1时，元素完全不透明；反之，当取值为0时，元素完全透明
inherit	表示继承元素的opacity属性值，即继承父元素的不透明度

课堂案例 设置网页元素的不透明度

素材文件	源文件 \ 第 05 章 \5-6-2.html
案例文件	最终文件 \ 第 05 章 \5-6-2.html
视频教学	视频 \ 第 05 章 \5-6-2.mp4
案例要点	掌握 opacity 属性的设置和使用方法

扫码观看视频

Step 01 执行"文件 > 打开"命令，打开"源文件 \ 第 05 章 \5-6-2.html"，可以看到页面的 HTML 代码，如图 5-64 所示。在浏览器中预览该页面，可以看到当前页面中的图片默认为完全不透明的效果，如图 5-65 所示。

图 5-64 页面的 HTML 代码

图 5-65 图片不透明的效果

Step 02 切换到该网页所链接的外部 CSS 样式表文件中，创建名称为 .pic01 的类 CSS 样式，在该类 CSS 样式中设置 opacity 属性，如图 5-66 所示。返回网页的 HTML 代码中，为相应的图片应用名称为 .pic01 的类 CSS 样式，如图 5-67 所示。

图 5-66 创建类 CSS 样式

图 5-67 为图片应用类 CSS 样式

Step 03 保存外部 CSS 样式表文件和 HTML 文档，在浏览器中预览该页面，可以看到图片半透明的显示效果，如图 5-68 所示。切换到外部 CSS 样式表文件中，分别创建名称为 .pic02 和 .pic03 的类 CSS 样式，并分别设置不同的不透明度值，如图 5-69 所示。

图 5-68 图片的半透明效果

图 5-69 创建类 CSS 样式

Step 04 返回网页的代码视图，为相应的图片分别应用名称为 .pic02 和 .pic03 的类 CSS 样式，如图 5-70 所示。保存外部 CSS 样式表文件和 HTML 文档，在浏览器中预览该页面，可以看到为图片设置不同不透明度的效果，如图 5-71 所示。

图 5-70 为图片应用类 CSS 样式

图 5-71 为图片设置不同不透明度的效果

 提示

使用 opacity 属性可以设置任意网页元素的不透明度，不仅仅是图片。但需要注意的是，为元素设置 opacity 属性后，该元素的所有后代元素都会继承该 opacity 属性设置。

5.6.2 overflow-x和overflow-y属性

在 CSS 样式中，可以把每一个元素都看作一个盒子，这个盒子就是一个容器。在 CSS 2.0 中，就已经有处理内容溢出的 overflow 属性，该属性定义当盒子的内容超出盒子边界时的处理方法。

CSS 3.0 新增了 overflow-x 和 overflow-y 属性，overflow-x 属性主要用来设置在水平方向对溢出内容的处理方式；overflow-y 属性主要用来设置在垂直方向对溢出内容的处理方式。

overflow-x 和 overflow-y 属性的语法格式如下：

```
overflow-x: visible | auto | hidden | scroll | no-display | no-content;
overflow-y: visible | auto | hidden | scroll | no-display | no-content;
```

和 overflow 属性一样，overflow-x 和 overflow-y 属性取不同的值所起的作用也不一样。overflow-x 和 overflow-y 属性的属性值说明如表 5-21 所示。

表 5-21　overflow-x 和 overflow-y 属性的属性值说明

属性值	说明
visible	默认值，当盒子内的内容溢出时，不裁剪溢出的内容，超出盒子边界的部分将显示在盒元素之外
auto	当盒子内的溢出时，显示滚动条
hidden	当盒子内的溢出时，溢出的内容将被裁剪，并且不显示滚动条
scroll	无论盒子中的内容是否溢出，overflow-x都会显示横向滚动条，而overflow-y都会显示纵向滚动条
no-display	当盒子内的内容溢出时，不显示元素，该属性值是新增的
no-content	当盒子内的内容溢出时，不显示内容，该属性值是新增的

5.6.3　resize属性

CSS 3.0 中新增了区域缩放调节的属性，通过新增的 resize 属性，可以实现对页面中元素所在的区域进行缩放的操作，调节元素的尺寸大小。

resize 属性的语法格式如下：

```
resize: none | both | horizontal | vertical | inherit;
```

resize 属性的属性值说明如表 5-22 所示。

表 5-22　resize 属性的属性值说明

属性值	说明
none	不提供元素尺寸调整机制，用户不能调节元素的尺寸
both	提供元素尺寸的双向调整机制，让用户可以调整元素的宽度和高度
horizontal	提供元素尺寸的单向水平方向调整机制，让用户可以调整元素的宽度
vertical	提供元素尺寸的单向垂直方向调整机制，让用户可以调整元素的高度
inherit	继承父元素的resize属性设置

 提示

resize 属性需要和溢出处理属性 overflow、overflow-x 或 overflow-y 一起使用，才能把元素定义成可以调整尺寸大小的效果，并且溢出属性值不能为 visible。

5.6.4　outline属性

outline 属性早在 CSS 2.0 中就出现了，主要用来在元素周围绘制一条轮廓线，可以起到突出元素的作用，但是并没有得到各主流浏览器的广泛支持。CSS 3.0 对 outline 属性做了一定的扩展，在以前的基础上增加了新的特性。

outline 属性的语法格式如下：

```
outline: [outline-color] || [outline-style] || [outline-width] || inherit;
```

从语法中可以看出，outline 属性与 border 属性的使用方法极其相似。outline 属性的属性值说明如表 5-23 所示。

表 5-23　outline 属性的属性值说明

属性值	说明
[outline-color]	用于设置外轮廓线的颜色，取值为CSS中定义的颜色值。在实际应用中，如果省略该属性值的设置，则默认显示为黑色
[outline-style]	用于设置外轮廓线的样式，取值为CSS中定义的线样式。在实际应用中，如果省略该属性值的设置，则默认值为none，不对轮廓线进行任何绘制
[outline-width]	用于设置外轮廓线的宽度，取值可以为一个宽度值。在实际应用中，如果省略该属性值的设置，则默认值为medium，表示绘制中等宽度的轮廓线
inherit	继承父元素的resize属性设置

outline 属性是一个复合属性，它包含 4 个子属性：outline-width 属性、outline-style 属性、outline-color 属性和 outline-offset 属性。

1．outline-width 属性

outline-width 属性用于定义元素外轮廓线的宽度，语法格式如下：

```
outline-width: thin | medium | thick | <length> | inherit;
```

outline-width 属性的属性值与 border-width 属性的属性值相同。

2．outline-style 属性

outline-style 属性用于定义元素外轮廓线的样式，语法格式如下：

```
outline-style: none | dotted | dashed | solid | double | groove | ridge | inset | outset | inherit;
```

outline-style 属性的属性值与 border-style 属性的属性值相同。

3．outline-color 属性

outline-color 属性用于定义元素外轮廓线的颜色，语法格式如下：

```
outline-color: <color> | invert | inherit;
```

outline-color 属性的属性值与 border-color 属性的属性值相同。

4．outline-offset 属性

outline-offset 属性用于定义元素外轮廓线的偏移值，语法格式如下：

```
outline-offset: <length> | inherit;
```

当该属性取值为正数时，表示轮廓线向外偏移；当该属性取值为负数时，表示轮廓线向内偏移。

> **提示**
>
> 注意，在 outline 的属性复合语法中不包含 outline-offset 子属性，因为这样会造成外轮廓线宽度值指定不明确，浏览器无法正确解析。

5.6.5 content属性

当需要为网页中的元素插入内容时，很少有人会想到使用 CSS 样式来实现。利用 CSS 样式中的 content 属性可以为元素添加内容，该属性可以替代 JavaScript 的部分功能。content 属性与:before 及:after 伪元素配合使用，可以将生成的内容放在一个元素内容的前面或后面。

content 属性的语法格式如下：

```
content: none | normal | <string> | counter(<counter>) | attr(<attribute>) | url(<url>) | inherit;
```

content 属性的属性值说明如表 5-24 所示。

表 5-24　content 属性的属性值说明

属性值	说明
none	该属性值表示赋予的内容为空
normal	默认值，表示不赋予内容
<string>	用于赋予指定的文本内容
counter(<counter>)	用于指定一个计数器作为添加的内容
attr(<attribute>)	把所选元素的属性值作为添加的内容，<attribute>为元素的属性
url(<url>)	指定一个外部资源（图像、声音、视频或浏览器支持的其他任何资源）作为添加的内容，<url>为一个网络地址
inherit	该属性值表示继承父元素

课堂案例 为网页元素赋予文字内容

素材文件	源文件 \ 第 05 章 \5-6-7.html
案例文件	最终文件 \ 第 05 章 \5-6-7.html
视频教学	视频 \ 第 05 章 \5-6-7.mp4
案例要点	掌握 content 属性的设置和使用方法

扫码观看视频

Step 01 执行"文件 > 打开"命令，打开"源文件 \ 第 05 章 \5-6-7.html"，可以看到页面的 HTML 代码，如图 5-72 所示。切换到该网页的设计视图，可以看到页面中 id 名称为 title 的 Div 是空白的，如图 5-73 所示，下面通过 CSS 样式为该 Div 赋予文字内容。

图 5-72 页面的 HTML 代码

图 5-73 设计视图

Step 02 切换到该网页所链接的外部 CSS 样式表文件中，创建名称为 #title:before 的 CSS 样式，如图 5-74 所示。保存外部 CSS 样式表文件，在浏览器中预览该页面，可以看到为网页中的元素赋予文字内容的效果，如图 5-75 所示。

图 5-74 CSS 样式代码　　　　　　　　　　　　　　图 5-75 赋予文字内容的页面

课堂练习　实现网页元素的任意缩放

素材文件	源文件 \ 第 05 章 \5-7.html
案例文件	最终文件 \ 第 05 章 \5-7.html
视频教学	视频 \ 第 05 章 \5-7.mp4
案例要点	掌握 resize 属性的设置与使用方法

扫码观看视频

1. 练习思路

在网页中想要实现某个元素的任意缩放，通常情况下必须添加复杂的 JavaScript 脚本代码才能够实现。CSS 3.0 中新增了 resize 属性，利用该属性可以实现网页元素的缩放，并且设置非常简单。

2. 制作步骤

Step 01 执行"文件 > 打开"命令，打开"源文件 \ 第 05 章 \5-7.html"，可以看到页面的 HTML 代码，如图 5-76 所示。在 Chrome 浏览器中预览该页面，可以看到该页面的默认显示效果，如图 5-77 所示。

图 5-76 页面的 HTML 代码　　　　　　　　　　　图 5-77 页面的默认效果

Step 02 切换到该网页所链接的外部 CSS 样式表文件中，找到名称为 #text 的 CSS 样式，可以看到该 CSS 样式的代码，如图 5-78 所示。在该 CSS 样式代码中添加 resize 属性设置代码，设置其属性值为 both，如图 5-79 所示。

图 5-78 CSS 样式代码　　　图 5-79 添加 resize 属性设置代码

Step 03 保存外部 CSS 样式表文件，在 Chrome 浏览器中预览页面，可以看到页面中 id 名称为 text 的元素右下角显示可拖动样式，如图 5-80 所示。在网页中单击该元素右下角并拖动可以调整元素的大小，如图 5-81 所示。

图 5-80 显示可拖动样式

图 5-81 调整元素大小

 提示

在本案例的 CSS 样式代码中，设置 resize 属性为 both，并且设置 overflow 属性为 hidden，这样在浏览器中预览页面时，可以在网页中任意调整该元素的大小。CSS 3.0 中新增的 resize 属性，不仅可以为 Div 元素应用，还可以为其他元素应用，同样可以起到调整大小的作用。

课堂练习 为网页元素添加轮廓外边框效果

素材文件	源文件 \ 第 05 章 \5-8.html
案例文件	最终文件 \ 第 05 章 \5-8.html
视频教学	视频 \ 第 05 章 \5-8.mp4
案例要点	掌握 outline 属性的设置和使用方法

扫码观看视频

1. 练习思路

使用 border 属性可能为网页元素添加边框效果，使用 outline 属性同样可以为网页元素添加边框效果。二者的不同之处是，outline 属性中包含 outline-offset 子属性，通过该子属性的设置可以使通过 outline 属性设置的边框产生位移效果，从而实现元素的轮廓外边框效果。

2. 制作步骤

Step 01 执行"文件 > 打开"命令，打开"源文件 \ 第 05 章 \ 5-8.html"，可以看到页面的 HTML 代码，如图 5-82 所示。在浏览器中预览该页面，可以看到页面元素的显示效果，如图 5-83 所示。

图 5-82 页面的 HTML 代码

图 5-83 在浏览器中预览页面

Step 02 切换到该网页链接的外部 CSS 样式表文件中，创建名称为 #pic img 的 CSS 样式，在该 CSS 样式代码中通过添加 border 属性设置代码，可以为图片添加边框效果，如图 5-84 所示。保存外部 CSS 样式表文件，预览该页面，可以看到为图片添加边框的效果，如图 5-85 所示。

图 5-84 CSS 样式代码

图 5-85 为图片添加边框的效果

Step 03 切换到外部 CSS 样式表文件中，在名称为 #pic img 的 CSS 样式代码中添加 outline 属性设置代码，如图 5-86 所示。保存外部 CSS 样式表文件，在浏览器中预览该页面，可以看到为图片添加外轮廓线的效果，如图 5-87 所示。

图 5-86 添加 outline 属性设置代码

图 5-87 为图片添加外轮廓线的效果

> 💡 **技巧**
>
> 此处的 outline 属性也可以通过 outline-width、outline-color 和 outline-style 这 3 个子属性分别进行设置。

Step 04 切换到外部 CSS 样式表文件中，在名称为 #pic img 的 CSS 样式代码中添加外轮廓偏移 outline-offset 属性设置代码，如图 5-88 所示。保存外部 CSS 样式表文件，在 Chrome 浏览器中预览该页面，可以看到外轮廓线偏移的效果，如图 5-89 所示。

图 5-88 添加 outline-offset 属性设置代码

图 5-89 外轮廓线偏移的效果

提示

outline-offset 属性值可以取负值，如果取负值，则外轮廓线向元素内部进行偏移。目前 IE 浏览器还不支持 outline-offset 属性，会直接忽略 outline-offset 属性的设置。

课后习题

学习本章内容后，请读者完成以下课后习题，测验一下自己对 CSS 3.0 新增属性及应用的学习效果，同时加深读者对所学知识的理解。

一、选择题

1. 以下哪一种不属于 CSS 3.0 新增的颜色设置方法？（　　）
A. RGB　　　　B. RGBA　　　　C. HSL　　　　D. HSLA

2. 用于设置文字阴影的 CSS 样式属性是（　　）。
A. box-shadow
B. text-decoration
C. text-shadow
D. text-transform

3. 以下哪个属性可以设置元素背景图像的尺寸？（　　）
A. background
B. background-size
C. background-clip
D. background-origin

二、填空题

1. 通过 _____ 可以加载服务器端的字体文件，让客户端显示其没有安装的字体。

2. 使用 _____ 属性可以通过具体的数值设置元素的透明程度，能够使网页中的任何元素呈现出半透明的效果。

3. 通过 _____ 属性，可以为网页中的元素设置一个或多个阴影效果，如果在 _____ 属性中同时设置了多个阴影效果，则多个阴影的设置代码之间必须使用 _____ 隔开。

三、简答题

简单描述多列布局包含的属性，以及每种属性的作用。

Chapter

06

第06章

Div+CSS网页布局

如今，基于 Web 标准的网站设计的核心在于如何运用众多 Web 标准中的技术，来达到表现和内容的分离。只有真正实现了表现和内容分离的网页，才是符合 Web 标准的网页设计。所以，掌握基于 CSS 的网页布局方式，是实现 Web 标准的根本。本章将向读者介绍使用 Div+CSS 对网页进行布局的方法和技巧，包括 CSS 盒模型和网页元素定位的相关知识，使读者掌握 Div+CSS 网页布局。

DREAMWEAVER

学习目标

- 了解 Div
- 了解块元素与行内元素的区别
- 了解 Div+CSS 布局的优势
- 了解空白边叠加
- 理解网页元素的定位方式
- 理解并掌握网页常用布局方式

技能目标

- 掌握在网页中插入 Div 的方法
- 理解并掌握 CSS 盒模型中各属性的功能与应用
- 理解并掌握网页元素相对定位的设置方法
- 理解并掌握网页元素绝对定位的设置方法
- 理解并掌握浮动定位的设置方法

6.1 创建Div

Div与其他网页元素一样，是HTML支持的标签。与使用表格时应用 `<table></table>` 一样，Div在使用时同样以 `<div></div>` 的形式出现。通过CSS样式可以轻松地控制Div的位置，从而实现许多不同的布局效果。使用Div进行网页布局是现在网页设计制作的趋势。

6.1.1 了解Div

Div是用来为HTML文档内大块的内容提供结构和背景的元素。Div的起始标签和结束标签之间的所有内容都是用来构成这个块的，其中所包含元素的特性由 `<div>` 标签的属性来控制，或者通过使用CSS样式格式化这个块来进行控制。Div是一个容器，HTML页面中的每个标签对象几乎都可以称得上是一个容器，如段落 `<p>` 标签对象。

> `<p>`文档内容`</p>`

p为一个容器，其中存放内容。Div也是一个容器，也可以在其中放置内容。

> `<div>`文档内容`</div>`

Div是HTML指定的专门用于布局的容器对象。在传统的表格式布局当中，之所以能进行页面的排版布局设计，完全依赖于表格标签 `<table>`。但表格式布局需要通过表格的间距或者使用透明的GIF图片来填充布局板块间的间距，以这种方式布局的网页会有大量难以阅读和维护的代码；而且以表格布局的网页要等整个表格下载完毕后才能显示所有内容，所以在浏览器中浏览表格式布局的网页速度较慢。而利用Div布局，页面的排版不需要依赖表格，仅从Div的使用上说，做一个简单的布局只需依赖Div与CSS，因此也可以称为Div+CSS布局。

6.1.2 如何插入Div

与HTML中的其他标签一样，只需在代码中使用 `<div></div>` 标签，将内容放置其中即可。

 提示

`<div>` 标签只是一个标记，作用是标记出一个区域，并不负责其他事情。插入Div只是CSS布局的第一步，因为需要通过Div将页面中的内容元素标记出来，为内容添加样式则由CSS来完成。

在Div中除了可以直接放入文本和其他标签，也可以放入多个Div标签进行嵌套使用，最终的目的是合理地标记出页面的区域。

在使用Div对象的时候，可以加入其他属性，如id、class、align和style等。在CSS布局方面，为了实现表现与内容分离，不应当将align（对齐）属性与style（行间样式表）属性编写在HTML页面的 `<div>` 标签中，因此，<div> 标签的代码只有以下两种形式：

```
<div id="id名称">内容</div>
<div class="类名称">内容</div>
```

使用 id 属性，可以为当前这个 Div 指定一个 id 名称，在 CSS 中使用 ID 选择器进行 CSS 样式的编写。同样，也可以使用 class 属性在 CSS 中使用类选择器进行 CSS 样式的编写。

 提示

在当前的 HTML 页面中，同一名称的 id 只允许使用一次，不管是应用到 Div 对象上还是应用到其他对象的 id 中；而 class 名称则可以重复使用。

6.1.3 在设计视图中插入Div

除了通过在 HTML 代码中输入 <div> 标签来创建 Div，还可以通过 Dreamweaver 的设计视图在网页中插入 Div。单击"插入"面板上的 Div 按钮，如图 6-1 所示。弹出"插入 Div"对话框，如图 6-2 所示。

在"插入"下拉列表中可以选择要在网页中插入 Div 的位置，包含"在插入点""在标签前""在标签开始之后""在标签结束之前""在标签后"5 个选项，如图 6-3 所示。选择除"在插入点"选项的任意一个选项后，可以激活第二个下拉列表，可以在该下拉列表中选择相对于某个页面已存在的标签进行操作，如图 6-4 所示。

图 6-1 单击 Div 按钮

图 6-2 "插入 Div"对话框

图 6-3 "插入"下拉列表

图 6-4 激活第二个下拉列表

如果选择"在插入点"选项，即在当前光标所在位置插入 Div。

如果选择"在标签前"选项，在第二个下拉列表中选择标签，可以在所选择的标签之前插入相应的 Div。

如果选择"在标签开始之后"选项，在第二个下拉列表中选择标签，可以在所选标签的开始标签之后，该标签中的内容之前插入相应的 Div。

如果选择"在标签结束之前"选项，在第二个下拉列表中选择标签，可以在所选标签的结束标签之前，该标签中的内容之后插入相应的 Div。

如果选择"在标签后"选项，在第二个下拉列表中选择标签，可以在所选标签之后插入相应的 Div。

在 Class 下拉列表中可以选择为所插入的 Div 应用的类 CSS 样式；在 ID 下拉列表中可以选择为所插入的 Div 应用的 ID CSS 样式。

例如，在"插入"下拉列表中选择相应的选项，在 ID 下拉列表中选择需要插入的 Div 的 ID 名称，如图 6-5 所示。单击"确定"按钮，即可插入一个 Div，如图 6-6 所示。

切换到网页的代码视图中，可以看到刚插入的 id 名称为 box 的 Div 的代码，如图 6-7 所示。

图 6-5 "插入 Div" 对话框

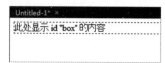

图 6-6 在网页中插入 Div

图 6-7 Div 的 HTML 代码

6.1.4 块元素与行内元素

HTML 中的元素分为块元素和行内元素,通过 CSS 样式可以改变 HTML 元素原本具有的显示属性。也就是说,通过 CSS 样式设置可以将块元素与行内元素进行转换。

1. 块元素

每个块元素默认占一行的高度,在一行内添加一个块元素后一般无法添加其他元素(使用 CSS 样式进行定位和浮动设置除外)。当连续编辑两个块元素时,会在页面中自动换行显示。块元素一般可嵌套块元素或行内元素。在 HTML 代码中,常见的块元素包括 <div>、<p>、<table> 等。

在 CSS 样式中,可以通过 display 属性控制元素的显示。display 属性的语法格式如下:

```
display: block | none | inline | compact | marker | inline-table | list-item | run-in | table |
table-caption | table-cell | table-column | table-column-group | table-footer-group |
table-header-group | table-row | table-row-group;
```

display 属性的属性值说明如表 6-1 所示。

表 6-1　display 属性的属性值说明

属性值	说明
block	设置网页元素以块元素的形式显示
none	隐藏网页元素
inline	设置网页元素以行内元素的形式显示
compact	分配对象为块对象或基于内容之上的行内对象
marker	指定内容在容器对象之前或之后。如果要使用该属性值,对象必须和:after及:before伪元素一起使用
inline-table	将表格显示为无前后换行的行内对象或行内容器
list-item	将块对象指定为列表项目,并可以添加可选项目标志
run-in	分配对象为块对象或基于内容之上的行内对象
table	将对象作为块元素的表格显示
table-caption	将对象作为表格标题显示
table-cell	将对象作为表格单元格显示
table-column	将对象作为表格列显示
table-column-group	将对象作为表格列组显示
table-footer-group	将对象作为表格脚注组显示
table-header-group	将对象作为表格标题组显示
table-row	将对象作为表格行显示
table-row-group	将对象作为表格行组显示

display 属性的默认值为 block，即元素默认以块元素的方式显示。

2．行内元素

行内元素也叫内联元素、内嵌元素等。行内元素一般都是基于语义级的基本元素，只能容纳文本或其他内联元素，常见内联元素如 <a> 标签。

当 display 属性被设置为 inline 时，可以把元素设置为行内元素。在一些常用的元素中，<span>、<a>、<img>、<b>、<font> 和 <input> 等默认为行内元素。

6.1.5 Div+CSS布局的优势

CSS 样式表是控制页面布局的基础，并且真正能够做到网页表现与内容的分离。归纳起来 Div+CSS 布局主要有 4 点优势。

1．浏览器支持完善

目前，CSS 2.0 是众多浏览器支持的最完善的版本，最新的浏览器均以 CSS 2.0 为 CSS 支持原型进行设计，使用 CSS 样式设计的网页在众多平台及浏览器下的样式表最接近。

2．表现与内容分离

CSS 实现了真正意义上的表现与内容分离。在 CSS 的设计代码中，通过 CSS 的内容导入特性，可以使设计代码根据设计需要进行二次分离。例如，为字体专门设计一套样式表，为版式等设计一套样式表，根据页面显示的需要重新组织，使得设计代码本身也便于维护与修改。

3．样式设计控制功能强大

对网页对象的排版能够进行像素级的精确控制，支持所有字体和字号，拥有优秀的盒模型控制能力和简单的交互设计能力。

4．继承性能优越

在浏览器的解析顺序上，CSS 语言具有类似面向对象的基本功能，浏览器能够根据 CSS 的级别应用多个样式。良好的 CSS 代码设计可以使得代码之间产生继承及重载关系，能够达到最大限度的代码重用，减少代码量，降低维护成本。

CSS基础盒模型

基础盒模型是使用 Div+CSS 对网页元素进行控制的一个非常重要的工具。只有很好地理解和掌握了盒模型及其中每个元素的用法，才能真正地控制页面中各元素的位置。

在 CSS 中，所有的页面元素都包含在一个矩形框内，这个矩形框就是盒模型。盒模型展示了元素及其属性在页面布局中所占空间的大小，因此盒模型可以影响其他元素的位置及大小。一般来说，这些被占据的空间往往都比单纯的内容要大。换句话说，可以通过整个盒子的边框和距离等参数，来控制各个元素的位置。

基础盒模型是由 margin（边界）、border（边框）、padding（填充）和 content（内容）几个部分组成的，此外，在盒模型中，还具备高度和宽度两个辅助属性，如图 6-8 所示。

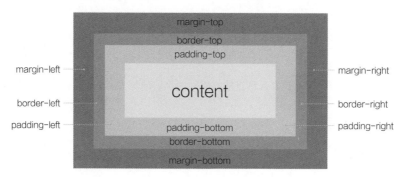

图 6-8 CSS 基础盒模型示意图

从图 6-8 中可以看出，盒模型包含 4 个部分的内容，具体说明如表 6-2 所示。

表 6-2　盒模型所包含内容的说明

包含内容	说明
margin	margin属性称为边界或外边距，用来设置内容与内容之间的距离
border	border属性称为边框或内容边框线，用来设置边框的粗细、颜色和样式等
padding	padding属性称为填充或内边距，用来设置内容与边框之间的距离
content	content属性称为内容，是盒模型中必需的一部分，可以放置文字、图像等内容

 技巧

一个盒子的实际高度或宽度是由 content+padding+border+margin 组成的。在 CSS 中，可以通过设置 width 或 height 属性来控制 content 的大小，并且对于任何一个盒子，都可以分别设置 4 边的 border、margin 和 padding。

关于 CSS 盒模型，有以下几个特性是在使用过程中需要注意的：

（1）边框默认的样式（border-style）可设置为不显示（none）。

（2）填充值（padding）不可为负。

（3）边界值（margin）可以为负，其显示效果在各浏览器中可能有所不同。

（4）内联元素，例如 <a>，定义上下边界不会影响行高。

（5）对于块元素，未浮动的垂直相邻元素的上边界和下边界会被压缩。例如，有上下两个元素，上面元素的下边界为 10px，下面元素的上边界为 5px，则实际两个元素的间距为 10px（两个边界值中较大的值）。这就是盒模型垂直空白边叠加的问题。

（6）浮动元素（无论是左浮动还是右浮动）的边界不压缩。如果浮动元素不声明宽度，则其宽度趋向于 0，即压缩到其内容能承受的最小宽度。

（7）如果盒中没有内容，则即使定义了宽度和高度都为100%，实际上只占0，因此不会被显示，在使用Div+CSS布局的时候需要特别注意这一点。

 6.2.2 margin属性——边距

margin属性用于设置页面中元素和元素之间的距离，即定义元素周围的空间范围，是页面排版一个比较重要的概念。

margin属性的语法格式如下：

```
margin: auto | length;
```

其中，auto表示根据内容自动调整，length是由浮点数和单位标记符组成的长度值或百分数，百分数是基于父对象的高度。对于内联元素来说，左右外延边距可以是负值。

margin属性包含4个子属性，分别用于控制元素四周的边距，分别是margin-top（上边距）、margin-right（右边距）、margin-bottom（下边距）和margin-left（左边距）。

> 💡 **技巧**
>
> 在设置margin属性时，如果提供4个属性值，将按顺时针的顺序分别作用于上、右、下、左4边；如果只提供1个属性值，则这个值将同时作用于4边；如果提供2个属性值，则第1个属性值作用于上、下两边，第2个属性值作用于左、右两边；如果提供3个属性值，则第1个属性值作用于上边，第2个属性值作用于左、右两边，第3个属性值作用于下边。

课堂案例 制作欢迎页面

素材文件	源文件 \ 第06章 \6-2-3.html
案例文件	最终文件 \ 第06章 \6-2-3.html
视频教学	视频 \ 第06章 \6-2-3.mp4
案例要点	理解并掌握margin属性的作用和使用方法

扫码观看视频

Step 01 执行"文件＞打开"命令，打开"源文件\第06章\6-2-3.html"，可以看到页面的HTML代码，如图6-9所示。切换到设计视图，页面的效果如图6-10所示。

图6-9 页面的HTML代码

图6-10 设计视图的页面效果

图 6-11 插入图像

Step 02 将鼠标指针移至页面中名称为 main 的 Div 中单击，将多余的文字删除，插入图像"源文件 \ 第 06 章 \images\62303.png"，如图 6-11 所示。切换到外部的 CSS 样式表文件中，创建名称为 #main 的 CSS 样式，如图 6-12 所示。

图 6-12 创建 CSS 样式

Step 03 返回设计视图，选中名称为 main 的 Div，可以看到设置边距的效果，如图 6-13 所示。执行"文件 > 保存"命令，保存页面和外部 CSS 样式表文件，在浏览器中预览页面，效果如图 6-14 所示。

图 6-13 设置边距的效果

图 6-14 预览页面

6.2.3 border属性——边框

border 属性是内边距和外边距的分界线，可以分离不同的 HTML 元素，border 的外边是元素的最外围。在网页设计中，如果计算元素的宽和高，则需要把 border 属性值计算在内。

border 属性的语法格式如下：

```
border : border-style | border-color | border-width;
```

border 属性有 3 个子属性，分别是 border-style（边框样式）、border-width（边框宽度）和 border-color（边框颜色）。

课堂案例 为图像添加边框效果

素材文件	源文件 \ 第 06 章 \6-2-5.html
案例文件	最终文件 \ 第 06 章 \6-2-5.html
视频教学	视频 \ 第 06 章 \6-2-5.mp4
案例要点	理解并掌握 border 属性的作用和使用方法

扫码观看视频

Step 01 执行"文件 > 打开"命令，打开"源文件 \ 第 06 章 \6-2-5.html"，可以看到页面的 HTML 代码，如图 6-15 所示。切换到设计视图，查看页面在设计视图中的效果，如图 6-16 所示。

图 6-15 页面的 HTML 代码　　　　　　　　图 6-16 页面在设计视图中的效果

Step 02 切换到外部 CSS 样式表文件，创建名称为 .img01 的类 CSS 样式，如图 6-17 所示。返回网页的代码视图，在相应的图像 <img> 标签中添加 class 属性，应用创建的名称为 .img01 的类 CSS 样式，如图 6-18 所示。

图 6-17 创建类 CSS 样式 1　　　　　　　　图 6-18 为图片应用类 CSS 样式 1

Step 03 切换到网页的设计视图，可以看到为图片应用名称为 .img01 的类 CSS 样式后的效果，如图 6-19 所示。切换到外部 CSS 样式表文件，创建名称分别为 .img02 和 .img03 的类 CSS 样式，如图 6-20 所示。

图 6-19 应用类 CSS 样式的效果　　　　　　图 6-20 创建类 CSS 样式 2

Step 04 返回网页的代码视图，为其他两个图像分别应用刚创建的类 CSS 样式，如图 6-21 所示。保存页面和外部 CSS 样式表文件，在浏览器中预览页面，效果如图 6-22 所示。

图 6-21 为图片应用类 CSS 样式 2　　　　　图 6-22 预览为元素添加边框的效果

6.2.4　padding属性——填充

在 CSS 中，可以通过设置 padding 属性定义内容与边框之间的距离，即内边距。

padding 属性的语法格式如下：

```
padding: length;
```

padding 属性值可以是一个具体的长度，也可以是一个相对上级元素的百分比值，但不可以使用负值。

padding 属性包括 4 个子属性，分别用于控制元素四周的填充，分别是 padding-top（上填充）、padding-right（右填充）、padding-bottom（下填充）和 padding-left（左填充）。

 技巧

在设置 padding 属性时，如果提供 4 个属性值，将按顺时针的顺序分别作用于上、右、下、左 4 边；如果只提供 1 个属性值，则这个值将同时作用于 4 边；如果提供 2 个属性值，则第 1 个属性值作用于上、下两边，第 2 个属性值作用于左、右两边；如果提供 3 个属性值，第 1 个属性值作用于上边，第 2 个属性值作用于左、右两边，第 3 个属性值作用于下边。

课堂案例 设置网页元素盒模型效果

素材文件	源文件 \ 第 06 章 \6-2-7.html
案例文件	最终文件 \ 第 06 章 \6-2-7.html
视频教学	视频 \ 第 06 章 \6-2-7.mp4
案例要点	理解并掌握 padding 属性的作用和使用方法

扫码观看视频

Step 01 执行"文件 > 打开"命令，打开"源文件 \ 第 06 章 \6-2-7.html"，页面效果如图 6-23 所示。将鼠标指针移至页面中名称为 box 的 Div 中单击，将多余的文字删除，插入图像"源文件 \ 第 06 章 \images\62702.jpg"，如图 6-24 所示。

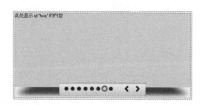

图 6-23 页面效果

图 6-24 插入图像

Step 02 切换到外部 CSS 样式表文件中，找到名称为 #box 的 CSS 样式，如图 6-25 所示。在该 CSS 样式表文件中添加 padding 属性设置代码，如图 6-26 所示。

图 6-25 CSS 样式代码

图 6-26 添加 padding 属性设置代码

 提示

在 CSS 样式代码中，width 和 height 属性分别定义的是 Div 整体的宽度和高度，并不包括 margin、border 和 padding。此处，在 CSS 样式代码中添加了"padding-left:15px;padding-top:15px;"代码，因此需要在宽度值和高度值的基础上分别减去 15px，才能保证 Div 整体的宽度和高度不变。

Step 03 返回设计视图，可以看到区域的填充效果，如图 6-27 所示。执行"文件 > 保存"命令，保存页面和外部 CSS 样式表文件，在浏览器中预览页面，效果如图 6-28 所示。

图 6-27 区域的填充效果　　　　　　　　　　图 6-28 预览页面效果

6.2.5 空白边叠加

空白边叠加是一个比较简单的概念，当一个元素出现在另一个元素上时，第一个元素的底空白边与第二个元素的顶空白边发生叠加。当两个垂直空白边相遇时，它们将形成一个空白边。这个空白边的高度是两个发生叠加的空白边中的高度较大者。

边距叠加的概念也很简单。但是，在对网页进行布局时，边距叠加会造成许多混淆。简单地说，当两个垂直边界相遇时，它们将形成一个边界，这个边界的高度等于两个发生叠加的边界高度中的较大者。

课堂案例　网页中空白边叠加的应用

素材文件	源文件 \ 第 06 章 \6-2-9.html
案例文件	最终文件 \ 第 06 章 \6-2-9.html
视频教学	视频 \ 第 06 章 \6-2-9.mp4
案例要点	理解 CSS 样式中空白边叠加的概念

扫码观看视频

Step 01 执行"文件 > 打开"命令，打开"源文件 \ 第 06 章 \6-2-9.html"，可以看到该页面的 HTML 代码，如图 6-29 所示。在浏览器中预览该页面，效果如图 6-30 所示。

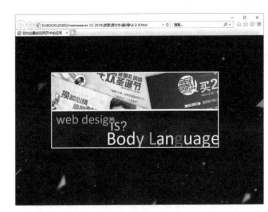

图 6-29 页面的 HTML 代码　　　　　　　　　图 6-30 页面的默认效果

Step 02 切换到该网页的外部 CSS 样式表文件中，找到名称为 #pic1 和 #pic2 的 CSS 样式，在这两个 CSS 样式中并没有设置边距属性，如图 6-31 所示。切换到设计视图，可以看到 id 名称为 pic1 的 Div 与 id 名称为 pic2 的 Div 紧靠在一起显示，如图 6-32 所示。

图 6-31 CSS 样式代码

图 6-32 pic1 和 pic2 两个 Div 紧靠在一起

Step 03 切换到外部 CSS 样式表文件中，在名称为 #pic1 的 CSS 样式代码中添加下边距的设置代码，在名称为 #pic2 的 CSS 样式代码中添加上边距的设置代码，如图 6-33 所示。切换到设计视图，选中 id 名称为 pic1 的 Div，可以看到设置下边距的效果，如图 6-34 所示。

图 6-33 添加边距属性设置代码

图 6-34 设置下边距的效果

Step 04 选中 id 名称为 pic2 的 Div，可以看到设置上边距的效果，如图 6-35 所示。保存页面和外部 CSS 样式表文件，在浏览器中预览页面，可以看到空白边叠加的效果，如图 6-36 所示。

图 6-35 设置上边距的效果

图 6-36 空白边叠加的效果

💡 **提示**

空白边的高度是两个发生叠加的空白边中的高度较大者。当一个元素包含另一元素时（假设没有填充或边框将空白边隔开），它们的顶和底空白边也会发生叠加。

6.3 网页元素的定位

Div+CSS 布局是指将页面首先在整体上进行 <div> 标签的分块，然后对各个块进行 CSS 定位，最后在各个块中添加相应的内容。利用 Div+CSS 布局的页面，更新十分容易，通过修改 CSS 样式属性就可以对网页元素进行重新定位。

6.3.1 CSS的定位属性

在使用 Div+CSS 布局设计制作网页的过程中，都是通过 CSS 的定位属性对元素完成位置和大小的控制的。定位就是精确地定义 HTML 元素在页面中的位置，可以是页面中的绝对位置，也可以是相对父级元素或另一个元素的相对位置。

position 属性是最主要的定位属性。position 属性既可以定义元素的绝对位置，又可以定义元素的相对位置。position 属性的语法格式如下：

```
position: static | absolute | fixed | relative;
```

position 属性的相关属性值说明如表 6-3 所示。

表 6-3 position 属性的相关属性值说明

属性值	说明
static	设置position的属性值为static，表示无特殊定位，是元素定位的默认值，对象遵循HTML元素定位规则，不能通过z-index属性进行层次分级
absolute	设置position的属性值为absolute，表示绝对定位，相对于其父级元素进行定位，元素的位置可以通过top、right、bottom和left等属性进行设置
fixed	设置position的属性值为fixed，表示悬浮，使元素固定在屏幕的某个位置，其包含块是可视区域本身，因此它不随滚动条的滚动而滚动，IE5.5+及以下版本的浏览器不支持该属性
relative	设置position的属性值为relative，表示相对定位，对象不可以重叠，可以通过top、right、bottom和left等属性设置对象在页面中偏移的位置，可以通过z-index属性进行层次分级

在 CSS 代码中设置了 position 属性后，还可以对其他的定位属性进行设置，包括 width、height、z-index、top、right、bottom、left、overflow 和 clip。其中，top、right、bottom 和 left 只有在 position 属性中使用才会起作用。

其他与定位相关的属性如表 6-4 所示。

表 6-4 其他与定位相关的属性说明

属性	说明
top、right、bottom 和left	top属性用于设置元素距顶部的垂直距离；right属性用于设置元素距右部的水平距离；bottom属性用于设置元素距底部的垂直距离；left属性用于设置元素距左部的水平距离
z-index	该属性用于设置元素的层叠顺序
width和height	width属性用于设置元素的宽度；height属性用于设置元素的高度
overflow	该属性用于设置元素内容溢出的处理方法
clip	该属性用于设置元素的剪切方式

6.3.2 相对定位relative

设置 position 属性为 relative，即可将元素的定位方式设置为相对定位。要对一个元素进行相对定位，首先它要出现在相应的位置。然后通过设置垂直或水平位置，让这个元素相对于它的原始起点进行移动。另外，在使用相对定位时，无论是否进行移动，元素仍然占据原来的空间。因此，移动元素会导致它覆盖其他元素。

素材文件	源文件 \ 第 06 章 \6-3-3.html
案例文件	最终文件 \ 第 06 章 \6-3-3.html
视频教学	视频 \ 第 06 章 \6-3-3.mp4
案例要点	掌握网页元素相对定位的设置与使用方法

扫码观看视频

Step 01 执行"文件 > 打开"命令,打开"源文件 \ 第 06 章 \6-3-3.html",可以看到该页面的 HTML 代码,如图 6-37 所示。切换到设计视图,可以看到页面中 id 名称为 pic 的 Div 显示在美食图片的下方,如图 6-38 所示。

图 6-37 页面的 HTML 代码

图 6-38 设计视图

Step 02 在浏览器中预览该页面,可以看到页面的默认效果,如图 6-39 所示。切换到该网页所链接的外部 CSS 样式表文件中,创建名称为 #pic 的 CSS 样式,在该 CSS 样式代码中添加相应的相对定位代码,如图 6-40 所示。

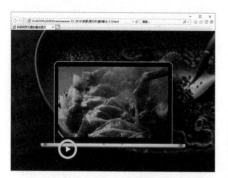

图 6-39 页面的默认效果

图 6-40 创建 CSS 样式

💡 **提示**

此处在 CSS 样式代码中设置元素的定位方式为相对定位,使元素相对于原位置向右移动了 210 像素,向上移动了 210 像素。

Step 03 返回设计视图,可以看到页面中 id 名称为 pic 的 Div 的显示效果,如图 6-41 所示。保存页面,并保存外部 CSS 样式表文件,在浏览器中预览页面,可以看到网页元素相对定位的效果,如图 6-42 所示。

图 6-41 pic 的显示效果

图 6-42 在浏览器中预览网页元素相对定位的效果

6.3.3 绝对定位absolute

设置position属性为absolute，即可将元素的定位方式设置为绝对定位。绝对定位会参照浏览器的左上角，配合top、right、bottom和left对元素进行定位，如果没有设置上述4个属性值，则会默认依据父级元素的坐标原点为原始点。

当父级元素的position属性为默认值时，top、right、bottom和left的坐标原点以body的坐标原点为起始位置。

课堂案例 实现网页元素固定在页面右侧

素材文件	源文件 \ 第 06 章 \6-3-5.html
案例文件	最终文件 \ 第 06 章 \6-3-5.html
视频教学	视频 \ 第 06 章 \6-3-5.mp4
案例要点	掌握网页元素绝对定位的设置与使用方法

Step 01 执行"文件＞打开"命令，打开"源文件 \ 第 06 章 \6-3-5.html"，可以看到该页面的 HTML 代码，如图 6-43 所示。在浏览器中预览该页面，效果如图 6-44 所示。

图 6-43 页面的 HTML 代码

图 6-44 预览页面

Step 02 返回网页的设计视图，将鼠标指针移至页面中名称为 biao 的 Div 中单击，将多余的文字删除，在该 Div 中插入图像"源文件 \ 第 06 章 \images\ 63504.png"，如图 6-45 所示。切换到外部 CSS 样式表文件中，创建名称为 #biao 的 CSS 样式，在该 CSS 样式代码中添加相应的绝对定位代码，如图 6-46 所示。

图 6-45 插入图像　　　　　　　　图 6-46 创建 CSS 样式

Step 03 返回网页的设计视图，网页元素绝对定位的效果如图 6-47 所示。保存页面，并保存外部 CSS 样式表文件，在浏览器中预览页面，可以看到网页中元素绝对定位的效果，如图 6-48 所示。

图 6-47 网页元素的绝对定位效果

图 6-48 在浏览器中预览元素的绝对定位效果

提示

在名称为 #biao 的 CSS 样式代码中，通过设置 position 属性为 absolute，将 id 名称为 biao 的元素设置为绝对定位。通过设置其 top 属性值为 50px，使该元素距顶边 50 像素，通过设置 right 属性值为 0px，使该元素距右边 0px，也就是紧靠右边缘显示。

 技巧

对于定位，用户要记住每种定位的意义。相对定位相对于元素在文档流中的初始位置，而绝对定位相对于最近已定位的父元素，如果不存在已定位的父元素，则相对于最初的包含块。因为绝对定位的框与文档流无关，所以它们可以覆盖页面中的其他元素。用户可以通过设置 z-index 属性来控制这些框的堆放次序。z-index 属性的值越大，堆放的位置就越高。

6.3.4 固定定位

设置 position 属性为 fixed，即可将元素的定位方式设置为固定定位。固定定位和绝对定位比较相似，是绝对定位的一种特殊形式，固定定位容器的位置不会随着用户拖动滚动条而发生变化。在视线中，固定定位容器的位置是不会改变的。固定定位可以把一些特殊效果固定在浏览器的视线位置。

课堂案例 实现固定位置的顶部导航栏

素材文件	源文件 \ 第 06 章 \6-3-7.html
案例文件	最终文件 \ 第 06 章 \6-3-7.html
视频教学	视频 \ 第 06 章 \6-3-7.mp4
案例要点	掌握网页元素固定定位的设置与使用方法

扫码观看视频

Step 01 执行"文件 > 打开"命令，打开"源文件 \ 第 06 章 \6-3-7.html"，页面效果如图 6-49 所示。在浏览器中浏览页面，页面顶部的导航栏会跟着滚动条一起移动，如图 6-50 所示。

图 6-49 打开页面

图 6-50 顶部导航栏随滚动条移动

Step 02 切换到该文件链接的外部 CSS 样式表文件，找到名称为 #top 的 CSS 样式，如图 6-51 所示。在该 CSS 样式代码中添加固定定位代码，如图 6-52 所示。

图 6-51 CSS 样式代码

图 6-52 添加固定定位代码

Step 03 保存页面和外部的 CSS 样式表文件，在浏览器中预览页面，如图 6-53 所示。拖动滚动条，发现顶部的菜单栏始终固定在窗口的顶部，效果如图 6-54 所示。

图 6-53 预览完成导航栏固定定位的页面

图 6-54 顶部导航栏固定不动

6.3.5 浮动定位

除了使用 position 属性进行定位，还可以使用 float 属性进行定位。float 定位只能在水平方向上操作，不能在垂直方向上操作。float 属性即浮动属性，用来改变元素块的显示方式。

浮动定位是利用 CSS 排版非常重要的定位方式。浮动定位的框可以左右移动，直到它的外边缘碰到包含框或另一个浮动定位框的边缘。

float 属性的语法格式如下：

```
float: none | left | right;
```

设置 float 属性为 none，表示元素不浮动；设置 float 属性为 left，表示元素向左浮动；设置 float 属性为 right，表示元素向右浮动。

💡 **提示**

浮动定位是在网页布局制作过程中使用最多的定位方式，通过浮动定位可以在一行中显示网页中的块状元素。

课堂案例 制作顺序排列的图像列表

素材文件	源文件 \ 第 06 章 \6-3-9.html
案例文件	最终文件 \ 第 06 章 \6-3-9.html
视频教学	视频 \ 第 06 章 \6-3-9.mp4
案例要点	掌握网页元素浮动定位的设置与使用方法

扫码观看视频

Step 01 执行 "文件 > 打开" 命令，打开 "源文件 \ 第 06 章 \6-3-6.html"，可以看到该页面的 HTML 代码，如图 6-55 所示。切换到设计视图，分别在 id 名称为 pic1、pic2 和 pic3 的 3 个 Div 中插入相应的图像，如图 6-56 所示。

图 6-55 页面的 HTML 代码   图 6-56 分别在各 Div 中插入图像

Step 02 切换到该网页所链接的外部 CSS 样式表文件中，分别创建名称为 #pic1、#pic2 和 #pic3 的 CSS 样式，如图 6-57 所示。保存外部 CSS 样式表文件，在浏览器中预览页面，可以看到页面中这 3 个图像的显示效果，如图 6-58 所示。

图 6-57 创建 CSS 样式   图 6-58 预览页面

Step 03 返回外部 CSS 样式表文件中，将 id 名称为 pic1 的 Div 向右浮动，在名称为 #pic1 的 CSS 样式代码中添加右浮动代码，如图 6-59 所示。切换到设计视图中，可以看到 id 名称为 pic1 的 Div 脱离文档流并向右浮动，直到该 Div 碰到包含框 box 的右边框，如图 6-60 所示。

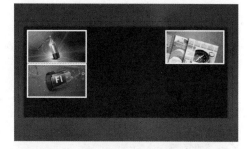

图 6-59 添加右浮动代码   图 6-60 图像向右浮动

Step 04 切换到外部 CSS 样式表文件中，将 id 名称为 pic1 的 Div 向左浮动，在名称为 #pic1 的 CSS 样式代码中添加左浮动代码，如图 6-61 所示。返回网页的设计视图，id 名称为 pic1 的 Div 向左浮动，id 名称为 pic2 的 Div 被遮盖了，如图 6-62 所示。

图 6-61 添加左浮动代码   图 6-62 图像向左浮动

 提示

id 名称为 pic1 的 Div 脱离文档流会一直向左浮动，直到它的边缘碰到包含框 box 的左边缘。因为它不再处于文档流中，所以它不占据空间，实际上覆盖了 id 名称为 pic2 的 Div，使 id 名称为 pic2 的 Div 从视图中消失，但是该 Div 中的内容还占据着原来的空间。

Step 05 切换到外部 CSS 样式表文件中，分别在 #pic2 和 #pic3 的 CSS 样式代码中添加向左浮动代码，如图 6-63 所示。使这 3 个 Div 都向左浮动。切换到设计视图，可以看到页面中这 3 张图像都向左浮动的效果，如图 6-64 所示。

图 6-63 添加两个左浮动代码

图 6-64 图像全部向左浮动

 提示

3 个 Div 都向左浮动，那么 id 名称为 pic1 的 Div 会一直向左浮动，直到碰到包含框 box 的左边缘，而另两个 Div 向左浮动直到碰到前一个浮动 Div。

Step 06 3 张图像已经实现了在一行中显示，但是它们紧靠在一起。此时可以为这 3 个图像设置相应的边距。切换到外部 CSS 样式表文件中，分别在 #pic1、#pic2 和 #pic3 的 CSS 样式代码中添加 margin 属性设置代码，如图 6-65 所示。保存外部 CSS 样式表文件，在浏览器中预览页面，效果如图 6-66 所示。

图 6-65 添加 margin 属性设置代码

图 6-66 预览为图像添加边距的页面

Step 07 返回网页的代码视图，在 id 名称为 pic3 的 Div 之后分别添加 id 名称为 pic4 至 pic6 的 Div，并在各 Div 中插入相应的图像，如图 6-67 所示。切换到设计视图，可以看到添加 pic4、pic5 和 pic6 的默认效果，如图 6-68 所示。

图 6-67 添加 HTML 代码

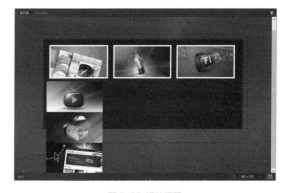

图 6-68 设计视图

Step 08 切换到外部 CSS 样式表文件中，创建名称为 #pic4,#pic5,#pic6 的 CSS 样式，如图 6-69 所示。保存页面，并保存外部 CSS 样式表文件，在浏览器中预览页面，效果如图 6-70 所示。

```
#pic4,#pic5,#pic6 {
    width: 214px;
    height: 114px;
    background-color: #FFF;
    padding: 5px;
    margin: 10px;
    float: left;
}
```

图 6-69 创建 CSS 样式

图 6-70 预览页面

技巧

前面已经介绍过，HTML 页面中的元素分为行内元素和块元素。行内元素是指可以显示在同一行上的元素，例如 <span>；块元素是占据整行空间的元素，例如 <div>。如果需要将两个 <div> 显示在同一行上，那么可以通过 float 属性来实现。

6.4 常用网页布局方式

CSS 是控制网页布局的基础，是真正能够做到网页表现和内容分离的一种样式设计语言。相比于传统的 HTML 语言，CSS 能够对网页中对象的位置进行像素级的精确控制，还拥有对网页对象盒模型样式的控制能力，并且能够进行初步的页面交互设计，是当前基于文件展示的最优秀的表达设计语言。

6.4.1 居中布局

目前，居中布局在网页布局中应用非常广泛，所以如何使用居中布局是大多数开发人员首先要学习的重点之一。实现网页内容居中布局有两个方法。

1. 利用自动空白边

假设布局一个页面，希望其中的容器 Div 水平居中，代码如下：

```
<body>
<div id="box"></div>
</body>
```

只需定义 Div 的宽度，然后将水平空白边设置为 auto，即可实现居中布局。

```
#box{
    width: 800px;
    height: 500px;
```

```
        background-color: #0099FF;
        border: 5px solid #005E99;
        margin: 0px auto;
    }
```

id 名称为 box 的 Div 在页面中居中显示的效果如图 6-71 所示。

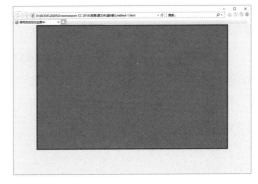

图 6-71 元素水平居中的效果

这种定义 CSS 样式的方法在所有浏览器中都是有效的。但是 IE5.X 和 IE6 不支持自动空白边。因为 IE 将 text-align:center 理解为让所有对象居中，而不只是文本。用户可以利用这一点，让主体标签中的所有对象居中，包括容器 Div，然后将容器中的内容重新水平左对齐。

```
body{
    text-align:center;                    /*设置文本居中显示*/
}
#box{
    width: 800px;
    height: 500px;
    background-color: #0099FF;
    border: 5px solid #005E99;
    margin: 0px auto;
    text-align: left;                     /*设置文本居左显示*/
}
```

以这种方式使用 text-align 属性，不会对代码产生任何严重的影响。

2. 利用定位和负值空白边

首先定义容器的宽度，然后将容器的 position 属性设置为 relative，将 left 属性设置为 50%，就会把容器的左边缘定位在页面的中间。CSS 样式的设置代码如下：

```
#box{
    width: 800px;
    position: absolute;
    left: 50%;
}
```

如果不希望容器的左边缘居中，而是希望容器的中间居中，那么只需对容器的左边应用一个负值的空白边，宽度等于容器宽度的一半，就会把容器向左移动其宽度的一半，从而让它在屏幕上居中，CSS 样式代码如下：

```
#box{
    width: 800px;
    position: absolute;
    left: 50%;
    margin-left: -400px;
}
```

在 Div+CSS 布局中，浮动布局是使用最多，也是最常见的布局方式。浮动布局可以分为多种形式，接下来分别向大家介绍。

1．两列固定宽度布局

两列固定宽度布局非常简单，HTML 代码如下：

```
<div id="left">左列</div>
<div id="right">右列</div>
```

分别为 id 名称为 left 与 right 的 Div 设置 CSS 样式，让两个 Div 在水平方向并排显示，从而形成两列式布局，CSS 代码如下：

```
#left{
    width: 400px;
    height: 500px;
    background-color: #0099FF;
    float: left;
}
#right{
    width: 400px;
    height: 500px;
    background-color: #FFFF00;
    float: left;
}
```

为了实现两列式布局，上面的代码使用了 float 属性，这样两列固定宽度的布局就能够完整地显示出来，预览效果如图 6-72 所示。

2．两列固定宽度居中布局

两列固定宽度居中布局可以使用嵌套 Div 来完成。用一个居中的 Div 作为容器，将两列分栏的两个 Div 放置在容器中，从而实现两列的居中显示。HTML 代码如下：

```
<div id="box">
<div id="left">左列</div>
<div id="right">右列</div>
</div>
```

为分栏的两个 Div 加上一个 id 名称为 box 的 Div 容器，CSS 代码如下：

```
#box {
    width: 820px;
    margin: 0px auto;
}
#left{
    width: 400px;
    height: 500px;
    background-color: #0099FF;
```

```
      border: solid 5px #005E99;
    float: left;
  }
  #right{
    width: 400px;
    height: 500px;
    background-color: #FFFF00;
      border: solid 5px #FF9900;
    float: left;
  }
```

id 名称为 box 的 Div 有了居中属性，自然里面的内容也能居中，这样就实现了两列固定宽度的居中显示，预览效果如图 10-73 所示。

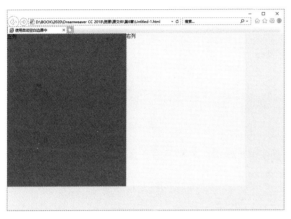

图 6-72 两列固定宽度布局

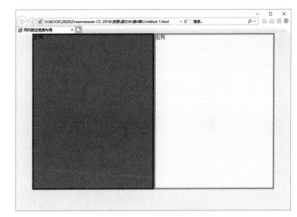

图 6-73 两列固定宽度居中布局

 提示

一个对象的真实宽度是由本身的宽、左右外边距，以及左右边框和内边距这些属性相加得到的，而 #left 宽度为 400px，左右都有 5px 的边距，因此，实际宽度为 410px。#right 同 #left 相同，所以 #box 的宽度为 820px。

3．两列宽度自适应布局

宽度自适应布局主要通过宽度的百分比值来实现，因此，在两列宽度自适应布局中，同样通过设置百分比宽度值来完成，CSS 代码如下：

```
#left {
  width: 25%;
  height: 500px;
  background-color: #0099FF;
    border: solid 5px #005E99;
  float: left;
}
#right {
  width: 70%;
  height: 500px;
  background-color: #FFFF00;
```

```
      border: solid 5px #FF9900;
    float: left;
  }
```

设置左栏宽度为 25%，设置右栏宽度为 70%，页面的预览效果如图 6-74 所示。

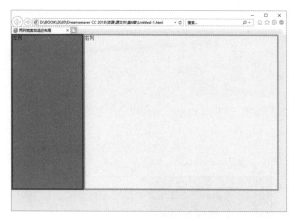

没有把整体宽度设置为 100%，是因为前面已经提示过，左侧对象不仅仅是浏览器窗口 20% 的宽度，还应当加上左右深色的边框。如果这样算，左右栏的宽度都超过了自身的百分比宽度，最终的宽度也超过了浏览器窗口的宽度，因此右栏将被挤到第二行显示，从而失去了左右分栏的效果。

图 6-74　两列宽度自适应布局

4．两列右列宽度自适应布局

在实际应用中，有时候需要固定左栏宽度，右栏的宽度根据浏览器窗口的大小自动适应。在 CSS 中，只需设置左栏宽度，右栏不设置任何宽度，并且右栏不浮动。CSS 代码如下：

```
#left {
  width: 400px;
  height: 500px;
  background-color: #0099FF;
    border: solid 5px #005E99;
  float: left;
}
#right {
  height: 500px;
  background-color: #FFFF00;
    border: solid 5px #FF9900;
}
```

左栏将呈现 400px 的宽度，而右栏将根据浏览器窗口大小自动适应。在网站中经常用到两列右列宽度自适应布局。不仅可以设置右列自适应，也可以设置左侧自适应，方法是一样的，效果如图 6-75 所示。

5．三列浮动中间列宽度自适应布局

三列浮动中间列宽度自适应布局是左栏宽度固定居左显示，右栏宽度固定居右显示，而中间栏则需要在左栏和右栏的中间显示，根据左右栏的间距变化自动适应。单纯地使用 float 属性与百分比值不能实现这个效果，这就需要通过绝对定位来实现。绝对定位的对象，不需要考虑它在页面中的浮动关系，只需设置对象的 top、right、bottom 及 left 4 个方向的属性即可。HTML 代码结构如下：

```
<div id="left">左列</div>
<div id="main">中列</div>
<div id="right">右列</div>
```

首先使用绝对定位将左列与右列进行位置控制，CSS 代码如下：

```css
* {                    /*通配选择器*/
margin: 0px;
        padding: 0px;
}
#left {
        width: 200px;
        height: 500px;
    background-color: #0099FF;
      border: solid 5px #005E99;
        position: absolute;
        top: 0px;
        left: 0px;
}
#right {
        width: 200px;
        height: 500px;
    background-color: #FFFF00;
      border: solid 5px #FF9900;
        position: absolute;
        top: 0px;
        right: 0px;
}
```

而中列则使用普通的 CSS 样式，CSS 代码如下：

```css
#main {
        height: 500px;
        background-color: #9FC;
        border: 5px solid #FF9;
        margin: 0px 210px 0px 210px;
}
```

对于 id 名称为 main 的 Div 来说，不需要再设置浮动方式，只需让它的左边和右边的边距永远保持 #left 和 #right 的宽度，便实现了两边各让出 210px 的自适应宽度，刚好让 #main 在这个空间，从而实现了布局的要求，预览效果如图 6-76 所示。

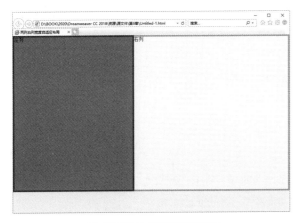

图 6-75 两列右列宽度自适应布局

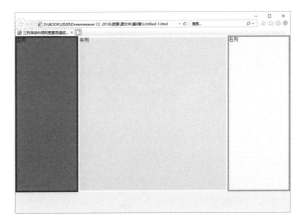

图 6-76 三列浮动中间列宽度自适应

高度值同样可以使用百分比值，但直接使用 height:100% 是不会显示效果的，这与浏览器的解析方式有一定关系，下面是实现高度自适应的 CSS 代码。

```
html,body {
    margin:0px;
      padding: 0px;
    height: 100%;
}
#left {
    width: 500px;
    height: 100%;
    background-color: #0099FF;
}
```

对 #left 设置 height:100% 的同时，也设置了 HTML 与 body 的 height:100%，一个对象的高度值是否可以使用百分比值，取决于对象的父级对象。将 id 名称为 left 的 Div 在页面中直接放置在 <body> 标签中，因此它的父级就是 <body> 标签。而在浏览器的默认状态下，没有给 <body> 标签一个高度属性，因此直接设置 #left 的 height:100% 时，不会产生任何效果。当给 <body> 标签设置了 height:100% 之后，它的子级对象 #left 的 height:100% 便起了作用，这便是浏览器解析规则引发的高度自适应问题。给 HTML 对象设置 height:100%，能使 IE 与 Firefox 浏览器都实现高度自适应，如图 6-77 所示。

图 6-77 元素自适应高度

课堂练习 CSS盒模型综合应用

素材文件	源文件 \ 第 06 章 \6-5.html
案例文件	最终文件 \ 第 06 章 \6-5.html
视频教学	视频 \ 第 06 章 \6-5.mp4
案例要点	理解并掌握 CSS 基础盒模型的相关属性和用法

扫码观看视频

1. 练习思路

盒模型是 Div+CSS 布局非常重要的概念，可以将网页中的元素理解为一个"盒子"，通过 CSS 样式中的边距、填充和边框属性可以控制每个"盒子"的大小、位置，从而实现网页元素的布局制作。

2. 制作步骤

Step 01 执行"文件 > 打开"命令，打开"源文件 \ 第 06 章 \6-5.html"，可以看到该页面的 HTML 代码，如图 6-78 所示。切换到设计视图，可以看到页面中 id 名称为 box 的 Div 目前并没有被添加 CSS 样式，显示为默认的居左居顶效果，如图 6-79 所示。

图 6-78 页面的 HTML 代码

图 6-79 Div 默认显示效果

Step 02 切换到该网页所链接的外部 CSS 样式表文件中，创建名称为 #box 的 CSS 样式，在该 CSS 样式代码中添加 margin 外边距属性设置代码，如图 6-80 所示。切换到网页设计视图，选中页面中 id 名称为 box 的 Div，可以看到设置外边距的效果，如图 6-81 所示。

图 6-80 CSS 样式代码

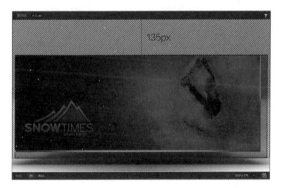

图 6-81 为 Div 元素设置外边距的效果

💡 技巧

如果希望网页中的元素水平居中显示，则可以通过 margin 属性设置左边距和右边距均为 auto，则该元素在网页中会自动水平居中显示。

Step 03 返回外部 CSS 样式表文件，在名称为 #box 的 CSS 样式代码中添加 border 属性设置代码，如图 6-82 所示。返回网页的设计视图，可以看到为页面中 id 名称为 box 的 Div 设置边框的效果，如图 6-83 所示。

图 6-82 添加 border 属性设置代码

图 6-83 为 Div 设置边框的效果

Step 04 返回外部 CSS 样式表文件，在名称为 #box 的 CSS 样式代码中添加 padding 属性设置代码，如图 6-84 所示。返回网页的设计视图，选中页面中 id 名称为 box 的 Div，可以看到为 Div 的 4 个边设置填充的效果，如图 6-85 所示。

```
#box {
    width: 960px;
    height: 360px;
    background-color: rgba(0,0,0,0.3);
    margin: 135px auto 0px auto;
    border: 10px solid #FFF;
    padding: 15px;
}
```

图 6-84 添加 padding 属性设置代码

图 6-85 为 Div 的 4 个边设置填充的效果

Step 05 保存页面，并保存外部 CSS 样式表文件，在浏览器中预览页面，可以看到页面的效果，如图 6-86 所示。

图 6-86 设置完成的页面效果

💡 **提示**

从 CSS 基础盒模型中可以看出中间部分就是 content（内容），它主要用来显示内容。这部分也是整个盒模型的主要部分，其他的如 margin、border、padding 的设置都是对 content 部分所做的修饰。对于内容部分的操作，也就是对文字、图像等页面元素的操作。

课堂练习 设置元素溢出处理

素材文件	源文件 \ 第 06 章 \6-6.html
案例文件	最终文件 \ 第 06 章 \6-6.html
视频教学	视频 \ 第 06 章 \6-6.mp4
案例要点	掌握 overflow 属性的设置和使用方法

扫码观看视频

1. 练习思路

如果设置了元素的大小，而该元素中的内容不适合元素的大小，例如元素中的内容较多，以元素的大小不能完全显示，可以通过 overflow 属性来设置元素中的内容溢出的处理方式。

2. 制作步骤

Step 01 执行"文件 > 打开"命令，打开"源文件 \ 第 06 章 \6-6.html"，页面效果如图 6-87 所示。将鼠标指针移至名称为 box 的 Div 中单击，将多余的文字删除，依次插入相应的图像，如图 6-88 所示。

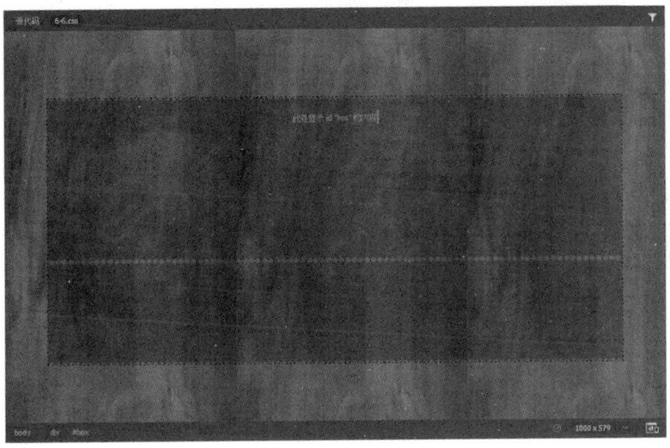

图 6-87 页面效果

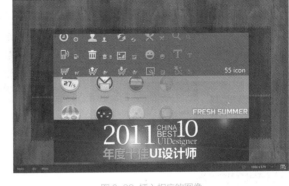

图 6-88 插入相应的图像

Step 02 切换到外部 CSS 样式表文件中，创建名称为 #box img 的 CSS 样式，如图 6-89 所示。返回设计视图，可以看到刚插入的图像效果，如图 6-90 所示。

```
#box img {
    border: 5px solid #FFF;
    margin-top: 10px;
    margin-bottom: 10px;
}
```

图 6-89 CSS 样式代码

图 6-90 设计视图中插入图像的效果

Step 03 切换到外部 CSS 样式表文件中，在名称为 #box 的 CSS 样式代码中添加 overflow 属性设置代码，如图 6-91 所示。保存页面并保存外部 CSS 样式表文件，在浏览器中预览页面，可以看到容器中内容溢出部分被隐藏，如图 6-92 所示。

```
#box {
    width: 830px;
    height: 352px;
    background-image: url(../images/6602.png);
    background-repeat: no-repeat;
    margin: 100px auto 0px auto;
    padding: 20px;
    text-align: center;
    overflow: hidden;
}
```

图 6-91 添加 overflow 属性设置代码

图 6-92 溢出的内容被隐藏

Step 04 切换到外部 CSS 样式表文件中，在名称为 #box 的 CSS 样式代码中修改 overflow 属性值为 auto，如图 6-93 所示。保存页面并保存外部 CSS 样式表文件，在浏览器中预览页面，如果内容有溢出，则会显示滚动条，方便用户查看容器中的所有内容，如图 6-94 所示。

```
#box {
    width: 830px;
    height: 352px;
    background-image: url(../images/6602.png);
    background-repeat: no-repeat;
    margin: 100px auto 0px auto;
    padding: 20px;
    text-align: center;
    overflow: auto;
}
```

图 6-93 修改 overflow 属性设置代码

图 6-94 显示滚动条便于查看溢出的内容

课后习题

完成本章内容的学习后，接下来通过几道课后习题，测验读者对 Div+CSS 网页布局的学习效果，同时加深读者对所学知识的理解。

一、选择题

1. 以下哪个 CSS 样式属性不属于控制盒模型的属性？（　　）
A. margin   B. border   C. padding   D. content
2. 设置网页元素的 position 属性值为（　　），可以将该元素设置为相对定位。
A. absolute   B. relative   C. static   D. fixed
3. 在对网页元素进行浮动定位时，如果希望网页元素向左浮动，可以设置 float 属性值为（　　）。
A. right   B. left   C. bottom   D. top

二、填空题

1. 与其他 HTML 标签一样，只需在代码中应用 ＿＿＿ 标签形式，将内容放置其中，便可以应用 Div 标签。
2. 基础盒模型是由 ＿＿＿、＿＿＿、＿＿＿ 和 ＿＿＿ 几个部分组成的。此外，在盒模型中，还具备高度和宽度两个辅助属性。
3. 在网页中如果希望元素水平居中显示，则可以通过 margin 属性设置左边距和右边距均为 ＿＿＿，则该元素在网页中会自动水平居中显示。

三、简答题

简单描述块元素与行内元素的区别，并能够在网页制作过程中灵活运用。

Chapter

07

第07章

插入文本元素

文本是网页中最基本的元素之一，也是最直观的向浏览者传递信息的方式。通过 Dreamweaver，可以轻松地在网页中添加文本内容，并且还可以插入一些特殊的文本元素。本章将向读者介绍在网页中插入头信息和文本内容，以及特殊文本元素和列表的方法，使读者掌握制作文本网页的方法和技巧。

DREAMWEAVER

学习目标

- 了解网页头信息的作用
- 了解在网页中输入文本的方法
- 理解并掌握在网页中插入段落和换行符的方法
- 理解网页中特殊字符的表现方式
- 理解项目列表和编号列表
- 了解列表属性的设置

技能目标

- 掌握在网页中设计头信息的方法
- 掌握文本网页的制作
- 掌握在网页中插入水平线的方法
- 掌握在网页中插入系统日期和特殊字符的方法
- 掌握在网页中插入项目列表和编号列表的方法
- 掌握实现滚动文本的方法

7.1 设置网页头信息

一个完整的 HTML 网页文件包含两部分，即 head 部分和 body 部分。其中，head 部分包含许多不可见的信息（头信息），例如，语言编码、版权声明、关键字、作者信息和网页描述等；body 部分则包含网页中可见的内容，例如，文本、图像、Div 和表单等。

头信息的设置属于页面总体设置的范畴，虽然不能直接在网页上看到大多数头信息的效果，但是从功能上看，这些都是必不可少的。

7.1.1 设置网页标题

网页标题可以是中文、英文或符号，显示在浏览器的标题栏，如图 7-1 所示。当将网页加入收藏夹时，网页标题作为网页的名称出现在收藏夹中。

切换到代码视图，可以在网页 HTML 代码的 <head> 与 </head> 标签之间，利用 <title> 和 </title> 标签设置网页标题，在这里可以直接修改网页的标题，如图 7-2 所示。

图 7-1 网页标题

图 7-2 利用 <title> 和 </title> 标签设置网页标题

 提示

在 Dreamweaver 中新建页面，页面的默认标题为"无标题文档"。用户除了可以使用以上方法修改页面标题，还可以直接在"新建文档"对话框中设置新建 HTML 页面的标题。

7.1.2 设置网页关键字

关键字的作用是协助搜索引擎寻找网页，网站的来访者大多是由搜索引擎引导来的。

如果需要设置网页的关键字，可以单击"插入"面板中的 Keywords 按钮，如图 7-3 所示。弹出 Keywords 对话框，如图 7-4 所示，在该对话框中输入网页的关键字，单击"确定"按钮，即可完成网页关键字的设置。

图 7-3 单击 Keywords 按钮

图 7-4 Keywords 对话框

提示

设置的关键字一定是与该网站内容相关的内容，并且有些搜索引擎限制索引的关键字或字符数，当关键字超过限制的数目时，搜索引擎将忽略所有的关键字，所以最好只使用几个精选的关键字。

7.1.3 设置网页说明

许多搜索引擎装置会读取描述网页的说明内容，有些搜索引擎会使用该信息在它们的数据库中作为网页的索引，而有些搜索引擎还在搜索结果页面中显示网页说明信息。

如果需要设置网页说明，可以单击"插入"面板中的"说明"按钮，如图7-5所示，弹出"说明"对话框，如图7-6所示。在"说明"对话框中输入网页的说明，单击"确定"按钮，即可完成网页说明的设置。

图7-5 单击"说明"按钮

图7-6 "说明"对话框

7.1.4 插入视口

视口功能主要用于浏览者在使用移动设备查看网页时控制网页布局的大小。每一款手机都有不同的屏幕大小和不同的分辨率，通过设置视口，可以使制作出来的网页大小适合各种手机屏幕大小。

在网页中插入视口的方法很简单，单击"插入"面板中的"视口"按钮，如图7-7所示，即可在网页中插入视口。切换到网页的代码视图，在 <head> 与 </head> 标签中可以看到所设置的视口代码，如图7-8所示。

width 属性用于设置视口的大小，例如，width=device-width 表示视口的宽度默认等于屏幕的宽度；initial-scale 属性用于设置网页初始缩放比例，也就是当浏览器第一次载入网页时的缩放比例，例如，initial-scale=1 表示网页初始大小占屏幕面积的100%。

图7-7 单击"视口"按钮

图7-8 视口代码

7.1.5 设置网页META信息

META 信息用来记录当前网页的相关信息，如编码、作者和版权信息等，也可以用来给服务器提供信息，比如网页终止时间和刷新的间隔时间等。下面介绍设置 META 的步骤。

单击"插入"面板中的 META 按钮，如图7-9所示，弹出 META 对话框，如图7-10所示。在 META 对话框中输入相应的信息，单击"确定"按钮，即可在网页的头部添加相应的数据。

META 对话框中的"属性"下拉列表中包含"名称"和 HTTP-equivalent 两个选项，分别对应 NAME 变量和 HTTP-EQUIV 变量；在"值"文本框中可以输入 NAME 变量或 HTTP-EQUIV 变量的值；在"内容"文本框中可以输入 NAME 变量或 HTTP-EQUIV 变量的内容。

图7-9 单击 META 按钮

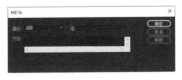

图7-10 META 对话框

1．设置网页编码格式

在 META 对话框中的"属性"下拉列表中，选择 HTTP-equivalent 选项，在"值"文本框中输入 Content-Type，在"内容"文本框中输入 charset=UTF-8，则设置文字编码为国际通用编码，如图 7-11 所示。

2．设置网页到期时间

在 META 对话框中的"属性"下拉列表中，选择 HTTP-equivalent 选项，在"值"文本框中输入 expires，在"内容"文本框中输入 Wed，20 Jun 2021 09：00：00 GMT，即设置了网页到期时间，如图 7-11 所示。

图 7-11 设置网页编码格式

图 7-12 设置网页到期时间

3．禁止浏览器从本地计算机缓存调阅页面内容

当用户通过浏览器访问某个页面时，计算机会将它保存在缓存中，下次再访问该页面时就可以从缓存中读取，以缩短访问该网页的时间。当用户希望每次访问时都刷新网页广告的图标或网页的计数器时，就需要禁用缓存。在 META 对话框中的"属性"下拉列表中，选择 HTTP-equivalent 选项，在"值"文本框中输入 Pragma，在"内容"文本框中输入 no-cache，如图 7-13 所示，则禁止该页面被保存在访问者的缓存中。

4．设置 cookie 过期时间

在 META 对话框中的"属性"下拉列表中，选择 HTTP-equivalent 选项，在"值"文本框中输入 set-cookie，在"内容"文本框中输入 Wed,20 Jun 2021 09：00：00 GMT，如图 7-14 所示，则 cookie 将在格林尼治时间 2021 年 6 月 20 日 9 点过期，并被自动删除。

图 7-13 禁止从缓存中读取页面

图 7-14 设置 cookie 过期时间

> cookie 是小的数据包，里面包含用户上网的习惯信息。cookie 主要被广告代理商用来进行人数统计，查看某个站点吸引了哪类消费者。一些网站还使用 cookie 来保存用户最近的账号信息。这样，当用户进入某个站点时，若该用户在该站点有账号，站点就会立刻知道此用户是谁，并自动载入这个用户的个人信息。

5．强制页面在当前窗口中以独立的状态显示

在 META 对话框中的"属性"下拉列表中，选择 HTTP-equivalent 选项，在"值"文本框中输入 window-target，在"内容"文本框中输入 _top，如图 7-15 所示，则可以防止这个网页被显示在其他网页的框架结构里。

图 7-15 强制以独立页面显示

6．设置网页编辑器信息

在META对话框中的"属性"下拉列表中，选择"名称"选项，在"值"文本框中输入Generator，在"内容"文本框中输入所用的网页编辑器，如图7-16所示，即可设置网页编辑器信息。

图7-16 设置网页编辑器信息

7．设置网页作者信息

在META对话框中的"属性"下拉列表中，选择"名称"选项，在"值"文本框中输入Author，在"内容"文本框中输入"李某某"，如图7-17所示，则说明这个网页的作者是李某某。

8．设置网页版权声明

在META对话框中的"属性"下拉列表中，选择"名称"选项，在"值"文本框中输入Copyright，在"内容"文本框中输入版权声明，如图7-18所示，即可设置网页的版权声明。

图7-17 设置网页作者信息

图7-18 设置网页的版权声明信息

课堂案例 设置网页头信息

素材文件	源文件 \ 第 07 章 \7-1-6.html
案例文件	最终文件 \ 第 07 章 \7-1-6.html
视频教学	视频 \ 第 07 章 \7-1-6.mp4
案例要点	理解并掌握网页头信息的设置方法

扫码观看视频

Step 01 执行"文件 > 打开"命令，打开"源文件 \ 第 07 章 \7-1-6.html"，可以看到页面的 HTML 代码，如图 7-19 所示。切换到设计视图，页面效果如图 7-20 所示。

图 7-19 页面的 HTML 代码

图 7-20 页面的设计视图

Step 02 单击"插入"面板中的 Keywords 按钮，弹出 Keywords 对话框，为网页设置关键字。多个关键字之间使用英文逗号分隔，如图 7-21 所示。单击"确定"按钮，完成网页关键字的设置。在 HTML 代码的 <head> 部分可以看到设置网页关键字的代码，如图 7-22 所示。

图 7-21 设置网页关键字

图 7-22 设置网页关键字的代码

Step 03 单击"插入"面板中的"说明"按钮，弹出"说明"对话框，为网页设置说明内容，如图 7-23 所示。单击"确

定"按钮，完成页面说明的设置。

在 HTML 代码的 <head></head>
标签内可以看到设置网页说明的
代码，如图 7-24 所示。

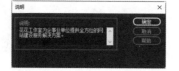

图 7-23 设置网页说明

图 7-24 设置网页说明的代码

Step 04 接着设置页面的作者信息，单击"插入"面板中的 META 按钮，弹出 META 对话框，具体设置如图 7-25 所示。

然后设置网页编辑器信息，单击
"插入"面板中的 META 按钮，
弹出 META 对话框，具体设置如
图 7-26 所示。

图 7-25 设置网页作者信息

图 7-26 设置网页编辑器信息

Step 05 完成网页头信息的设置后，切换到代码视图，可以看到网
页头部标签 <head></head> 之间的相关代码，如图 7-27 所示。
保存页面，在浏览器中预览页面，效果如图 7-28 所示。

图 7-27 网页头信息代码

图 7-28 预览页面

 提示

在制作网页时，用户可以为网页添加多种页面头信息，最主要的就是页面关键字、页面说明、页面标题、页面版权声明等，
并且可以跟据实际需要添加其他各种页面头信息。

7.2 在网页中输入文本

在网页中，文本可以说是最重要也是最基本的组成部分，Dreamweaver 与普通文本处理程
序一样，可以对网页中的文本进行格式化处理。

7.2.1 在网页中输入文本的两种方法

当需要在网页中输入大量的文本内容时，可以通过两种方式来完成。

第一种是在网页编辑窗口中直接用键盘输入，这可以算是最基本的输入方式了，和一些文本编辑软件的使用方法相同，例如 Word。

第二种是使用复制、粘贴的方法。有些用户可能不喜欢在 Dreamweaver 中直接输入，而是更习惯在专门的文本编辑软件中快速复制，将大段的文本内容复制到网页的编辑窗口。

下面通过一个小案例，介绍如何通过复制的方式向网页中添加文本内容。

课堂案例 制作内容介绍网页

素材文件	源文件 \ 第 07 章 \7-2-2.html
案例文件	最终文件 \ 第 07 章 \7-2-2.html
视频教学	视频 \ 第 07 章 \7-2-2.mp4
案例要点	掌握在网页中输入文本内容的方法和技巧

扫码观看视频

Step 01 执行"文件 > 打开"命令，打开"源文件 \ 第 07 章 \7-2-2.html"，效果如图 7-29 所示。打开准备好的文本文件，打开"源文件 \ 第 07 章 \ 文本 .txt"，将文本全部选中，如图 7-30 所示。

图 7-29 打开页面

图 7-30 选中文本

Step 02 执行"编辑 > 复制"命令，切换到 Dreamweaver 中，在页面中需要输入文本内容的位置单击，执行"编辑 > 粘贴"命令，即可将大段的文本快速粘贴到网页中，效果如图 7-31 所示。保存页面，在浏览器中预览页面，效果如图 7-32 所示。

图 7-31 将复制的文本粘贴到网页中

图 7-32 在浏览器中预览页面

7.2.2 插入段落

　　段落是一种最常见的文本形式,通过段落可以更好地织组大段的文本。在网页中对大段的文本内容进行排版时,经常需要对文本进行分段操作。在Dreamweaver中对文本进行分段操作有两种方法,一种是单击"插入"面板中的"段落"按钮,如图7-33所示,即可在光标所在位置插入段落标签,如图7-34所示。

图 7-33 单击"段落"按钮

图 7-34 在光标所在位置插入段落标签

　　段落标签为 <p></p>,在段落标签之间可以输入段落文本内容,如图7-35所示。两个段落之间会留出一条空白行,效果如图7-36所示。

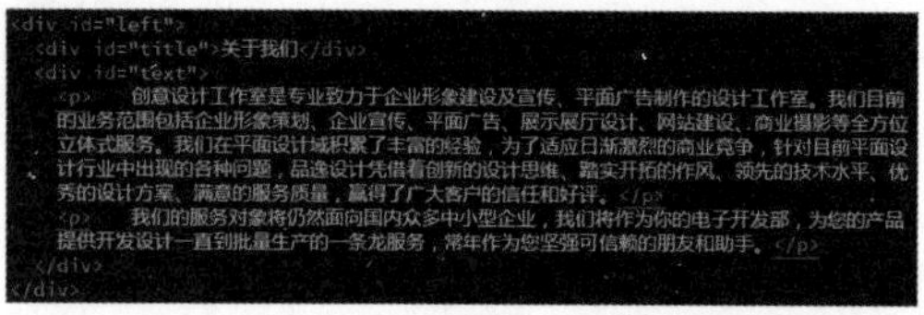

图 7-35 在段落标签之间输入文本

图 7-36 段落之间默认会有空行

　　另一种创建段落文本的方法是在网页中输入文本后,在需要分段的位置,按键盘上的 Enter 键,即可自动将文本分段,在 HTML 代码中会自动为文本添加段落标签。

7.2.3 插入换行符

　　文本分行是指强行将文本内容转到下一行显示,但文本内容仍然在一个段落中。在Dreamweaver中,对文本进行分行有两种方法。第一种方法是将光标置于页面中需要进行文本分行的位置,单击"插入"面板中的"字符"按钮,在弹出的列表中选择"换行符"选项,如图7-37所示,即可将光标以后的文本内容强制切换到下一行,如图7-38所示。

图 7-37 单击"换行符"按钮

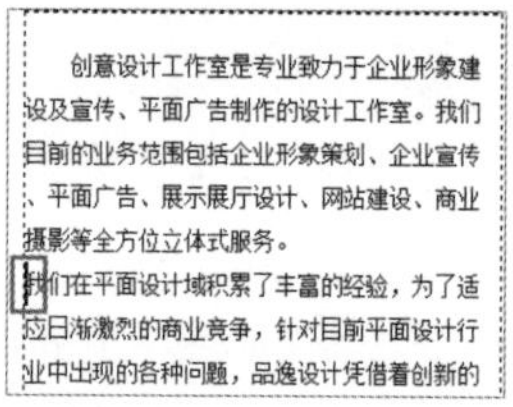

图 7-38 强制切换到下一行

　　换行符在 HTML 代码中显示为
 标签,如图7-39所示。虽然文本被切换到下一行,但被分行的文本仍然与之前的文本在同一段落中,中间也不会留出空白行,效果如图7-40所示。

　　第二种在 Dreamweaver 中换行的方法是,在输入文本的过程中按快捷键 Shift+Enter,即可在光标所在位置插入换行符并切换到下一行。

图 7-39 文本换行标签

图 7-40 文本换行效果

 提示

这两种方法看似很简单，不容易被重视，但实际情况恰恰相反，很多文本样式是应用在段落上的，如果之前没有把段落与行划分好，再修改起来便会很麻烦。如果希望为两段文本应用不同的样式，则用段落标签新分一个段落。如果希望两段文本有相同的样式，则直接使用换行符新分一行即可，它将仍在原段落中，保持原段落样式。

7.3 插入特殊的文本对象

在网页中除了可以输入普通的文本，还可以插入一些比较特殊的文本元素，例如，水平线、特殊字符等。本节将介绍如何在网页中插入特殊的文本对象。

7.3.1 插入水平线

在网页中，可以使用一条或多条水平线分隔文本或其他元素。

如果需要在网页中插入水平线，只需单击"插入"面板中的"水平线"按钮，如图 7-41 所示，即可在光标所在位置插入水平线。切换到网页的 HTML 代码视图，在光标所在位置会显示水平线标签 <hr>，如图 7-42 所示。

图 7-41 单击"水平线"按钮　　　　图 7-42 显示水平线标签

在网页中输入一个 <hr> 标签，即添加了一条默认样式的水平线，并且在页面中占据一行。在水平线标签 <hr> 中可以添加宽度、粗细、颜色、对齐方式等属性设置代码。

<hr> 标签的基本语法格式如下：

```
<hr width="宽度" size="粗细" align="对齐方式" color="颜色" noshade>
```

课堂案例 在网页中插入水平线

素材文件	源文件 \ 第 07 章\7-3-2.html
案例文件	最终文件 \ 第 07 章\7-3-2.html
视频教学	视频 \ 第 07 章\7-3-2.mp4
案例要点	掌握在网页中插入并设置水平线的方法

Step 01 执行"文件 > 打开"命令，打开"源文件 \ 第 07 章 \7-3-2.html"，可以看到页面的 HTML 代码，如图 7-43 所示。切换到设计视图，页面的效果如图 7-44 所示。

图 7-43 页面的 HTML 代码

图 7-44 页面的设计视图

Step 02 将光标移至需要插入水平线的位置，单击"插入"面板中的"水平线"按钮，如图 7-45 所示。即可在页面中光标所在位置插入水平线，默认效果如图 7-46 所示。

图 7-45 单击"水平线"按钮

图 7-46 水平线默认效果

Step 03 切换到网页的代码视图，在水平线标签 <hr> 中添加相应的属性设置代码，如图 7-47 所示。保存页面，在浏览器中预览页面，可以看到网页中水平线的效果，如图 7-48 所示。

```
<div id="text">
    <p class="font01">我们创新</p>
    <hr width="80%" size="2" color="#FFFFFF" noshade>
    <p>我们专注于创新，我们拥有完善的技术和国际化的经验，使我们在建筑行业中引领潮流。</p>
    <p>追求卓越质量，创建世界品牌！</p>
</div>
```

图 7-47 添加属性设置代码

图 7-48 设置水平线样式的效果

💡 提示

默认的水平线是空心立体的效果,可以在水平线标签 <hr> 中添加 noshade 属性。noshade 是布尔值属性,如果在 <hr> 标签中添加该属性,则浏览器不会显示立体形状的水平线;反之,如果不添加该属性,则浏览器默认显示一条立体形状带有阴影的水平线。

7.3.2 插入时间

在对网页进行更新后,一般都会加上更新日期。在 Dreamweaver 中,只需单击"日期"按钮,选择日期格式,即可在网页中加入当前日期和时间,而且通过设置,可以使每次保存网页时都能自动更新日期。

将光标移至需要插入日期的位置,单击"插入"面板中的"日期"按钮,如图 7-49 所示,弹出"插入日期"对话框,如图 7-50 所示。在"插入"对话框中进行设置,单击"确定"按钮,即可在光标所在位置插入日期。

图 7-49 单击"日期"按钮

图 7-50 "插入日期"对话框

7.3.3 插入空格和特殊字符

一般情况下,在网页中输入文字时,如果在段落开始增加了空格,在使用浏览器进行浏览时往往看不到这些空格。这主要是因为在使用 HTML 代码的网页中,浏览器本身会将两个句子之间的所有半角空格当作一个来看待。如果需要保留空格效果,一般需要使用全角空格符号,或者通过空格代码来代替。在 HTML 代码中,直接按键盘上的空格键输入的空格是无法显示在页面上的。

如果需要在网页中插入空格,可以将光标移至需要插入空格的位置。单击"插入"面板中的"不换行空格"按钮,如图 7-51 所示,即可在光标所在位置插入一个不换行空格。在代码视图中,该不换行空格的 HTML 代码为" ",如图 7-52 所示。

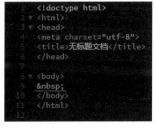

图 7-51 单击"不换行空格"按钮

图 7-52 不换行空格的 HTML 代码

在网页中可以输入多个空格,输入一个空格使用" "表示,如果想要输入多个空格,那么要输入多少个空格就要添加多少个" "。

特殊字符在 HTML 代码中是以名称或数字的形式表示的,它们被称为实体,其中包含注册商标、版权符号和商标符号等字符的实体名称。

将光标移至需要插入特殊字符的位置,在"插入"面板中单击"字符"按钮旁边的三角符号,在弹出下拉列表中可以选择需要插入的特殊字符,如图 7-53 所示。选择"其他字符"选项,在弹出的"插入其他字符"对话框中可以选择更多特殊字符,如图 7-54 所示。单击需要的字符,或者直接在"插入"文本框中输入特殊字符的编码,单击"确定"按钮,即可插入相应的特殊字符。

图 7-53 "字符"下拉列表　　　　图 7-54 "插入其他字符"对话框

常用特殊字符及其对应的 HTML 代码如表 7-1 所示。

表 7-1　HTML 中的特殊字符

特殊字符	HTML代码	特殊字符	HTML代码
"	&quote;	&	&amp;
<	&lt;	>	&gt;
×	&times;	§	&sect;
©	&copy;	®	&reg;
™	&trade;		

课堂案例　在网页中插入系统时间和特殊字符

素材文件	源文件 \ 第 07 章 \7-3-5.html	
案例文件	最终文件 \ 第 07 章 \7-3-5.html	扫码观看视频
视频教学	视频 \ 第 07 章 \7-3-5.mp4	
案例要点	掌握在网页中插入系统时间和特殊字符的方法	

Step 01 打开"源文件 \ 第
07 章 \7-3-5.html",可
以看到页面的 HTML 代
码,如图 7-55 所示。切
换到设计视图,将光标移
至需要插入空格的位置,
如图 7-56 所示。

图 7-55 页面的 HTML 代码

图 7-56 定位插入空格的位置

Step 02 单击"插入"面板中的"不换行空格"按钮,即可在光标所在位置插入一个空格。切换到代码视图,可以
看到在光标位置插入的空格代码,如图 7-57 所示。在此处添加多个空格代码,如图 7-58 所示。

图 7-57 插入空格代码

图 7-58 添加多个空格代码

Step 03 返回设计视图，可以看到插入多个空格的效果，如图 7-59 所示。将光标移至需要插入特殊字符的位置，单击"插入"面板中的"字符"按钮，在弹出的下拉列表中选择"版权"选项，如图 7-60 所示。

Step 04 在光标所在位置插入版权字符，效果如图 7-61 所示。将光标移至"大玩家游戏在线"文字之后，插入换行符。再单击"插入"面板中的"日期"按钮，弹出"插入日期"对话框，具体设置如图 7-62 所示。

图 7-59 插入多个空格的效果　　图 7-60 选择"版权"选项　　图 7-61 插入版权字符

图 7-62 "插入日期"对话框

Step 05 单击"确定"按钮，即可在光标所在位置插入当前日期和时间，如图 7-63 所示。保存页面，在浏览器中预览页面，在网页中插入空格与特殊字符的效果如图 7-64 所示。

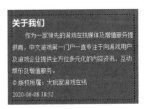

图 7-63 插入当前日期和时间

图 7-64 预览插入空格与特殊字符的页面

💡 **提示**

除了通过添加   代码插入空格，还可以将中文输入法切换到全角输入状态，直接按键盘上的空格键，同样可以在文字中插入空格。但并不推荐使用这种方法，最好使用   代码来添加空格。

7.4 插入列表

列表是网页中常见的一种形式，特别是文字列表在网页中非常常见。通过 CSS 样式对列表进行设置，能够使网页显得清晰、大方。本节将向读者介绍项目列表和编号列表的创建及设置方法。

7.4.1 插入ul项目列表

顾名思义，项目列表指的是列表项没有先后顺序的列表。许多网页中的列表都采用项目列表的形式，标签为 <ul></ul>。

单击"插入"面板中的"项目列表"按钮，如图 7-65 所示，即可在光标所在位置插入项目列表，并显示默认的项目列表符号，此时可以直接输入列表项，如图 7-66 所示。

完成列表项的输入后，按 Enter 键即可插入第二个列表项，如图 7-67 所示。切换到网页的代码视图，可以看到项目列表的 HTML 代码，如图 7-68 所示。

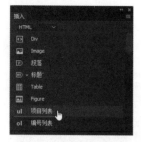

图 7-65 单击“项目列表”按钮

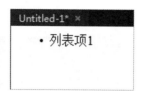

图 7-66 插入列表项

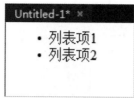

图 7-67 插入第二个列表项

```
<body>
<ul>
  <li>列表项1</li>
  <li>列表项2</li>
</ul>
</body>
```

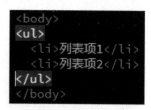

图 7-68 项目列表的 HTML 代码

在 HTML 代码中，使用成对的 <ul></ul> 标签可以插入项目列表，但 <ul> 和 </ul> 之间必须使用成对的 <li></li> 标签添加列表项。

课堂案例 制作新闻列表

素材文件	源文件 \ 第 07 章 \7-4-2.html	扫码观看视频
案例文件	最终文件 \ 第 07 章 \7-4-2.html	
视频教学	视频 \ 第 07 章 \7-4-2.mp4	
案例要点	掌握在网页中插入并设置项目列表的方法	

Step 01 执行“文件 > 打开”命令，打开“源文件 \ 第 07 章 \7-4-2.html”，效果如图 7-69 所示。将光标移至页面中名称为 news 的 Div 中，将多余的文字删除，单击“插入”面板中的“项目列表”按钮，如图 7-70 所示。

Step 02 在名称为 news 的 Div 中插入一个项目列表，并输入列表项，如图 7-71 所示。切换到代码视图，可以看到项目列表的相关代码，如图 7-72 所示。

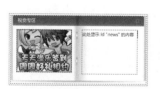

图 7-69 页面效果

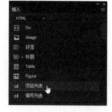

图 7-70 单击“项目列表”按钮

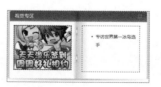

图 7-71 输入列表项

```
<div id="news">
  <ul>
    <li>专访世界第一冰鸟选手</li>
  </ul>
</div>
```

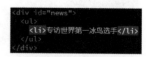

图 7-72 项目列表的代码

Step 03 添加其他列表项，如图 7-73 所示。切换到该网页所链接的外部 CSS 样式表文件中，创建名称分别为 #news ul 和 #news li 的 CSS 样式，如图 7-74 所示。

```
<div id="news">
  <ul>
    <li>专访世界第一冰鸟选手</li>
    <li>英雄联盟高手攻略</li>
    <li>英雄联盟超有爱小短剧</li>
    <li>新英雄诺克萨斯技能比拼</li>
    <li>英雄联盟赛事技巧</li>
  </ul>
</div>
```

图 7-73 输入其他列表项

```
#news ul {
    margin: 0px;
    padding: 0px;
}
#news li {
    list-style-type: none;
    list-style-position: inside;
    list-style-image:  url(../images/74201.png);
    border-bottom: 1px dashed #999999;
}
```

图 7-74 创建 CSS 样式

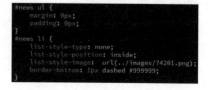

Step 04 返回页面的设计视图，可以看到新闻列表的效果，如图7-75所示。保存页面，并且保存外部CSS样式表文件，在浏览器中预览页面，效果如图7-76所示。

图 7-75 新闻列表的设计视图效果

图 7-76 预览页面

7.4.2 插入ol编号列表

编号列表是指列表项有先后顺序的列表，从上到下可以有各种不同的序列编号，如1、2、3或a、b、c等。

单击"插入"面板中的"编号列表"按钮，如图7-77所示，即可在光标所在位置插入编号列表，并且可以直接输入相应的列表项，如图7-78所示。

图 7-77 单击"项目列表"按钮　　　图 7-78 插入编号列表

完成列表项的输入后，按Enter键即可插入第二个编号列表项，如图7-79所示。切换到网页的代码视图，可以看到编号列表的HTML代码，如图7-80所示。

在HTML代码中，使用成对的 <ol></ol> 标签可以插入有序列表，但 <ol> 与 </ol> 之间必须使用成对的 <li></li> 标签添加列表项。

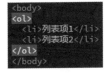

图 7-79 插入第二个　　　图 7-80 编号列表的
编号列表项　　　　　　　HTML 代码

课堂案例 **制作排行列表**

素材文件	源文件 \ 第 07 章 \7-4-4.html
案例文件	最终文件 \ 第 07 章 \7-4-4.html
视频教学	视频 \ 第 07 章 \7-4-4.mp4
案例要点	掌握在网页中插入并设置编号列表的方法

扫码观看视频

Step 01 执行"文件 > 打开"命令，打开"源文件 \ 第 07 章 \7-4-4.html"，效果如图7-81所示。将光标移至页面中名称为 news 的 Div 中，将多余的文字删除，单击"插入"面板中的"编号列表"按钮，如图7-82所示。

Step 02 在名称为 box 的 Div 中插入一个编号列表，输入列表项，如图 7-83 所示。切换到代码视图，可以看到编号列表的 HTML 代码，如图 7-84 所示。

图 7-81 页面效果

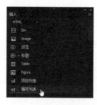

图 7-82 单击"编号列表"按钮

图 7-83 插入编号列表并输入内容

图 7-84 编号列表的 HTML 代码

Step 03 添加其他列表项，如图 7-85 所示。切换到该网页所链接的外部 CSS 样式表文件中，创建名 #box li 的 CSS 样式，如图 7-86 所示。

图 7-85 添加其他列表项

图 7-86 创建 CSS 样式

Step 04 返回页面的设计视图，可以看到编号列表的效果，如图 7-87 所示。保存页面，并且保存外部 CSS 样式表文件，在浏览器中预览页面，效果如图 7-88 所示。

图 7-87 编号列表效果

图 7-88 预览编号列表的效果

7.4.3 设置列表属性

在设计视图中选中已有列表的其中一项，执行"编辑 > 列表 > 属性"命令，弹出"列表属性"对话框，如图 7-89 所示，在该对话框中可以对列表进行更深入的设置。

在"列表类型"下拉列表中提供了"项目列表""编号列表""目录列表""菜单列表"4 个选项，用户可以通过在此选择相应的选项改变选中列表的列表类型。如果在"列表类型"下拉列表中选择"项目列表"选项，则列表类型被转换成无序列表。此时，"列表属性"对话框中除了"列表类型"下拉列表，只有"样式"下拉列表和"新建样式"下拉列表可用，如图 7-90 所示。

在"样式"下拉列表中可以选择列表的样式。如果在"列表类型"下拉列表中选择"项目列表"选项，则"样式"下拉列表中共有 3 个选项，分别为"默认""项目符号""正方形"。

如果在"列表类型"下拉列表中选择"编号列表"选项，则"样式"下拉列表中有 6 个选项，分别为"默认""数字""小写罗马字母""大写罗马字母""小写字母""大写字母"，如图 7-91 所示。这是用来设置编号列表里每行开头的编号符号的。如图 7-92 所示是以大写罗马字母作为编号的有序列表。

图 7-89 "列表属性"对话框

图 7-90 设置"列表类型"为"项目列表"

图 7-91 "样式"下拉列表

图 7-92 以大写罗马字母作为编号

如果在"列表类型"下拉列表中选择"编号列表"选项，可以在"开始计数"文本框中输入一个数字，指定编号列表从几开始。如图 7-93 所示为设置"开始计数"后编号列表的效果。

图 7-93 设置"开始计数"后的编号列表效果

 提示

在 Dreamweaver 的设计视图中，虽然可以通过"列表属性"对话框来设置项目列表和编号列表的列表符号，但是只能设置默认的列表符号效果。推荐大家使用 CSS 样式对列表的属性进行设置，利用 CSS 样式能够实现更加丰富的列表表现效果。

课堂练习 在网页中实现滚动文本效果

素材文件	源文件 \ 第 07 章 \7-5.html
案例文件	最终文件 \ 第 07 章 \7-5.html
视频教学	视频 \ 第 07 章 \7-5.mp4
案例要点	理解并掌握滚动文本标签和属性的设置方法

扫码观看视频

1. 练习思路

滚动字幕可以使网页变得更具流动性，对浏览者的视线具有一定的引导作用，使网页更加生动、形象。

文本滚动效果是通过 <marquee> 标签实现的，默认从右到左循环滚动。

设置文本滚动的基本语法如下：

```
<marquee align="对齐方式" bgcolor="背景颜色" direction="文本滚动方向" behavior="文本滚动方式"
width="宽度" height="高度" scrollamount="滚动速度" scrolldelay="滚动时间间隔">
滚动的内容
</marquee>
```

2. 制作步骤

Step 01 执行"文件 > 打开"命令，打开"源文件 \ 第 07 章 \7-5.html"，效果如图 7-94 所示。将光标移至页面中名称为 text 的 Div 中，输入相应的文本内容，如图 7-95 所示。

图 7-94 页面效果 图 7-95 输入文本内容

Step 02 切换到代码视图，添加滚动文本标签 <marquee>，将需要滚动显示的文本内容放置在 <marquee></marquee> 标签之间，如图 7-96 所示。返回设计视图，切换"视图模式"为"实时视图"，在页面中可以看到文本已经实现了左右滚动的效果，如图 7-97 所示。

图 7-96 添加滚动文本标签 图 7-97 文本左右滚动

Step 03 切换到代码视图，在 <marquee> 标签中添加滚动方向属性设置代码，控制文本的滚动方向，如图 7-98 所示。切换到"实时视图"，在页面中可以看到文本已经实现了上下滚动的效果，如图 7-99 所示。

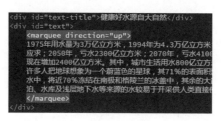

图 7-98 添加滚动方向属性设置代码 图 7-99 实现文字上下滚动

Step 04 在预览时可以发现文本滚动已经超出了边框的范围，并且文本滚动的速度也比较快。切换到代码视图，继续在 <marquee> 标签中添加属性设置代码，如图 7-100 所示。切换到"实时视图"，在页面中可以看到文本滚动的效果，如图 7-101 所示。

图 7-100 添加属性设置代码 1 图 7-101 在设计视图预览文本滚动效果

Step 05 为了使浏览者能够清楚地看到滚动的文本，还需要实现当将鼠标指针指向滚动字幕后，字幕滚动停止，当将鼠标指针移出字幕后，字幕继续滚动的效果。切换到代码视图，在 <marquee> 标签中添加属性设置代码，如图 7-102 所示。保存页面，在浏览器中预览页面，可以看到实现的文本滚动效果，如图 7-103 所示。

图 7-102 添加属性设置代码 2 图 7-103 在浏览器中预览文本滚动效果

> **提示**
>
> 在滚动文本的标签属性中，direction 属性用于设置滚动的方向，direction="up" 表示向上滚动，属性值为 down 表示向下滚动，属性值为 left 表示向左滚动，属性值为 right 表示向右滚动；scrollamount 属性用于设置滚动的速度，数值越小，滚动得越慢；scrolldelay 属性用于设置滚动速度延时，数值越大，速度越慢；height 属性用于设置滚动文本区域的高度；width 用于设置滚动文本区域的宽度；onMouseOver 属性用于设置当将鼠标指针移动到文本区域上时执行的操作；onMouseOut 属性用于设置当将鼠标指针移开文本区域上时执行的操作。

课堂练习 在网页中实现图文混排

素材文件	源文件 \ 第 07 章 \7-6.html	扫码观看视频
案例文件	最终文件 \ 第 07 章 \7-6.html	
视频教学	视频 \ 第 07 章 \7-6.mp4	
案例要点	掌握在网页中实现图文混排的方法	

1. 练习思路

文本环绕效果是指网页中的文本环绕图片的效果。在 CSS 样式中，可以使用 float 属性实现文本绕图的效果。

2. 制作步骤

Step 01 执行“文件 > 打开”命令，打开“源文件 \ 第 07 章 \7-6.html”，效果如图 7-104 所示。将光标定位到需要插入图像的位置，单击“插入”面板中的 Image 按钮，在光标所在位置插入相应的图像，如图 7-105 所示。

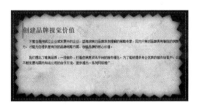

图 7-104 打开页面

图 7-105 插入图像

Step 02 切换到该网页所链接的外部 CSS 样式表文件中，创建名称为 .pic01 的类 CSS 样式，如图 7-106 所示。返回网页的代码视图，在刚插入的图像标签 <img> 中添加 class 属性，应用名称为 .pic01 的类 CSS 样式，如图 7-107 所示。

```
.pic01 {
    float: left;
    margin-right: 20px;
}
```

图 7-106 创建类 CSS 样式

```
<div id="box">
    <img src="images/7604.jpg" width="195" height="248" class="pic01" alt=""/>
    <span class="font01">创建品牌视觉价值</span><br>
     不管您是刚成立企业或发展中的企业，蓝逸拥有对品牌深刻理解的策略专家，因为只有对品牌具有敏锐的洞察力，才能为您提供更有效的品牌战略方案，创造品牌的核心价值。<br>
  <br>
  我们提出了唯美品质、一流服务、打造您满意资讯平台的服务理念。为了能够提供专业优质的服务给客户，公司不断发展与国内知名公司的合作交流，逐步推出一系列网络推广.....
</div>
```

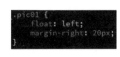

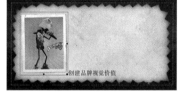

图 7-107 应用类 CSS 样式

Step 03 返回设计视图，可以看到通过 CSS 样式实现的图文混排效果，如图 7-108 所示。保存页面并保存外部 CSS 样式表文件，在浏览器中预览页面，效果如图 7-109 所示。

图 7-108 图文混排效果

图 7-109 在浏览器中预览页面

课后习题

完成本章内容的学习后，接下来通过几道课后习题，测验读者对"插入文本元素"的学习效果，同时加深读者对所学知识的理解。

一、选择题

1. 以下哪一项是换行符标签？（   ）。
A. <font>   B. <p>   C.
        D. <b>
2. 单击"插入"面板中的"不换行空格"按钮，可以在网页中插入一个空格，空格的 HTML 代码是（   ）。
A.   B.
        C. &   D. ©
3. 项目列表的标签是（   ）。
A. <li>   B. <ul>   C. <ol>   D. <dl>

二、填空题

1. 在网页中输入文本内容，在需要分段的位置，按键盘上的 _____ 键，即可自动将文本分段，在 HTML 代码中会自动为文本添加段落标签 _____。
2. _____ 是指列表项有先后顺序的列表，在 HTML 代码中使用成对的 _____ 标签表示。
3. 文本滚动效果是通过 _____ 标签实现的，默认从右到左循环滚动，可以在标签中添加属性设置，从而控制滚动的方向、速度等。

三、简答题

简单描述在网页中输入文本的方法。

Chapter

08

第08章

插入图像和多媒体元素

网页构成要素有很多，除了可以在网页中输入文本，还可以在网页中插入图像、Flash 动画、声音、视频等多媒体内容。多种元素的合理运用，可以丰富网页的效果，使得页面更加精彩。本章将向读者介绍如何在网页中插入图像、Flash 动画、声音、视频等多媒体元素。

DREAMWEAVER

学习目标

● 理解图像的插入
● 了解 Canvas 元素
● 理解使用 Canvas 元素实现绘图的流程
● 理解插件的使用
● 理解 HTML 5 Audio 元素和支持的音频格式
● 理解 HTML 5 Video 元素和支持的视频格式

技能目标

● 掌握在网页中插入图像的方法
● 掌握在网页中插入鼠标经过图像的方法
● 掌握使用 Canvas 元素在网页中绘图的方法
● 掌握在网页中插入 Flash SWF 和 Flash Video 文件的方法
● 掌握使用插件在网页中嵌入音频和视频的方法
● 掌握使用 HTML 5 Audio 在网页中插入音频的方法
● 掌握使用 HTML 5 Video 在网页中插入视频的方法

8.1 插入图像元素

互联网中的网页看起来绚丽多彩，是因为有了图像的加入。以前的网页大部分都是纯文本网页，现在人们知道图像在网页设计中的重要性了，因此图像的使用更加频繁。在页面的代码视图中可以通过标签在网页中插入图像，并设置相关属性。

课堂案例 制作图像欢迎网页

素材文件	源文件 \ 第 08 章 \8-1-1.html
案例文件	最终文件 \ 第 08 章 \8-1-1.html
视频教学	视频 \ 第 08 章 \8-1-1.mp4
案例要点	掌握在网页中插入图像的方法

扫码观看视频

Step 01 执行"文件 > 打开"命令，打开"源文件 \ 第 08 章 \8-1-1.html"，效果如图 8-1 所示。将光标移至页面中名称为 box 的 Div 中，将多余的文本删除，单击"插入"面板中的 Image 按钮，如图 8-2 所示。

图 8-1 打开页面

图 8-2 单击 Image 按钮

Step 02 弹出"选择图像源文件"对话框，选择图像"素材 \ 第 08 章 \images\81102.jpg"，如图 8-3 所示。单击"确定"按钮，即可在网页中光标所在位置插入图像，效果如图 8-4 所示。

图 8-3 选择需要插入的图像

图 8-4 完成图像的插入

 提示

在网页中插入图像时，如果选择的图像不在本地站点目录下，就会弹出提示对话框，提示用户复制图像文件到本地站点目录下。单击"是"按钮后，弹出"复制文件为"对话框，让用户选择图像文件的存放位置，可选择根目录或根目录下的任何文件夹。

Step 03 切换到代码视图，可以看到插入图像的 HTML 代码，如图 8-5 所示。执行"文件 > 保存"命令，保存页面，在浏览器中预览页面，效果如图 8-6 所示。

图 8-5 插入图像的 HTML 代码

图 8-6 在浏览器中预览页面

8.1.1 设置图像属性

如果要对图像的属性进行设置，首先需要在 Dreamweaver 的设计视图中选择需要设置属性的图像。执行"窗口 > 属性"命令，打开"属性"面板，在该面板中可以对所选图像的属性进行设置，如图 8-7 所示。

图 8-7 在"属性"面板中对图像属性进行设置

 提示

在 Dreamweaver CC 2018 中已经不再推荐使用"属性"面板对网页元素的属性进行设置。因为使用"属性"面板进行设置有很大的局限性，并且不能帮助用户熟悉 HTML 代码的使用，所以推荐使用 CSS 样式对元素的属性进行设置，或者在 HTML 代码中对元素属性进行设置。

在网页中插入图像，可以通过在 HTML 中使用 <img> 标签来实现，从而达到美化网页的效果。

<img> 标签的基本语法如下：

> <img src="图像文件的地址" height="图像的高度" width="图像的宽度" border="图像边框的宽度" alt="提示文字的内容">

利用 <img> 标签可以设置多个属性，常用属性说明如表 8-1 所示。

表 8-1　<img> 标签常用属性说明

属性	说明
src	该属性用来设置图像文件的路径，可以是相对路径，也可以是绝对路径
width	该属性用于设置图像的宽度
height	该属性用于设置图像的高度
border	该属性用于设置图像的边框，border属性的单位是像素，值越大边框越宽
alt	该属性指定了替代文本，用于在图像无法显示或者用户禁用图像显示时，代替图像显示在浏览器中的内容

8.1.2 鼠标经过图像

鼠标经过图像是一种在浏览器中查看并且鼠标指针经过它时发生变化的图像。鼠标经过图像实际上由两个图像组成：主图像（首次载入页面时显示的图像）和次图像（当鼠标指针经过主图像时显示的图像）。这两张图像应该大小相同。如果这两张图像大小不同，那么 Dreamweaver 将自动调整次图像的大小，以匹配主图像的属性。

　　将光标移至页面中需要插入鼠标经过图像的位置，单击"插入"面板中的"鼠标经过图像"按钮，如图 8-8 所示，弹出"插入鼠标经过图像"对话框，如图 8-9 所示。在该对话框中对相关选项进行设置，单击"确定"按钮，即可在光标所在位置插入鼠标经过图像。

　　"原始图像"选项用于设置页面默认显示的图像；"鼠标经过图像"选项用于设置当鼠标指针经过主图像时所显示的图像。选中"预载鼠标经过图像"复选框，则当在浏览器中载入页面时，将同时加载主图像和鼠标经过图像，以便当将鼠标指针移至主图像上时，快速显示鼠标经过图像。

图 8-8　单击"鼠标经过图像"按钮

图 8-9　"插入鼠标经过图像"对话框

课堂案例　**制作网站导航菜单**

素材文件	源文件 \ 第 08 章 \8-1-4.html
案例文件	最终文件 \ 第 08 章 \8-1-4.html
视频教学	视频 \ 第 08 章 \8-1-4.mp4
案例要点	掌握在网页中插入鼠标经过图像的方法

扫码观看视频

Step 01 执行"文件 > 打开"命令，打开"源文件 \ 第 08 章 \8-1-4.html"，效果如图 8-10 所示。将光标移至页面中名称为 menu 的 Div 中，将多余的文本删除，单击"插入"面板中的"鼠标经过图像"按钮，如图 8-11 所示。

图 8-10　打开页面

图 8-11　单击"鼠标经过图像"按钮

Step 02 弹出"插入鼠标经过图像"对话框，具体设置如图 8-12 所示。单击"确定"按钮，即在光标所在位置插入鼠标经过图像，如图 8-13 所示。

图 8-12　"插入鼠标经过图像"对话框

图 8-13　插入鼠标经过图像

Step 03 将光标移至刚插入的鼠标经过图像之后，使用相同的方法，在页面中插入其他的鼠标经过图像，效果如图 8-14 所示。保存页面，在浏览器中预览页面，当将鼠标指针移至设置的鼠标经过图像上时，效果如图 8-15 所示。

图 8-14 插入其他鼠标经过图像

图 8-15 预览鼠标经过图像的效果

8.2 插入Canvas元素

在 HTML 5 中新增了 <canvas> 标签，通过该标签可以在网页中绘制各种几何图形，它是基于 HTML 5 的原生绘图工具。将 <canvas> 标签与 JavaScript 脚本相结合，寥寥数行代码就可以轻松绘制出相应的图形。

8.2.1 了解Canvas元素

Canvas 元素是为在客户端绘制矢量图形设计的。它自己没有行为，但却把一个绘图 API 展现给了客户端 JavaScript，从而将想绘制的东西都绘制到一块画布上。Canvas 的概念最初是由苹果公司提出的，并在 Safari 1.3 浏览器中首次引入。随后，Firefox 1.5 和 Opera 9 两款浏览器都开始支持使用 <canvas> 标签绘图。目前，IE 9 以上版本的 IE 浏览器也已经支持这一功能。Canvas 元素的标准化由一个 Web 浏览器厂商的非正式协会推进。目前，<canvas> 标签已经成为 HTML 5 草案中一个正式的标签。

<canvas> 标签有一个基于 JavaScript 的绘图 API，而 SVG 和 VML 使用一个 XML 文档来描述绘图。Canvas 与 SVG 和 VML 的实现方式不同，但在实现上可以相互模拟。<canvas> 标签有自己的优势，由于不存储文档对象，因此性能较好。但如果需要移除画布中的图形元素，往往需要擦掉绘图重新绘制。

8.2.2 插入Canvas元素

在网页中插入 Canvas 元素，像插入其他网页对象一样简单。将光标置于网页中需要插入画布的位置，单击"插入"面板中的 Canvas 按钮，如图 8-16 所示，即可在网页中光标所在位置插入 Canvas 元素。在设计视图中，Canvas 元素以图标的形式显示，如图 8-17 所示。切换到代码视图，可以看到 Canvas 元素的 HTML 代码，如图 8-18 所示。

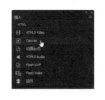

图 8-16 单击 Canvas 按钮

图 8-17 Canvas 元素图标

图 8-18 Canvas 元素的 HTML 代码

很多老版本的浏览器都不支持 <canvas> 标签。为了增强用户体验，可以提供替代文字，放在 <canvas> 标签中，例如：

```
<canvas>你的浏览器不支持该功能！</canvas>
```

当浏览器不支持 <canvas> 标签时，标签里的文字就会显示出来。<canvas> 标签与其他 HTML 标签有一些相同的属性。

```
<canvas id="canvas" width="300" height="200">你的浏览器不支持该功能！</canvas>
```

其中，id 属性决定了 <canvas> 标签的唯一性，方便用户查找。width 和 height 属性分别决定了 Canvas 元素的宽和高，其数值代表 <canvas> 标签内包含多少像素。

<canvas> 标签可以像其他标签一样应用 CSS 样式。HTML 5 中的 <canvas> 标签本身并不能绘制图形，必须与 JavaScript 脚本结合使用，才能在网页中绘制图形。

8.2.3 使用JavaScript实现在画布中绘图的流程

<canvas> 标签本身是没有绘图能力的，所有的绘制工作必须在 JavaScript 内部完成。<canvas> 标签提供了一套绘图 API，使用 <canvas> 标签绘图先要获取页面中的 Canvas 元素，再获取一个绘图上下文，接下来就可以使用绘图 API 中丰富的功能了。

1. 获取 Canvas 元素

在绘图之前，首先需要从页面中获取 Canvas 元素。通常使用 document 对象的 getElementById() 方法获取。例如，以下代码可以获取页面中 id 名称为 canvas1 的 Canvas 元素。

```
var canvas=document.getElementById("canvas1");
```

开发者还可以通过标签名称来获取对象的 getElementByTagName 方法。

2. 创建二维的绘图上下文对象

Canvas 元素包含不同类型的绘图 API，需要使用 getContext() 方法来获取接下来要使用的绘图上下文对象。

```
var context=canvas.getContext("2d");
```

getContext 对象是内建的 HTML 5 对象，拥有多种绘制路径、矩形、圆形、字符及添加图像的方法。参数为 2d，说明接下来绘制的是一个二维图形。

3. 在 Canvas 上绘制图形或文字

例如，绘制文字需要设置文字的字体样式、颜色和对齐方式。

```
//设置字体样式、颜色及对齐方式
context.font="98px 黑体";
context.fillStyle="#036";
context.textAlign="center";
//绘制文字
context.fillText("中",100,120,200);
```

font 属性设置了字体样式；fillStyle 属性设置了字体颜色；textAlign 属性设置了对齐方式；fillText() 方法用填充的方式在 Canvas 上绘制了文字。

课堂案例 在网页中绘制圆形

素材文件	源文件 \ 第 08 章 \8-2-4.html
案例文件	最终文件 \ 第 08 章 \8-2-4.html
视频教学	视频 \ 第 08 章 \8-2-4.mp4
案例要点	掌握在网页中插入 Canvas 元素并设置属性的方法

扫码观看视频

Step 01 执行"文件 > 打开"命令，打开"源文件 \ 第 08 章 \8-2-4.html"，如图 8-19 所示。单击"插入"面板中的 Canvas 按钮，如图 8-20 所示。

图 8-19 打开页面 | 图 8-20 单击 Canvas 按钮

Step 02 在设计视图中插入两个 Canvas 元素，如图 8-21 所示。切换到网页的代码视图，分别对刚插入的两个 Canvas 元素的属性进行设置，如图 8-22 所示。

图 8-21 插入两个 Canvas 元素

图 8-22 在 <canvas> 标签中添加属性设置

Step 03 切换到该网页所链接的外部 CSS 样式表文件中，分别创建名称为 #canvas 和 #canvas2 的 CSS 样式，如图 8-23 所示。返回网页的设计视图，可以看到通过 CSS 样式的设置，使两个 Canvas 元素相互叠加显示，如图 8-24 所示。

图 8-23 创建 CSS 样式

图 8-24 设计视图中 Canvas 元素的显示效果

Step 04 切换到网页的代码视图，在页面中添加绘制圆形的 JavaScript 脚本，如图 8-25 所示。保存页面，在浏览器中预览页面，可以看到绘制的圆形，如图 8-26 所示。

图 8-25 添加绘制圆形的 JavaScript 脚本

图 8-26 在页面中绘制的圆形效果

提示

在 JavaScript 脚本中，getContext 是内置的 HTML 5 对象，拥有多种绘制路径、矩形、圆形、字符及添加图像的方法，fillStyle 方法用于控制绘制图形的填充颜色，strokeStyle 用于控制绘制的图形边的颜色。

Step 05 切换到网页的代码视图，在页面中添加在画布中裁切图像的 JavaScript 脚本，如图 8-27 所示。保存页面，在浏览器中预览页面，可以看到裁切图像的效果，如图 8-28 所示。

提示

在裁切图像之前，首先使用 ArcClip(context) 方法设置一个圆形区域。先设置一个圆形的绘图路径，再调用 clip() 方法，即完成了区域的裁切。

图 8-27 添加裁切图像的 JavaScript 脚本　　　　图 8-28 预览裁切图像的效果

8.3 插入动画元素

　　Flash 是前几年在网页中广泛应用的一种动画形式，Flash 动画既可以增强网页的动态画面感，又能够实现交互功能，但是在网页中播放 Flash 动画需要浏览器插件的支持。随着 HTML 5 的发展，Flash 动画在网页中的应用越来越少，取而代之是利用 HTML 5 制作的合成动画，这种形式的动画并不需要插件的支持，拥有良好的兼容性。

课堂案例 在网页中插入Flash动画

素材文件	源文件 \ 第 08 章 \8-3-1.html
案例文件	最终文件 \ 第 08 章 \8-3-1.html
视频教学	视频 \ 第 08 章 \8-3-1.mp4
案例要点	掌握在网页中插入 Flash 动画的方法

扫码观看视频

Step 01 打开需要插入到网页中的 Flash 动画，可以看到该 Flash 动画的效果，如图 8-29 所示。执行"文件 > 打开"命令，打开"源文件 \ 第 08 章 \8-3-1.html"，效果如图 8-30 所示。

图 8-29 Flash 动画效果

图 8-30 打开页面

Step 02 将光标移至名称为 flash 的 Div 中，将多余的文字删除，单击"插入"面板中的 Flash SWF 按钮，如图 8-31 所示。弹出"选择 SWF"对话框，选择"源文件 \ 第 08 章 \images\home.swf"，如图 8-32 所示。

图 8-31 单击 Flash SWF 按钮

图 8-32 选择需要插入的 Flash SWF 文件

Step 03 单击"确定"按钮，弹出"对象标签辅助功能属性"对话框，如图 8-33 所示。单击"取消"按钮，就将 Flash 动画插入到了页面中，如图 8-34 所示。

图 8-33 "对象标签辅助功能属性"对话框

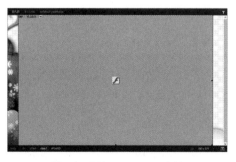

图 8-34 插入 Flash SWF 文件

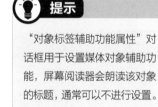

提示

"对象标签辅助功能属性"对话框用于设置媒体对象辅助功能，屏幕阅读器会朗读该对象的标题，通常可以不进行设置。

Step 04 切换到网页的代码视图，可以看到插入 Flash SWF 文件的 HTML 代码，如图 8-35 所示。保存页面，在浏览器中预览页面，可以看到在网页中插入 Flash 动画的效果，但是该 Flash 动画会显示其默认的白色背景，如图 8-36 所示。

图 8-35 插入 Flash SWF 文件的 HTML 代码　　　　　　　图 8-36 Flash 动画默认为白色背景

 技巧

如果希望插入到网页中的 Flash 动画的背景透明，可以在 Dreamweaver 中设置该 Flash SWF 文件的 Wmode 属性为"透明"。

Step 05 返回设计视图，选择刚插入的 Flash SWF 文件。打开"属性"面板，设置 Wmode 属性为"透明"，如图 8-37 所示。保存页面，在浏览器中预览页面，可以看到在网页中插入 Flash 动画的效果，如图 8-38 所示。

图 8-37 设置 Wmode 属性　　　　　　　　图 8-38 预览在网页中插入 Flash 动画的效果

8.3.1　设置Flash SWF属性

选择在网页中插入的 Flash SWF 文件，执行"窗口 > 属性"命令，打开"属性"面板，在该面板中可以对 Flash SWF 文件的相关属性进行设置，如图 8-39 所示。

Flash SWF 文件的大多数属性都非常简单，用户可以自己动手尝试进行设置，这里不再做过多介绍。

图 8-39 Flash SWF 文件的"属性"面板

8.3.2　插入Flash Video

将光标置于页面中需要插入 Flash Video 的位置，单击"插入"面板中的 Flash Video 按钮，如图 8-40 所示。弹出"插入 FLV"对话框，如图 8-41 所示。在"插入 FLV"对话框中可以选择需要插入的 Flash Video 文件，并且可以对相关选项进行设置。设置完成后，单击"确定"按钮，即可在页面中光标所在位置插入 Flash Video 文件。

图 8-40 单击 Flash Video 按钮　　　　图 8-41 "插入 FLV"对话框

课堂案例　在网页中插入Flash Video

素材文件	源文件 \ 第 08 章 \8-3-4.html
案例文件	最终文件 \ 第 08 章 \8-3-4.html
视频教学	视频 \ 第 08 章 \8-3-4.mp4
案例要点	掌握在网页中插入 Flash Video 的方法

扫码观看视频

Step 01 执行"文件 > 打开"命令，打开"源文件 \ 第 08 章 \8-3-4.html"，效果如图 8-42 所示。将光标移至名称为 video 的 Div 中，将多余的文字删除。单击"插入"面板中的 Flash Video 按钮，如图 8-43 所示。

图 8-42 打开页面　　　　图 8-43 单击 Flash Video 按钮

Step 02 弹出"插入 FLV"对话框，如图 8-44 所示。在 URL 文本框中输入 Flash Video 文件的地址，在"外观"下拉列表中选择一种外观，其他设置如图 8-45 所示。

图 8-44 "插入 FLV"对话框　　　　图 8-45 设置外观及其他属性

Step 03 单击"确定"按钮，在页面中插入 Flash Video 文件，如图 8-46 所示。保存页面，在浏览器中预览页面，可以看到插入网页中的 Flash Video 的效果，如图 8-47 所示。

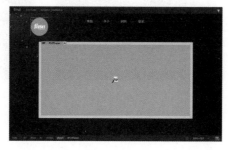

图 8-46 插入 Flash Video 文件

图 8-47 预览网页中的 Flash Video 效果

8.3.3 了解动画合成

随着 HTML 5 的发展和推广，HTML 5 在网页中的应用越来越多，在网页中利用 HTML 5 可以实现许多特效。Adobe 顺应网页的发展趋势，推出了 HTML 5 可视化开发软件 Adobe Edge Animate。使用 Adobe Edge Animate 软件，无须编写烦琐的代码就可以开发出 HTML 5 动态网页。

Dreamweaver 为了适应 HTML 5 的发展趋势，在"插入"面板中新增了"动画合成"按钮，利用该功能可以轻松地使用 Adobe Edge Animate 软件开发的 HTML 5 网页。

课堂案例 在网页中插入动画合成

素材文件	源文件 \ 第 08 章 \8-3-6.html
案例文件	最终文件 \ 第 08 章 \8-3-6.html
视频教学	视频 \ 第 08 章 \8-3-6.mp4
案例要点	掌握在网页中插入动画合成的方法

扫码观看视频

Step 01 执行"文件 > 打开"命令，打开"源文件 \ 第 08 章 \8-3-6.html"，如图 8-48 所示。将光标移至名称为 box 的 Div 中，将多余的文字删除，单击"插入"面板中的"动画合成"按钮，如图 8-49 所示。

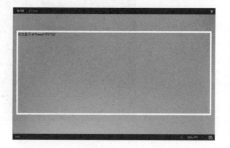

图 8-48 打开页面

图 8-49 单击"动画合成"按钮

Step 02 弹出"选择动画合成"对话框，选择动画合成文件"源文件\第08章\images\banner.oam"，如图 8-50 所示。单击"确定"按钮，即可在网页中插入动画合成，如图 8-51 所示。

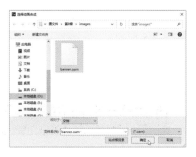

图 8-50 选择需要插入的动画合成文件

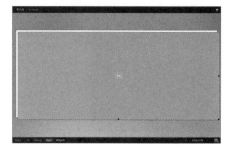

图 8-51 插入动画合成

Step 03 选中刚插入的动画合成作品，打开"属性"面板，设置其"宽"和"高"，如图 8-52 所示。切换到代码视图，可以看到相应的 HTML 代码，如图 8-53 所示。

图 8-52 "属性"面板

图 8-53 动画合成的 HTML 代码

Step 04 在网页中插入动画合成后，在站点的根目录中将自动创建名称为 edgeanimate_assets 的文件夹，并将插入的动画合成中的相关文件放置在该文件夹中，如图 8-54 所示。保存页面，在浏览器中预览该页面，在网页中插入动画合成的效果如图 8-55 所示。

图 8-54 动画合成的相关文件

图 8-55 预览动画合成效果

提示

在网页中插入的动画合成文件扩展名必须是 .oam，该文件是 Edge Animate 软件发布的 Edge Animate 作品包。目前 IE 11 以下版本的浏览器还不支持网页中动画合成的显示，可以使用 IE 11 及以上版本的浏览器预览动画合成的效果。

8.4 插入插件

通过插入插件，可以在网页中嵌入多种多媒体元素，最常见的就是音频和视频。当在浏览器中预览通过插件嵌入到网页中的音频和视频以后，浏览器会自动调整操作系统中默认的音频或视频播放器进行播放。

8.4.1 使用插件嵌入音频

如果需要使用插件在网页中嵌入音频，可以单击"插入"面板中的"插件"按钮，如图 8-56 所示。在弹出的对话框中选择需要嵌入的音频文件，单击"确定"按钮，即可在光标所在位置嵌入音频。嵌入的音频以插件图

图 8-56 单击"插件"按钮

图 8-57 插件图标

标的形式显示，如图 8-57 所示。切换到代码视图，可以看到使用插件嵌入音频的 HTML 代码，如图 8-58 所示。

```
<body>
<embed src="images/sound.mp3" width="32" height="32"></embed>
</body>
```

图 8-58 使用插件嵌入音频的 HTML 代码

在网页中嵌入音频以后，可以在网页上显示音频播放器，包括播放、暂停、停止、音量，以及声音文件的开始和结束等控制按钮。

使用插件嵌入音频的基本语法如下：

<embed src="音频文件地址" width="宽度" height="高度" autostart="是否自动播放" loop="是否循环播放">
</embed>

<embed> 标签的相关属性介绍如表 8-2 所示。

表 8-2　<embed> 标签相关属性说明

属性	说明
width和height	默认情况下，嵌入的音频文件在网页中会显示系统中默认的音频播放器外观，通过width和height属性可以控制音频播放器的宽度和高度
autostart	autostart属性用于设置视频文件是否自动播放，该属性的属性值有两个，一个是true，表示自动播放；另一个是false，表示不自动播放
loop	loop属性用于设置音频文件是否循环播放，该属性的属性值有两个，一个是true，表示无限次地循环播放音频；另一个是false，表示只播放一次音频

课堂案例 在网页中嵌入音频

素材文件	源文件 \ 第 08 章 \8-4-2.html
案例文件	最终文件 \ 第 08 章 \8-4-2.html
视频教学	视频 \ 第 08 章 \8-4-2.mp4
案例要点	掌握在网页中嵌入音频的方法

扫码观看视频

Step 01 执行"文件 > 打开"命令，打开"光盘 \ 源文件 \ 第 08 章 \8-4-2.html"，如图 8-59 所示。将光标移至页面中名称为 music 的 Div 中，将多余的文字删除，单击"插入"面板中的"插件"按钮，如图 8-60 所示。

图 8-59 打开页面

图 8-60 单击"插件"按钮

Step 02 弹出"选择文件"对话框，选择"源文件 \ 第 08 章 \images\sound.mp3"，如图 8-61 所示。单击"确定"按钮，插入音频文件后并不会在设计视图中显示具体内容，而是显示插件图标，如图 8-62 所示。

Step 03 切换到代码视图，在嵌入音频的 HTML 代码中添加相应的属性设置代码，如图 8-63 所示。

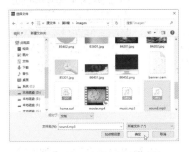

图 8-61 选择需要嵌入的音频文件

图 8-62 显示插件图标

图 8-63 添加属性设置代码

Step 04 返回设计视图，可以看到插件图标的显示效果，如图 8-64 所示。保存页面，在浏览器中预览页面，可以看到在网页中嵌入音频播放条的效果，单击播放按钮能听到音频，如图 8-65 所示。

图 8-64 设计视图中的插件图标

图 8-65 在浏览器中预览嵌入音频播放条的效果

8.4.2 使用插件嵌入视频

使用插件在网页中嵌入视频的方法与嵌入音频的方法完全相同。在网页中嵌入视频可以在网页上显示视频播放器，包括播放、暂停、停止和音量等控制按钮。

使用 <embed> 标签在网页中嵌入视频的语法格式如下：

<embed src="视频文件地址" width="视频宽度" height="视频高度" autostart="是否自动播放" loop="是否循环播放"></embed>

通过嵌入视频的语法可以看出，在网页中嵌入视频文件与在网页中嵌入音频的方法非常相似，都是使用 <embed> 标签，只不过嵌入视频文件链接的是视频文件，而 width 和 height 属性分别设置的是视频播放器的宽度和高度。

课堂案例 在网页中嵌入视频

素材文件	源文件 \ 第 08 章 \8-4-4.html
案例文件	最终文件 \ 第 08 章 \8-4-4.html
视频教学	视频 \ 第 08 章 \8-4-4.mp4
案例要点	掌握在网页中嵌入视频的方法

扫码观看视频

Step 01 执行"文件 > 打开"命令，打开"源文件 \ 第 08 章 \8-4-4.html"，如图 8-66 所示。将光标移至页面中名称为 box 的 Div 中，将多余的文字删除。单击"插入"面板中的"插件"按钮，如图 8-67 所示。

图 8-66 打开页面

图 8-67 单击"插件"按钮

Step 02 弹出"选择文件"对话框，选择"源文件 \ 第 08 章 \images\movie.avi"，如图 8-68 所示。单击"确定"按钮，插入的视频文件并不会在设计视图中显示具体内容，而是显示插件图标，如图 8-69 所示。

Step 03 切换到代码视图，在嵌入视频的 HTML 代码中添加相应的属性设置代码，如图 8-70 所示。

图 8-68 选择需要插入的视频文件

图 8-69 显示插件图标

```
<div id="box">
    <embed src="images/movie.avi" width="394" height="225" autostart="true"
    loop="true"></embed>
</div>
```

图 8-70 添加属性设置代码

Step 04 返回设计视图，可以看到插件图标的显示效果，如图 8-71 所示。保存页面，在浏览器中预览页面，可以看到在网页中嵌入视频播放器的效果，如图 8-72 所示。

图 8-71 插件图标在设计视图中的效果

图 8-72 在浏览器中预览嵌入视频器的效果

 提示

使用 <embed> 标签在 HTML 页面中嵌入音频或视频，都依赖于系统音频和视频播放插件的支持，都会使用系统默认的音频和视频播放器在网页中播放相应的音频和视频。例如，笔者操作系统默认的音频和视频播放插件为 Windows Media Player，所以在预览页面时显示的就是 Windows Media Player 的播放控件。如果系统默认的播放插件为其他的软件，则预览的效果与书中的截图不同。

目前，许多浏览器已经不再支持 AVI 格式的视频文件（例如 Chrome 浏览器），在这些浏览器中打开页面，会默认下载嵌入到网页中的视频文件。

插入HTML 5 Audio元素

网络上有许多不同格式的音频文件，但 HTML 标签支持的音频文件格式并不是很多，并且不同的浏览器支持的格式也不相同。HTML 5 针对这种情况，新增了 <audio> 标签来统一网页音频文件格式，可以直接使用该标签在网页中添加相应格式的音频文件。

8.5.1 插入HTML 5 Audio元素

HTML 5 中新增了 <audio> 标签，通过该标签可以在网页中嵌入音频并播放。将光标置于网页中需要插入 HTML 5 Audio 的位置，单击"插入"面板中的 HTML 5 Audio 按钮，如图 8-73 所示，即可在光标所在位置插入 HTML 5 Audio 文件。插入的 HTML 5 Audio 以图标的形式显示，如图 8-74 所示。切换到代码视图，可以看到 HTML 5 Audio 的 HTML 代码，如图 8-75 所示。

图 8-74 HTML 5 Audio 图标

图 8-73 单击 HTML 5 Audio 按钮　　图 8-75 HTML 代码

在网页中使用 HTML 5 中的 <audio> 标签嵌入音频时，只需指定 <audio> 标签中的 src 属性值为一个音频源文件的路径就可以了，代码如下：

```
<audio src="images/music.mp3">
    你的浏览器不支持audio元素
</audio>
```

通过这种方法可以将音频文件嵌入到网页中。如果浏览器不支持 HTML 5 的 <audio> 标签，将会在网页中显示替代文字"你的浏览器不支持 audio 元素"。在 <audio> 标签中添加 controls 属性，表示在网页中显示默认的音频播放控制条。

8.5.2 HTML 5支持的音频文件格式

目前，HTML 5 新增的 <audio> 标签支持的音频文件格式主要是 MP3、WAV 和 OGG，在各种主要浏览器中的支持情况如表 8-3 所示。

表 8-3　　HTML 5 音频文件在浏览器中的支持情况

格式	IE 11	Firefox 28.0	Opera 20.0	Chrome 34.0	Safari 5.34
WAV	×	√	√	√	√
MP3	√	√	×	√	√
OGG	×	√	√	√	×

课堂案例 在网页中插入 HTML 5 Audio 元素

素材文件	源文件 \ 第 08 章 \8-5-3.html
案例文件	最终文件 \ 第 08 章 \8-5-3.html
视频教学	视频 \ 第 08 章 \8-5-3.mp4
案例要点	掌握在网页中插入 HTML 5 Audio 元素的方法

扫码观看视频

Step 01 执行 "文件 > 打开" 命令，打开 "源文件 \ 第 08 章 \8-5-3.html"，页面效果如图 8-76 所示。将光标移至页面中名称为 music 的 Div 中，将多余的文字删除，单击 "插入" 面板中的 HTML 5 Audio 按钮，如图 8-77 所示。

Step 02 在该 Div 中插入 HTML 5 Audio，如图 8-78 所示。切换到代码视图，可以看到相应的 HTML 代码，如图 8-79 所示。

图 8-76 打开页面　　　　图 8-77 单击 HTML 5　　图 8-78 插入 HTML 5 Audio 元素　　图 8-79 HTML 代码
Audio 按钮

Step 03 在 <audio> 标签中添加相应的属性设置代码，如图 8-80 所示。保存页面，在浏览器中预览页面，可以看到插入 HTML 5 Audio 的效果，如图 8-81 所示。

💡 **提示**

在 <audio> 标签中加入 controls 属性设置，可以使嵌入到网页中的音频文件显示音频播放控制条，可以对音频的播放、停止及音量等进行控制。在 <audio> 标签中加入 loop 属性，可以使音频循环播放。如果希望在浏览器中打开页面时自动播放该音频，可以在 <audio> 标签中加入 autoplay 属性。

图 8-80 添加属性设置代码　　　图 8-81 预览页面中的音频播放效果

8.6 插入 HTML 5 Video 元素

视频标签的出现无疑是 HTML 5 的一大亮点，但是旧的浏览器不支持 HTML 5 Video，并且，由于视频文件格式的问题，Firefox、Safari 和 Chrome 的支持方式并不相同，所以，现阶段要想使用 HTML 5 的视频功能，浏览器兼容性是一个不得不考虑的问题。

8.6.1 插入HTML 5 Video元素

将光标置于网页中需要插入 HTML 5 Video 的位置，单击"插入"面板中的 HTML 5 Video 按钮，如图 8-82 所示，即可在光标所在位置插入 HTML 5 Video，插入的 HTML 5 Video 以图标的形式显示，如图 8-83 所示。切换到代码视图，可以看到插入的 HTML 5 Video 的 HTML 代码，如图 8-84 所示。

图 8-82 单击 HTML 5 Video 按钮

图 8-83 HTML 5 Video 图标

图 8-84 HTML 5 Video 的 HTML 代码

在网页中可以插入 HTML 5 Video 元素，方法与插入 HTML 5 Audio 元素相似，还可以在 <video> 标签中添加 width 和 height 属性设置代码，从而控制视频播放器的宽度和高度，代码如下：

```
<video src="images/movie.mp4" width="600" height="400" controls>
    你的浏览器不支持video元素
</video>
```

通过这种方法即可把视频添加到网页中，当浏览器不兼容时，显示替代文字"你的浏览器不支持 video 元素"。

8.6.2 HTML 5支持的视频文件格式

目前，HTML 5 新增的 <video> 标签支持的视频文件格式主要是 MPEG4、WebM 和 OGG，在各种主要浏览器中的支持情况如表 8-4 所示。

表 8-4 HTML 5 视频文件在浏览器中的支持情况

格式	IE 11	Firefox 28.0	Opera 20.0	Chrome 34.0	Safari 5.34
MPEG4	√	√	×	√	√
WebM	×	√	√	√	×
OGG	×	√	√	√	×

8.6.3 Audio与Video元素属性

<audio> 与 <video> 标签的属性基本相同，主要用于对插入到网页中的音频或视频进行控制。<audio> 与 <video> 标签的相关属性介绍如表 8-5 所示。

表 8-5 <audio> 与 <video> 标签相关属性说明

属性	说明
src	用于指定媒体文件的URL地址，可以是相对路径地址，也可以是绝对路径地址
autoplay	用于设置在网页中加载媒体文件后自动播放媒体文件，该属性在标签中的使用方法如下： <audio src="images/music.mp3" autoplay></video> 或 <video src="resources/video.mp4" autoplay></video>

属性	说明
controls	用于为视频和音频添加自带的播放控制条，控制条中包括播放/暂停、进度条、进度时间和音量等控制按钮。该属性在标签中的使用方法如下： <audio src="images/music.mp3" controls></video> 或 <video src="images/video.mp4" controls></video>
loop	用于设置音频或视频循环播放。该属性在标签中的使用方法如下： <audio src="images/music.mp3" controls loop></video> 或 <video src="images/video.mp4" controls loop></video>
preload	表示在浏览器中页面加载完成后，如何加载视频数据。该属性有3个值：none表示不进行预加载；metadata表示只加载媒体文件的元数据；auto表示加载全部视频或音频。默认值为auto。用法如下： <audio src="images/music.mp3" controls preload="auto"></video> 或 <video src="images/video.mp4" controls preload="auto"></video> 如果在标签中设置了autoplay属性，则忽略preload属性
poster	该属性是<video>标签的属性，<audio>标签没有该属性。该属性用于指定一张替代图片的URL地址，当视频不可用时，会显示该替代图片。用法如下： <video src="images/video.mp4" controls poster="images/none.jpg"></video>
width和height	这两个属性是<video>标签的属性，<audio>标签没有这两个属性。该属性用于设置视频播放器的宽度和高度，单位是像素，使用方法如下： <video src="images/video.mp4" controls width="800" height="600"></video>

课堂案例　在网页中插入HTML 5 Video元素

素材文件	源文件 \ 第 08 章 \8-6-4.html
案例文件	最终文件 \ 第 08 章 \8-6-4.html
视频教学	视频 \ 第 08 章 \8-6-4.mp4
案例要点	掌握在网页中插入 HTML 5 Video 元素的方法

扫码观看视频

Step 01 执行"文件 > 打开"命令，打开"源文件 \ 第 08 章 \8-6-4.html"，如图 8-85 所示。将光标移至页面中名称为 movie 的 Div 中，将多余的文字删除，单击"插入"面板中的 HTML 5 Video 按钮，如图 8-86 所示。

Step 02 在该 Div 中插入 HTML 5 Video，如图 8-87 所示。切换到代码视图，可以看到相应的 HTML 代码，如图 8-88 所示。

图 8-85 打开页面

图 8-86 单击 HTML 5 Video 按钮

图 8-87 插入 HTML 5 Video 元素

图 8-88 HTML 代码

Step 03 在 `<video>` 标签中添加相应的属性设置代码，如图 8-89 所示。保存页面，在浏览器中预览页面，可以看到使用 HTML 5 实现的视频播放效果，如图 8-90 所示。

图 8-89 添加属性设置代码　　　　　　　　　　图 8-90 预览嵌入视频的播放效果

💡 **提示**

对于 HTML 5 中的 `<video>` 标签，每个浏览器的支持情况不同。Firefox 浏览器只支持 .ogg 格式的视频文件，Safari 和 Chrome 浏览器只支持 .mp4 格式的视频文件，而 IE 11 以下版本不支持 `<video>` 标签，IE 11 浏览器支持 `<video>` 标签，所以在使用该标签时一定要注意。

💡 **技巧**

`<video>` 标签中的 controls 属性是一个布尔值，显示 play/stop 按钮；width 属性用于设置播放视频所需要的宽度，默认情况下，浏览器会自动检测所提供视频的尺寸；height 属性用于设置播放视频需要的高度。

课堂练习 为网页添加背景音乐

素材文件	源文件 \ 第 08 章 \ 8-7.html
案例文件	最终文件 \ 第 08 章 \ 8-7.html
视频教学	视频 \ 第 08 章 \ 8-7.mp4
案例要点	掌握使用 `<bgsound>` 标签为网页添加背景音乐的方法

扫码观看视频

1. 练习思路

如果只是为网页添加背景音乐，使用 HTML 中的 `<bgsound>` 标签是简单、快捷的方法。

背景音乐标签 `<bgsound>` 的基本语法如下：

```
<bgsound src="背景音乐的地址" loop="播放次数"></bgsound>
```

src 属性用于设置背景音乐的路径地址，可以是绝对地址，也可以是相对地址。

默认情况下，为网页设置的背景音乐只播放一次。loop 属性用于设置背景音乐循环播放的次数，如果将该属性值设置为 −1 或 true，则表示无限循环播放。

2. 制作步骤

Step 01 执行 "文件 > 打开" 命令，打开 "源文件\第 08 章\8-7.html"，可以看到页面的效果，如图 8-91 所示。
切换到代码视图，如图 8-92 所示。

图 8-91 打开页面　　　　　　　　　　　　　　　　　　　图 8-92 代码视图

Step 02 在 <body> 与 </body> 标签之间的任意位置添加
<bgsound> 标签，为网页设置背景音乐，如图 8-93 所示。
保存页面，在浏览器中预览页面，可以听到为网页添加的背
景音乐，页面如图 8-94 所示。

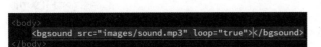

图 8-93 添加 <bgsound> 标签　　　　　　　　　　　　　　图 8-94 预览页面可以听到背景音乐

 提示

需要注意的是，<bgsound> 标签是 IE 浏览器的私有标签，只有 IE 浏览器支持该标签，其他浏览器并不支持该标签，在
使用时需要特别注意。

课堂练习　实现图片滚动效果

素材文件	源文件\第 08 章\8-8.html
案例文件	最终文件\第 08 章\8-8.html
视频教学	视频\第 08 章\8-8.mp4
案例要点	掌握使用 <marquee> 标签实现图片滚动效果的方法

扫码观看视频

1. 练习思路

使用 <marquee> 标签不仅可以实现文字内容的滚动显示，也可以实现图片的滚动显示。在 <marquee> 标签中添加相应的属性设置代码，即可控制图片的滚动方向、滚动速度等。

2. 制作步骤

Step 01 执行"文件 > 打开"命令，打开"源文件 \ 第 08 章 \8-8.html"，可以看到页面的效果，如图 8-95 所示。将光标移至页面中名称为 pic 的 Div 中，将多余的文字删除，依次插入多张图像，效果如图 8-96 所示。

图 8-95 打开页面 　　　　　　　　　　　　　　图 8-96 插入多张图像

Step 02 切换到该网页链接的外部 CSS 样式表文件中，创建名称为 #pic img 的 CSS 样式，如图 8-97 所示。返回设计视图，可以看到为 Div 中的图像设置边距的效果，如图 8-98 所示。

图 8-97 创建 CSS 样式 　　　　　　　　　　　　图 8-98 为图像设置边距的效果

Step 03 切换到网页的代码视图，为图像添加 <marquee> 标签，并添加相应的属性设置代码，如图 8-99 所示。保存页面，在浏览器中预览页面，可以看到图像向右滚动的效果，如图 8-100 所示。

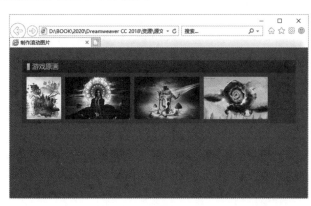

图 8-99 添加滚动标签和属性设置代码 　　　　　　图 8-100 预览图片滚动效果

课后习题

完成本章内容学习后，接下来通过几道课后习题，测验读者对"插入图像和多媒体元素"的学习效果，同时加深读者对所学知识的理解。

一、选择题

1. 以下 HTML 标签中，哪一个可以实现网页中图像或文字的滚动？（　　）

A. <scroll>

B. <marquee>

C. <font>

D. <textarea>

2. 使用 HTML 5 中的 <video> 标签在网页中插入视频文件，希望视频能够自动播放，以下代码正确的是（　　）。

A. <video src="resources/video.mp4" autoplay></video>

B. <video src="resources/video.mp4" controls></video>

C. <video src="resources/video.mp4" loop></video>

D. <video src="resources/video.mp4" preload="auto"></video>

3. 使用插件可以在网页中嵌入音频或视频，插件的 HTML 标签是（　　）。

A. <object>

B. <img>

C. <embed>

D. <figure>

二、填空题

1. _____ 标签有一个基于 JavaScript 的绘图 API，而 SVG 和 VML 使用一个 XML 文档来描述绘图。

2. 如果希望插入到网页中的 Flash 动画背景颜色透明，可以在 Dreamweaver 中设置该 Flash SWF 文件的 _____ 属性为 _____。

3. 在 <audio> 或 <video> 标签中加入 _____ 属性设置代码，可以使嵌入到网页中的音频或视频文件显示播放控制条，可以对音频或视频的播放、停止及音量等进行控制。

三、简答题

简单描述分别使用插件和 HTML 5 新增的 Audio、Video 元素在网页中插入音频／视频的区别。

Chapter

09

第09章

设置网页超链接

超链接是 Internet 的核心与灵魂，它将 HTML 网页文件和其他资源连接成一个无边无际的网络。在 Dreamweaver 中设置超链接是十分简单、方便的，直接为需要设置超链接的元素添加超链接标签 <a>，并且在超链接标签中设置相应的属性即可。本章将向读者介绍在网页中创建和设置各种超链接的方法，并且对超链接的 4 种伪类进行介绍，可以通过 CSS 样式美化超链接。

学习目标

- 理解超链接标签及相关属性
- 理解超链接的 5 种打开方式
- 理解相对路径和绝对路径
- 理解锚点链接
- 理解超链接伪类的 4 种状态

技能目标

- 掌握文字和图像超链接的创建方法
- 掌握插入锚点和创建锚点链接的方法
- 掌握各种特殊超链接的创建和设置方法
- 掌握超链接伪类样式的设置
- 掌握 E-mail 链接的创建和设置方法
- 掌握使用 CSS 样式美化超链接的方法

9.1 创建超链接

超链接是网站中使用相对频繁的 HTML 元素，可以说超链接是网页中最重要、最根本的元素之一，页面之间的跳转通常是通过超链接实现的。每一个文件都有自己的存放位置和路径，了解一个文件与另一个文件之间的路径关系是创建超链接的根本。如果页面之间是彼此独立的，那么这样的网站将无法正常运行。

9.1.1 创建文字和图像超链接

为网页中的文字和图像创建超链接的方法有多种，可以直接在 HTML 代码中添加 <a> 标签，也可以使用 Hyperlink 对话框，还可以使用"属性"面板。

1. 使用"属性"面板设置超链接

在页面中选择需要设置超链接的文字或图像，执行"窗口 > 属性"命令，打开"属性"面板。在"属性"面板中的"链接"文本框中可以输入链接页面的路径地址，或者单击"链接"右侧的"浏览文件"按钮█。在弹出的"选择文件"对话框中选择需要链接的文件，如图 9-1 所示。

为选中的文字或图像设置了"链接"属性之后，"属性"面板中的"标题"和"目标"选项被激活。"标题"选项用于设置超链接的标题名称；"目标"选项则用于设置超链接的打开方式。

2. 使用 Hyperlink 对话框设置超链接

除了可以在"属性"面板中设置"链接"属性，单击"插入"面板中的 Hyperlink 按钮，如图 9-2 所示，弹出 Hyperlink 对话框，在该对话框中同样可以设置"链接"属性，如图 9-3 所示。

图 9-1 "属性"面板

图 9-2 单击 Hyperlink 按钮

图 9-3 Hyperlink 对话框

3. 添加超链接标签 <a> 设置超链接

在 HTML 中，超链接标签 <a> 既可以用于设置跳转到其他页面的超链接，也可以作为"埋设"在文档某一处的"锚定位"。<a> 也是一个行内元素，可以成对地出现在一个文档的任意位置。

超链接 <a> 标签的基本语法如下：

```
<a href="链接目标" name="链接名称" title="提示文字" target="打开方式" >超链接对象</a>
```

9.1.2 设置超链接属性

<a> 标签中的相关属性及说明如表 9-1 所示。

表 9-1　<a> 标签属性说明

属性	说明
href	该属性用于设置超链接地址
name	该属性用于为超链接命名
title	该属性用于为超链接设置提示文字
target	该属性用于设置超链接的打开方式

例如，下面的 HTML 网页代码，使用 <a> 标签创建了超链接。

```
...
<body>
<a href="about/gongsi.html" name="link" title="公司简介" target="_blank">公司简介</a>
</body>
...
```

在默认情况下，单击超链接会在原浏览器窗口打开所链接的网页，通过设置 target 属性可以控制打开的目标窗口。

target 属性有 5 个属性值，分别是 _blank、_parent、_self、_top 和 new，具体说明如表 9-2 所示。

表 9-2　<a> 标签中的 target 属性值说明

属性值	说明
_blank	将target的属性值设置为_blank，表示在一个全新的空白窗口中打开所链接的网页
_parent	将target的属性值设置为_parent，表示在当前框架的上一层打开所链接的网页
_self	将target的属性值设置为_self，表示在当前窗口打开所链接的网页
_top	将target的属性值设置为_top，表示在超链接所在的最高级窗口中打开所链接的网页
new	与_blank类似，将所链接的页面在一个新的浏览器窗口中打开

9.1.3 相对路径和绝对路径

相对路径最适合网站的内部超链接。只要在同一网站之下，即使不在同一个目录下，相对路径也非常适合。

使用相对路径的基本语法如下：

```
<a href="相对路径地址">超链接对象</a>
```

如果链接到同一目录下，则只需输入要链接的文档名称。如果要链接到下一级目录中的文件，只需先输入目录名，然后加 "/"，再输入文件名。如果要链接到上一级目录中的文件，则先输入 "../"，再输入目录名、文件名。制作网页时使用的大多数路径都属于相对路径。

绝对路径会为文件提供完全的路径，包括使用的协议（如 HTTP、FTP 和 RTSP 等）。常见的绝对路径如 http://www.sina.com、ftp://202.98.148.1/ 等。

使用绝对路径的基本语法如下：

```
<a href="绝对路径地址">超链接对象</a>
```

使用绝对路径可以链接自己的网站资源，也可以链接别人的。但是此类资源需要依赖于它方，如果链接的地址资源有变动，就会使你的超链接无法正常访问。尽管本地链接也可以使用绝对路径，但不建议采用这种方式，因为一旦将该站点移动到其他服务器，则所有本地绝对路径的链接都将断开。

 提示

被链接文档的完整 URL 就是绝对路径，包括所使用的传输协议。当从一个网站的网页链接到另一个网站的网页时，必须使用绝对路径，以保证当一个网站的网址发生变化时，被引用的另一个页面的超链接还是有效的。

课堂案例 设置网页中的文字和图像超链接

素材文件	源文件\第 09 章\9-1-4.html
案例文件	最终文件\第 09 章\9-1-4.html
视频教学	视频\第 09 章\9-1-4.mp4
案例要点	掌握创建和设置超链接的方法

扫码观看视频

Step 01 执行"文件 > 打开"命令，打开"源文件\第 09 章\9-1-4.html"，如图 9-4 所示。在页面中选择需要设置超链接的文字，如图 9-5 所示。

图 9-4 打开页面

图 9-5 选择需要设置超链接的文字

Step 02 单击"插入"面板中的 Hyperlink 按钮，如图 9-6 所示，弹出 Hyperlink 对话框，单击"链接"选项右侧的"浏览"图标，在弹出的"选择文件"对话框中选择当前站点中需要链接的网页，如图 9-7 所示。

Step 03 单击"确定"按钮，返回 Hyperlink 对话框，设置"目标"选项为 _blank，如图 9-8 所示。单击"确定"按钮，完成 Hyperlink 对话框中参数的设置，为选中的文字设置相对路径超链接，可以看到页面中超链接文字的默认效果为蓝色有下画线，如图 9-9 所示。

图 9-6 单击
Hyperlink 按钮

图 9-7 选择需要链接的网页

图 9-8 设置"目标"选项

图 9-9 超链接文字默认显示效果

Step 04 切换到代码视图，可以看到刚设置的文字超链接的 HTML 代码，如图 9-10 所示。保存页面，在浏览器中预览页面，如图 9-11 所示。

图 9-10 超链接的 HTML 代码　　　　　　　　　　图 9-11 预览页面中文字超链接的效果

Step 05 返回网页的代码视图，为相应的图像添加 `<a>` 标签并使用绝对路径设置其链接的地址，如图 9-12 所示。保存页面，在浏览器中预览页面，如图 9-13 所示。

图 9-12 设置图像超链接　　　　　　　　　　图 9-13 预览页面中图像超链接的效果

💡 **提示**

外部链接是相对于本地链接而言的，不同的是，外部链接的链接目标文件不在站点内，而是在远程的 Web 服务器上，所以只须在 `<a>` 标签中输入链接页面的 URL 绝对地址，并且包括所使用的协议（例如，对于 Web 页面通常使用 http://，即超文本传输协议）。

Step 06 单击页面中设置了超链接的文字，可以在新打开的浏览器窗口中打开链接页面 9-2-3.html，如图 9-14 所示。如果单击页面中设置了超链接的图像，可以在当前窗口打开所链接的 URL 绝对地址页面，如图 9-15 所示。

图 9-14 在新打开的窗口中打开链接页面　　　　　　图 9-15 在当前窗口中打开 URL 链接地址

 **锚点链接**

锚点链接是指同一个页面中不同位置的链接。可以在页面某个分项内容的标题上设置锚点，然后在页面上设置锚点链接，用户可以通过锚点链接快速地跳转到感兴趣的内容。

9.2.1 插入锚点

在创建锚点链接前需要在页面中相应的位置插入锚点。

插入锚点的基本语法如下：

```
<a name="锚点名称"></a>
```

利用锚点名称可以链接到相应的位置。在为锚点命名时应该注意遵守以下规则：锚点名称可以是中文、英文或数字的组合，但锚点名称中不能含有空格，并且锚点名称不能以数字开头；同一网页中可以有无数个锚点，但是不能有相同名称的锚点。

9.2.2 创建锚点链接

在网页中相应的位置插入锚点以后，就可以创建锚点链接，需要用 # 号及锚点的名称作为 href 属性值。

创建锚点链接的基本语法如下：

```
<a href="#锚点名称">超链接对象</a>
```

在 href 属性后输入 # 号和在页面中插入的锚点名称，可以链接到页面中的不同位置。

如果需要创建到其他页面的指定锚点链接，可以设置 href 属性为链接页面的路径名称，再加上 # 号和锚点名称。

创建到其他页面的锚点链接的基本语法如下：

```
<a href="链接页面名称#锚点名称">超链接对象</a>
```

与链接同一页面中的锚点名称不同的是，需要在 # 号前增加页面的路径地址。

课堂案例 制作锚点链接页面

素材文件	源文件 \ 第 09 章 \9-2-3.html
案例文件	最终文件 \ 第 09 章 \9-2-3.html
视频教学	视频 \ 第 09 章 \9-2-3.mp4
案例要点	掌握插入锚点和创建锚点链接的方法

扫码观看视频

Step 01 执行"文件 > 打开"命令，打开"源文件 \ 第 09 章 \9-2-3.html"，切换到该页面的代码视图，如图 9-16 所示。在浏览器中预览该页面，如图 9-17 所示。

图 9-16 页面的代码视图   图 9-17 预览页面

Step 02 在代码视图中，在"人类介绍"文字后添加 <a> 标签，并在该标签中添加 name 属性设置，插入锚点 rl，如图 9-18 所示。为网页中的第一张图像添加超链接标签 <a>，并创建到 rl 锚点的链接，如图 9-19 所示。

图 9-18 插入锚点 rl   图 9-19 创建到 rl 锚点的链接

 提示

锚点的名称只能包含小写 ASCII 码和数字，并且不能以数字开头。可以在网页的任意位置创建锚点，但是锚点的名称不能重复。

Step 03 在"精灵介绍"文字后添加 <a> 标签，并在该标签中添加 name 属性设置，插入锚点 jl，如图 9-20 所示。为网页中的第二张图像添加超链接标签 <a>，并创建到 jl 锚点的链接，如图 9-21 所示。

图 9-20 插入锚点 jl   图 9-21 创建到 jl 锚点的链接

Step 04 在"法师介绍"文字后添加 <a> 标签，并在该标签中添加 name 属性设置，插入锚点 fs，如图 9-22 所示。为网页中的第三张图像添加超链接标签 <a>，并创建到 fs 锚点的链接，如图 9-23 所示。

图 9-22 插入锚点 fs   图 9-23 创建 fs 锚点的链接

Step 05 保存页面，在浏览器中预览页面，如图 9-24 所示。单击页面中设置了锚点链接的图像，即可跳转到相应的锚点位置，如图 9-25 所示。

图 9-24 预览页面   图 9-25 跳转到锚点链接位置

创建特殊的超链接

超链接还可以进一步扩展网页功能，比较常用的有发送电子邮件、空链接和下载链接等，创建这些特殊的超链接，关键在于 href 属性值的设置。本节将向读者介绍如何在 HTML 页面中创建各种特殊的超链接。

9.3.1 空链接

有些客户端行为需要由超链接来调用，这时就会用到空链接。访问者单击网页中的空链接，将不会打开任何文件。

设置空链接的基本语法如下：

```
<a href="#">链接的文字</a>
```

空链接是通过设置 href 的属性值为 # 号来实现的。

9.3.2 文件下载链接

链接到下载文件的方法和链接到网页的方法完全一样。当被链接的文件是 .exe 文件或 .rar 文件等浏览器不支持的类型时，这些文件会被下载，这就是下载链接。例如，要给页面中的文字或图像添加下载链接，希望用户单击文字或图像后下载相关的文件，只需将文字或图像选中，直接链接到相关的压缩文件就可以了。

设置文件下载链接的基本语法如下：

```
<a href="文件的路径地址">超链接对象</a>
```

下载链接可以为浏览者提供下载文件，是一种很实用的下载方式。

课堂案例 创建空链接和文件下载链接

素材文件	源文件 \ 第 09 章 \9-3-3.html
案例文件	最终文件 \ 第 09 章 \9-3-3.html
视频教学	视频 \ 第 09 章 \9-3-3.mp4
案例要点	掌握在网页中创建空链接和文件下载链接的方法

扫码观看视频

Step 01 执行"文件 > 打开"命令，打开"源文件 \ 第 09 章 \9-3-3.html"，切换到该页面的代码视图，如图 9-26 所示。在浏览器中预览该页面，如图 9-27 所示。

Step 02 在网页的代码视图中，为页面中相应的图像添加超链接标签 <a>，并设置空链接，如图 9-28 所示。保存页面，在浏览器中预览页面，单击设置了空链接的图像，将重新刷新当前网页，而不会跳转到其他任何页面，如图 9-29 所示。

图 9-26 页面的代码视图

图 9-27 预览页面

图 9-28 设置空链接

图 9-29 单击空链接不会跳转到其他页面

💡 **提示**

所谓空连接，是指没有目标端点的超链接。利用空链接，可以激活文件中链接的对象和文本。当文本或对象被激活后，可以为之添加行为，例如，当鼠标指针经过后变换图像，或者重新刷新当前页面。

Step 03 在网页的代码视图中，为页面中相应的图像添加超链接标签 <a>，并设置文件下载链接，如图 9-30 所示。保存页面，在浏览器中预览页面，单击刚设置了文件下载链接的图像，将出现文件下载提示，按照提示进行操作即可下载该文件，如图 9-31 所示。

图 9-30 设置文件下载链接

图 9-31 文件下载链接效果

💡 **提示**

在弹出的文件下载提示框中，单击"保存"按钮，即可将文件保存到默认的路径中。单击"保存"右边的倒三角按钮，选择"另存为"选项，弹出"另存为"对话框，选择存储位置，单击"保存"按钮，即可将链接的下载文件保存到该位置。

9.3.3 脚本链接

脚本链接对大多数人来说是比较陌生的词汇，脚本链接一般用于给浏览者提供关于某个方面的额外信息，而不用离开当前页面。脚本链接具有执行 JavaScript 代码的功能，例如校验表单等。

添加脚本链接的基本语法如下：

```
<a href="JavaScript:执行的脚本程序">超链接对象</a>
```

课堂案例 创建关闭浏览器窗口的链接

素材文件	源文件 \ 第 09 章 \9-3-5.html
案例文件	最终文件 \ 第 09 章 \9-3-5.html
视频教学	视频 \ 第 09 章 \9-3-5.mp4
案例要点	掌握在网页中创建脚本链接的方法

扫码观看视频

Step 01 执行"文件 > 打开"命令，打开"源文件 \ 第 09 章 \9-3-5.html"，切换到该网页的代码视图，如图 9-32 所示。在浏览器中预览该页面，如图 9-33 所示。

图 9-32 页面的代码视图

图 9-33 预览页面

Step 02 在网页的代码视图中，为页面底部的 close 图像添加超链接标签 <a>，设置关闭浏览器窗口的 JavaScript 脚本代码，如图 9-34 所示。保存页面，在浏览器中预览页面。单击设置了脚本链接的图像，会弹出提示框，单击"确定"按钮，会自动关闭当前浏览器窗口，如图 9-35 所示。

图 9-34 添加超链接标签及 JavaScript 脚本

图 9-35 测试脚本链接

 提示

此处为该图像设置的是一个关闭窗口的 JavaScript 脚本代码，当用户单击该图像时，就会执行该 JavaScript 脚本代码。用户也可以设置其他功能的 JavaScript 脚本代码，从而实现其他的脚本链接效果。

网站中的网页都是由超链接来连接的，无论是从首页到每一个频道，还是进入其他网站，都是通过超链接完成页面跳转的。CSS 对超链接样式的控制是通过伪类来实现的。CSS 有 4 个伪类，用于对超链接样式进行控制，每个伪类用于控制超链接在某一种状态下的样式。根据访问者的操作，可以进行 4 种状态的样式设置。

a:link	未被访问过的超链接
a:active	鼠标单击的超链接
a:hover	鼠标经过的超链接
a:visited	已经访问过的超链接

9.4.1 a:link

这种伪类用于设置未被访问过的超链接样式。在很多超链接的设置中，都会直接使用 a{} 这样的样式，那么，这种方法与 a:link 在功能上有什么区别呢？下面来实际操作一下。

HTML 代码如下：

```
<a href="#">测控数据良好 天空十号或推迟撞击月球</a>
<a>记者采访某某矿难遭20名男子围殴</a>
```

CSS 样式代码如下：

```
a:link {
color:#00F;          /*蓝色*/
}
a {
color:#3F0;          /*绿色*/
}
```

效果如图 9-36 所示，在页面中，使用 a {} 设置的超链接显示为绿色，而使用 a:link {} 设置的超链接显示为蓝色。也就是说，a:link{} 只对代码中有 href=" " 属性设置的对象产生影响，即拥有实际链接地址的对象，而对直接用 a {} 对象嵌套的内容不会产生实际效果。

图 9-36 预览超链接文字效果 1

9.4.2　a:active

这种伪类用于设置对象被用户激活时的超链接样式。在实际应用中，这种伪类的超链接状态很少使用，并且对于无 href 属性的 a 对象，此伪类不产生作用。:active 状态可以和 :link 及 :visited 状态同时发生。

CSS 样式代码如下：

```
a {
    color:#00F;
}
a:active {
color:#F00;
}
```

效果如图 9-37 所示，在页面中，初始文字为蓝色，当用鼠标单击超链接并且还未释放鼠标时，超链接文字呈现出 a:active 中定义的红色。

图 9-37　预览超链接文字效果 2

提示

当前激活状态 :active 一般实现情况非常少，因此很少使用。因为当用户单击一个超链接后，就会跳转到其他地方，例如打开一个新窗口，此时该超链接就不再是"当前激活"状态了。

9.4.3　a:hover

这种伪类用来设置对象在鼠标指针经过或停留时的超链接样式，该状态是非常实用的状态之一。当将鼠标指针指向超链接时，会改变其颜色或改变下画线状态。这些效果都可以通过 a:hover 来实现，并且对于无 href 属性的 a 对象，此伪类不产生作用。下面来实际操作一下。a:hover 伪类 CSS 样式代码如下：

```
a:hover {
    color:#3F0;
}
```

效果如图 9-38 所示，在页面中，当鼠标指针经过或停留在超链接区域时，文字颜色由蓝色变成了绿色。

图 9-38　预览超链接文字效果 3

a:visited 用于设置被访问后的超链接样式。对于浏览器而言，每一个超链接被访问过之后，浏览器会做一个特定的标记，这个标记能够被 CSS 识别，a:visited 能够针对浏览器检测已经被访问过的超链接进行样式设计。通过 a:visited 的样式设置，通常能够使访问过的超链接呈现为较淡的颜色，或者以删除线的形式提示用户该超链接已经被单击过。通过以下 CSS 代码，能够使被访问过的链接呈灰色：

```
a:link{
 text-decoration: none;
}
a:visited{
      color: #999;
}
```

效果如图 9-39 所示，在页面中，被访问过的超链接文本变成了灰色。

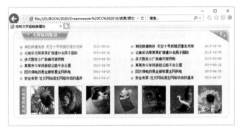

图 9-39 预览超链接文字效果 4

> 💡 **提示**
>
> 在浏览器中，超链接文字默认显示为蓝色有下画线的效果，被单击过的超链接是紫色有下画线的。通过 CSS 样式中的 text-decoration 属性可以轻松地控制超链接下画线的样式及清除下画线。

课堂练习 在网页中创建 E-mail 链接

素材文件	源文件 \ 第 09 章 \9-5.html
案例文件	最终文件 \ 第 09 章 \9-5.html
视频教学	视频 \ 第 09 章 \9-5.mp4
案例要点	掌握创建 E-mail 链接的方法

扫码观看视频

1. 练习思路

无论是个人网站还是商业网站，大多会在网页的下方留下站长或公司的 E-mail 地址，当网友对网站有意见或建议时，就可以直接单击 E-mail 链接，给网站的相关人员发送邮件。E-mail 链接可以建立在文字上，也可以建立在图像上。

创建 E-mail 链接的基本语法如下：

```
<a href="mailto:邮件地址">发送电子邮件</a>
```

创建 E-mail 链接的要求是 E-mail 地址必须完整，如 admin@163.com。

2. 制作步骤

Step 01 执行"文件 > 打开"命令，打开"源文件 \ 第 09 章 \9-5.html"，选中页面版底信息中的 xxxxxx@163.com 文字，如图 9-40 所示。单击"插入"面板中的"电子邮件链接"按钮，如图 9-41 所示。

图 9-40 选中需要设置 E-mail 链接的文字

图 9-41 单击"电子邮件链接"按钮

Step 02 弹出"电子邮件链接"对话框，在"文本"文本框中输入链接文字，在"电子邮件"文本框中输入需要链接的 E-mail 地址，如图 9-42 所示。单击"确定"按钮，完成 E-mail 链接的设置。切换到代码视图，可以看到 E-mail 链接的 HTML 代码，如图 9-43 所示。

图 9-42 "电子邮件链接"按钮

图 9-43 E-mail 链接的 HTML 代码

Step 03 保存页面。在浏览器中预览页面，如图 9-44 所示。单击 xxxxxx@163.com 文字，弹出系统默认的邮件收发软件，如图 9-45 所示。

图 9-44 单击设置了 E-mail 链接的文字

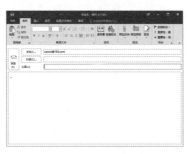

图 9-45 系统默认的邮件收发软件

 提示

E-mail 链接是指当用户在浏览器中单击它之后，不是打开一个网页文件，而是启动客户端系统的 E-mail 软件（如：Outlook Express），并打开一个空白的新邮件，供用户撰写邮件内容。

技巧

用户在设置 E-mail 链接时还可以替浏览者加入邮件的主题。方法是在输入电子邮件地址后加入"?subject= 要输入的主题"语句，例如可以写"客服帮助"，完整的语句为"xxxxxx@163.com?subject= 客服帮助"。

Step 04 如果希望弹出的系统默认邮件收发软件自动填写邮件主题，只需在电子邮件地址之后加入如图 9-46 所示的代码。保存页面，在浏览器中预览页面，单击页面中的 E-mail 链接文字，即可打开如图 9-47 所示的界面。

图 9-47 打开邮件收发软件

图 9-46 添加邮件主题设置代码

素材文件	源文件 \ 第 09 章 \9-6.html
案例文件	最终文件 \ 第 09 章 \9-6.html
视频教学	视频 \ 第 09 章 \9-6.mp4
案例要点	掌握使用 CSS 样式设置超链接样式的方法

扫码观看视频

1. 练习思路

默认的文字超链接效果过于单一，通过 CSS 样式设置超链接伪类可以实现各种不同的超链接文字效果，重点是对 4 种超链接伪类样式进行设置。

2. 制作步骤

Step 01 执行"文件 > 打开"命令，打开"源文件 \ 第 09 章 \9-6.html"，如图 9-48 所示。切换到代码视图，为各新闻标题文字创建空链接，如图 9-49 所示。

Step 02 保存页面，在浏览器中预览页面，可以看到默认的超链接文字的显示效果，如图 9-50 所示。切换到该网页所链接的外部 CSS 样式表文件中，创建名称为 .link01 的类 CSS 样式（4 种超链接伪类样式），如图 9-51 所示。

图 9-48 打开页面　　　　　　图 9-49 创建空链接　　　　　图 9-50 超链接文字默认　　图 9-51 创建类 CSS
　　　　　　　　　　　　　　　　　　　　　　　　　　　　　　　显示效果　　　　　　　　样式 1

Step 03 返回网页的代码视图，在第一条新闻标题的超链接标签中添加 class 属性设置代码，应用名称为 .link01 的类 CSS 样式，如图 9-52 所示。切换到该网页所链接的外部 CSS 样式表文件中，创建名称为 .link02 的类CSS 样式（4 种超链接伪类样式），如图9-53所示。

图 9-52 应用类 CSS 样式 1

图 9-53 创建类 CSS
样式 2

Step 04 返回网页的代码视图，为其他新闻标题超链接应用名称为 .link02 的类 CSS 样式，如图 9-54 所示。保存页面并保存外部 CSS 样式表文件，在浏览器中预览页面，可以看到使用 CSS 样式对超链接文字进行设置的效果，如图9-55所示。

图 9-54 应用类 CSS 样式 2

图 9-55 应用类 CSS 样式后的超链接文字效果

课后习题

完成本章内容的学习后，接下来通过几道课后习题，测验读者对"设置网页超链接"的学习效果，同时加深读者对所学知识的理解。

一、选择题

1. 以下哪一个是正确的 E-mail 链接地址？（　　）

A. xxx.com

B. xxx@.com

C. xxx@xxx.com

D. mailto: xxx@xxx.com

2. 在超链接标签 <a> 中设置 target 的属性值为（　　），可以在新窗口中打开链接的页面。

A. _self　　　　B. _blank　　　　C. _top　　　　D. _parent

3. 为网页中的图片创建 URL 绝对地址超链接，下列写法正确的是（　　）。

A. <a href="http://www.xxx.com">pic.jpg</a>

B. <a href="www.xxx.com">pic.jpg</a>

C. <a href="http://www.xxx.com"><img src="pic.jpg"></a>

D. <img src="pic.jpg"><a href="http://www.xxx.com"></a>

二、填空题

1. target 属性的属性值有 5 个，分别是 _____、_____、_____、_____ 和 _____。

2. 在网页中相应的位置插入锚点以后，就可以创建锚点链接，需要用 _____ 及 _____ 作为 href 的属性值。

3. _____ 伪类用来设置鼠标指针经过或停留在超链接上的样式，该状态是非常实用的状态之一。

三、简答题

简单描述相对路径与绝对路径的区别。

Chapter

10

第10章

插入表单元素

表单可以认为是从 Web 访问者那里收集信息的一种方法，它不仅可以收集访问者的浏览路径，还可以做更多的事情。例如，在访问者登记注册免费邮箱时，可以用表单来收集个人资料；在电子商场购物时，收集每个网上顾客购买商品的信息；甚至在使用搜索引擎查找信息时，查询的关键词都是通过表单提交到服务器中的。本章将向读者介绍如何在网页中插入各种类型的表单元素，并且通过常见表单页面的制作，使读者掌握表单元素的使用方法。

学习目标

- 了解表单的作用
- 理解各种常用表单元素的作用
- 理解各种 HTML 5 表单元素的作用
- 了解 HTML 5 表单验证属性

技能目标

- 掌握在网页中插入表单域和设置表单域属性的方法
- 掌握插入和设置各种常用表单元素的方法
- 掌握插入和设置各种 HTML 5 表单元素的方法
- 掌握登录表单的制作方法
- 掌握注册表单的制作方法
- 掌握留言表单的制作方法

10.1 表单概述

网站不仅可以向浏览者展示信息，同时还能接收用户信息。网络上常见的留言本、注册系统等都是能够实现交互功能的动态网页，可以使浏览者充分与网页进行互动。实现交互功能最重要的 HTML 元素就是表单，掌握表单的相关内容对于大家以后学习动态网页的制作有很大帮助。

10.1.1 表单的作用

表单不是表格，既不用来显示数据，也不用来布局网页。表单提供一个界面、一个入口，便于用户把数据提交给后台程序进行处理。

网页中的 <from></form> 标签用来创建表单，定义了表单开始和结束的位置，这对标签之间的内容都在一个表单当中。表单子元素的作用是提供不同类型的容器，记录用户的数据。

用户完成表单数据的输入之后，表单会将数据提交到后台程序。页面中可以有多个表单，但要确保一个表单只能提交一次数据。

10.1.2 常用表单元素

在 Dreamweaver 的"插入"面板中有一个"表单"选项卡，单击"表单"选项卡，可以看到能在网页中插入的表单元素按钮，如图 10-1 所示。

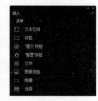

图 10-1 "表单"选项卡中的表单元素按钮

常用表单元素说明如表 10-1 所示。

表 10-1 常用表单元素说明

常用表单元素	说明
表单	单击该按钮，可在网页中插入一个表单域。所有表单元素想要发挥作用，就必须处于表单域中
文本	单击该按钮，可在表单域中插入一个可以输入一行文本的文本域。文本域可以接受任何类型的文本、字母与数字内容
密码	单击该按钮，可在表单域中插入密码域。密码域可以接受任何类型的文本、字母与数字内容。当以密码域的方式显示的时候，输入的文本都会以星号或项目符号的形式显示，这样可以避免别的用户看到这些文本信息
文本区域	单击该按钮，可在表单域中插入一个可输入多行文本的文本区域
按钮	单击该按钮，可在表单域中插入一个普通按钮，单击该按钮，可以执行某一脚本或程序，并且用户还可以自定义按钮的名称和标签
提交按钮	单击该按钮，可在表单域中插入一个提交按钮，该按钮用于向表单处理程序提交表单域中所填写的内容

常用表单元素	说明
重置按钮	单击该按钮，可在表单域中插入一个重置按钮，重置按钮会将所有表单字段重置为初始值
文件	单击该按钮，可在表单中插入一个文本字段和一个"浏览"按钮。浏览者可以浏览本地计算机上的某个文件并将该文件作为表单数据上传
图像域	单击该按钮，可在表单域中插入一个可放置图像的区域。放置的图像用于生成图形化的按钮，例如"提交"或"重置"按钮
隐藏域	单击该按钮，可在表单中插入一个隐藏域，可以存储用户输入的信息，如姓名、电子邮件地址或常用的查看方式，用户下次访问该网站的时候可以使用这些数据
选择	单击该按钮，可在表单域中插入列表或菜单。插入列表会在一个列表框中显示多个选项，浏览者可以从该列表框中选择多个选项。插入菜单则在一个菜单中显示选项值，浏览者只能从中选择单个选项
单选按钮	单击该按钮，可在表单域中插入一个单选按钮。单选按钮表示互相排斥的选择。在单选按钮组（由两个或多个共享同一名称的按钮组成）中选择一个单选按钮，就会取消选择该组中的其他单选按钮
单选按钮组	单击该按钮，在表单域中插入一组单选按钮，也就是直接插入多个（两个或两个以上）单选按钮
复选框	单击该按钮，可在表单域中插入一个复选框。复选框允许在一组复选框中选择多个选项，也就是说，用户可以选择任意多个适用的选项
复选框组	单击该按钮，可在表单域中插入一组复选框，能够添加多个复选框
域集	单击该按钮，可以在表单域中插入一个域集标签\<fieldset\>。\<fieldset\>标签将表单中的相关元素分组。\<fieldset\>标签将表单内容的一部分打包，生成一组与表单相关的字段。\<fieldset\>标签没有必需的或唯一的属性。当将一组表单元素放到 \<fieldset\> 标签内时，浏览器会以特殊方式来显示它们
标签	单击该按钮，可以在表单域中插入\<label\>标签。\<label\>标签不会向用户呈现任何特殊的样式。不过，它为鼠标用户改善了可用性，因为如果用户单击\<label\>标签内的文本，则会切换到控件本身。\<label\> 标签的 for 属性相当于相关元素的 id 属性，以便将它们捆绑起来

10.1.3 HTML 5表单元素

Dreamweaver CC 2018 提供了对 CSS 3.0 和 HTML 5 强大的支持。在 Dreamweaver CC 2018 中，在"插入"面板的"表单"选项卡中新增了多种 HTML 5 表单元素的插入按钮，以便用户快速地在网页中插入并应用 HTML 5 表单元素，如图 10-2 所示。

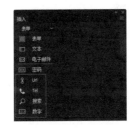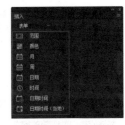

图 10-2 HTML 5 表单元素

HTML 5 表单元素说明如表 10-2 所示。

表 10-2 HTML 5 表单元素说明

表单元素	说明
电子邮件	单击该按钮，可以在表单域中插入电子邮件类型的元素。电子邮件类型用于包含 E-mail 地址的输入域，在提交表单时，会自动验证 E-mail 域的值
Url	单击该按钮，可在表单域中插入Url类型的元素。利用Url属性可返回当前文档的Url
Tel	单击该按钮，可在表单域中插入Tel类型的元素，是用于电话号码的文本字段
搜索	单击该按钮，可在表单域中插入搜索类型的元素。该按钮用于搜索的文本字段。search 属性是一个可读可写的字符串，可设置或返回当前 Url 的查询部分（问号?之后的部分）
数字	单击该按钮，可在表单域中插入数字类型的元素，是带有 spinner控件的数字字段

表单元素	说明
范围	单击该按钮，可在表单域中插入范围类型的元素。Range对象表示文档的连续范围区域，如用户在浏览器窗口中用鼠标拖动选中的区域
颜色	单击该按钮，可在表单域中插入颜色类型的元素，color属性用于设置文本的颜色（元素的前景色）
月	单击该按钮，可在表单域中插入月类型的元素，即日期字段的月（带有 calendar 控件）
周	单击该按钮，可在表单域中插入周类型的元素，即日期字段的周（带有 calendar 控件）
日期	单击该按钮，可在表单域中插入日期类型的元素，即日期字段（带有 calendar 控件）
时间	单击该按钮，可在表单域中插入时间类型的元素。即日期字段的时、分、秒（带有time控件）。\<time\>标签用于定义公历的时间（24小时制）或日期，时间和时区偏移是可选的。该元素能够以机器可读的方式对日期和时间进行编码
日期时间	单击该按钮，可在表单域中插入日期时间类型的元素，即日期字段（带有calendar和time控件）。datetime 属性规定文本被删除的日期和时间
日期时间（当地）	单击该按钮，可在表单域中插入日期时间（当地）类型的元素，即日期字段（带有calendar和time控件）

10.2 常用表单元素的应用

每个表单都是由一个表单域和若干个表单元素组成的，本节将向读者介绍如何在网页中插入表单元素，并对表单元素进行设置。

10.2.1 表单域

表单域是表单中必不可少的一项元素，所有的表单元素都要放在表单域中才会有效，制作表单页面的第一步就是插入表单域。

如果需要在网页中插入表单域，只需在"插入"面板的"表单"选项卡中单击"表单"按钮，如图 10-3 所示，即可在光标所在位置插入表单域。表单域在 Dreamweaver 的设计视图中显示为红色虚线框，如图 10-4 所示。切换到代码视图，可以看到表单域的 HTML 代码，如图 10-5 所示。

图 10-3 单击"表单"按钮

图 10-4 表单域显示效果

图 10-5 表单域的 HTML 代码

 提示

表单域只有在 Dreamweaver 的设计视图中才显示为红色虚线框，主要是为了便于用户在设计视图中看到表单区域，在浏览器中预览时是不会显示红色虚线框的。

表单域标签为 \<form\>，用于表示一个表单的区域范围，可以在表单域中插入相应的表单元素。插入表单域的基本语法格式如下：

```
<form name="表单名称" action="表单处理程序" method="数据传送方式">
...
</form>
```

在表单域的 <form> 标签中，可以设置表单的基本属性，包括表单的名称、处理程序和传送方法等。一般情况下，表单的处理程序（action）属性和传送方法（method）属性是必不可少的。action 属性用于指定将表单数据提交到哪个地址进行处理，name 属性用于给表单命名，这一属性不是表单必需的属性。

表单域的 method 属性用来定义处理程序从表单中获得信息的方式，它决定了表单中已收集的数据是用什么方法发送到服务器的。传送方式只有两种选择，即 get 或 post。

● get

表单数据会被作为 CGI 或 ASP 的参数发送，也就是说，来访者输入的数据会附加在 URL 之后，由用户端直接发送至服务器，所以速度比使用 post 方式的速度快，但缺点是数据长度不能太长。

● post

表单数据与 URL 是分开发送的，客户端的计算机会通知服务器来读取数据，所以通常数据长度没有限制，缺点是速度比 get 慢，默认值为 get。

 技巧

通常情况下，在选择表单数据的传送方式时，简单、少量和安全的数据可以使用 get 方式进行传递，大量的数据内容或者需要保密的内容则使用 post 方式进行传送。

10.2.2 文本域

文本域属于表单中使用比较频繁的表单元素，在文本域中，可以输入任意类型的文本、数字或字母，在网页中很常见。

如果需要插入文本域，只需在"插入"面板的"表单"选项卡中单击"文本"按钮，如图 10-6 所示，即可在光标所在位置插入文本域，如图 10-7 所示。切换到代码视图，可以看到文本域的 HTML 代码，如图 10-8 所示。

图 10-6 单击"文本"按钮

图 10-7 插入文本域

图 10-8 文本域的 HTML 代码

插入文本域的基本语法如下：

```
<input type="text" value="初始内容" size="字符宽度" maxlength="最多字符数">
```

该语法中包含了很多属性，它们的含义和取值方法并不相同。其中，name、size、maxlength 属性一般是不会省略的参数。

文本域各属性的说明如表 10-3 所示。

表 10-3　文本域属性说明

属性	说明
name	该属性用于设置文本域的名称，用于和页面中其他表单元素加以区别，命名时不能包含特殊字符，也不能以HTML预留作为名称
size	该属性用于设置文本域在页面中显示的宽度，以字符作为单位
maxlength	该属性用于设置在文本域中最多可以输入的字符数
value	该属性用于设置在文本域中默认显示的内容

 技巧

如果只需以单行文本框显示相应的内容，而不允许浏览者输入内容，可以在 input 的 <input> 标签中添加 readonly 属性，并设置该属性的值为 true。

10.2.3 密码域

密码域用于输入密码。当浏览者输入密码时，在密码框内将以星号或其他系统定义的符号显示密码，以保证信息安全。

在"插入"面板的"表单"选项卡中单击"密码"按钮，如图 10-9 所示，即可在光标所在位置插入密码域，如图 10-10 所示。切换到代码视图，可以看到密码域的 HTML 代码，如图 10-11 所示。

图 10-9 单击"密码"按钮

图 10-10 插入密码域

图 10-11 密码域的 HTML 代码

插入密码域的基本语法如下：

```
<input type="password" name="元素名称" size="元素宽度" maxlength="最长字符数" value="默认内容">
```

使用该语法可在网页中生成一个空的密码框，除了显示不同的内容，密码框的其他属性和单行文本框一样。

10.2.4 按钮、提交和重置

按钮的作用是当用户单击后，执行一定的任务，常见的按钮有提交按钮、重置按钮等。浏览者在网上申请邮箱、注册会员时都会见到。在 Dreamweaver 中，按钮分为 3 种类型，即按钮、提交和重置。

按钮元素需要用户指定单击该按钮时需要执行的操作，例如，添加一个 JavaScript 脚本，使得当浏览者单击该按钮时打开另一个页面。

"提交"按钮的功能是当用户单击该按钮时，提交表单数据内容至表单域 action 属性中指定的页面或脚本。

"重置"按钮的功能是当用户单击该按钮时，清除表单中所做的设置，恢复为默认设置。

在"插入"面板的"表单"选项卡中单击相应的按钮，如图 10-12 所示，即可在光标所在位置插入"按钮""提交""重置"按钮，如图 10-13 所示。切换到代码视图中，可以看到"按钮""提交""重置"按钮的 HTML 代码，如图 10-14 所示。

图 10-12 单击相应按钮

图 10-13 按钮显示效果

图 10-14 "按钮""提交""重置"按钮的 HTML 代码

插入按钮表单元素的基本语法如下：

> 普通按钮：`<input type="button" value="按钮名称">`
> 重置按钮：`<input type="reset" value="按钮名称">`
> 提交按钮：`<input type="submit" value="按钮名称">`

对于表单而言，按钮是非常重要的，它能够控制用户对表单内容的操作，如"提交"或"重置"。如果要将表单内容发送到远端服务器上，可使用"提交"按钮；如果要清除现有的表单内容，可使用"重置"按钮。如果需要修改按钮上的文字，可以在按钮的 <input> 标签中修改 value 属性值。

10.2.5 图像按钮

使用默认的按钮形式往往会让人觉得单调，如果网页使用了较为丰富的色彩或稍微复杂的设计，再使用表单默认的按钮形式甚至会破坏整体的美感。这时，可以使用图像域创建与网页整体效果统一的图像按钮。

在"插入"面板的"表单"选项卡中单击"图像按钮"按钮，如图 10-15 所示，弹出"选择图像源文件"对话框。在该对话框中选择需要作为图像按钮的图像，如图 10-16 所示。单击"确定"按钮，即可将所选择的图像作为图像按钮插入到网页中。

图 10-15 单击"图像按钮"
按钮

图 10-16 "选择图像源文件"对话框

表单提供的图像按钮元素可以替代提交按钮，实现提交表单的功能。

插入图像域的基本语法如下：

> `<input type="image" src="图片路径">`

 提示

默认情况下，图像域只起到提交表单数据的作用，不能起到其他的作用。如果想要改变其用途，则需要在图像域标签中添加特殊的代码。

素材文件	源文件 \ 第 10 章 \10-2-6.html
案例文件	最终文件 \ 第 10 章 \10-2-6.html
视频教学	视频 \ 第 10 章 \10-2-6.mp4
案例要点	掌握在网页中插入表单元素制作登录页面的方法

扫码观看视频

Step 01 执行"文件 > 打开"命令，打开"源文件 \ 第 10 章 \10-2-6.html"，效果如图 10-17 所示。将光标移至页面中名称为 login 的 Div 中，将多余的文本删除。单击"插入"面板中的"表单"按钮，如图 10-18 所示。

Step 02 在页面中光标所在位置插入表单域，如图 10-19 所示。将光标移至表单域中，单击"插入"面板中的"文本"按钮，如图 10-20 所示。

图 10-17 打开页面

图10-18 单击"表单"按钮

图 10-19 插入表单域

图10-20 单击"文本"按钮

Step 03 在光标所在位置插入文本域，将提示文字删除，如图 10-21 所示。切换到代码视图，对刚插入的文本域的属性进行设置，如图 10-22 所示。

图 10-21 插入文本域

图 10-22 添加属性设置代码 1

提示

placeholder 属性是 HTML 5 新增的表单元素属性。当用户还没有把焦点定位到输入文本框的时候，可以使用 placeholder 属性向用户展示提示信息。当该输入文本框获取焦点时，该提示信息就会消失。

Step 04 切换到该网页所链接的外部 CSS 样式表文件中，创建名称为 #uname 的 CSS 样式，如图 10-23 所示。返回设计页面，可以看到应用 CSS 样式后的文本域效果，如图 10-24 所示。

Step 05 将光标移至页面中的文本域后，单击"插入"面板中的"密码"按钮，如图 10-25 所示。在光标所在位置插入密码域，将提示文字删除，如图 10-26 所示。

图 10-23 创建 CSS 样式 1

图 10-24 文本域效果

图 10-25 单击"密码"按钮

图 10-26 插入密码域

Step 06 切换到代码视图，对刚插入的文本域的属性进行设置，如图 10-27 所示。切换到该网页所链接的外部 CSS 样式表文件中，创建名称为 #upass 的 CSS 样式，如图 10-28 所示。

图 10-27 添加属性设置代码 2

图 10-28 创建 CSS 样式 2

Step 07 返回设计视图，可以看到应用 CSS 样式后的密码域效果，如图 10-29 所示。将光标移至密码域中，按快捷键 Shift+Enter，插入换行符，输入相应的文字，如图 10-30 所示。

Step 08 将光标移至文字之后，按快捷键 Shift+Enter，插入换行符，单击"插入"面板中的"图像按钮"，如图 10-31 所示。在弹出的"选择图像源文件"对话框中，选择需要作为图像按钮的图像，如图 10-32 所示。

图 10-29 应用 CSS 样式后
的密码域效果

图 10-30 插入换行符并输
入文字

图 10-31 单击"图像按钮"

图 10-32 选择作为图像按钮的图像

Step 09 单击"确定"按钮，即可在光标所在位置插入图像按钮，如图 10-33 所示。切换到代码视图，可以看到刚插入的图像按钮的 HTML 代码，修改图像按钮的 ID 名称为 btn，如图 10-34 所示。

Step 10 切换到该网页所链接的外部 CSS 样式表文件中，创建名称为 #btn 的 CSS 样式，如图 10-35 所示。返回设计视图，可以看到应用 CSS 样式后的图像按钮效果，如图 10-36 所示。

图 10-33 插入图像按钮

图 10-34 图像按钮的 HTML 代码

图 10-35 创建 CSS 样式 3

图 10-36 应用 CSS 样
式后的图像按钮效果

Step 11 完成该登录表单的制作，保存页面并保存外部 CSS 样式表文件。在浏览器中预览页面，效果如图 10-37 所示。用户可以在文本域和密码域中输入相应的内容，如图 10-38 所示。

图 10-37 预览登录表单

图 10-38 在文本域和密码域中输入内容

10.2.6 文本区域

如果用户需要输入大量的内容，单行文本框显然无法完成，这就需要使用文本区域。通常在一些注册页面中看到的用户注册协议就是使用文本区域制作的。

在"插入"面板的"表单"选项卡中单击"文本区域"按钮，如图 10-39 所示，即可在光标所在位置插入文本区域，效果如图 10-40 所示。切换到代码视图，可以看到文本区域的 HTML 代码，如图 10-41 所示。

图 10-40 文本区域显示效果

图 10-39 单击"文本区域"按钮

图 10-41 文本区域的 HTML 代码

插入文本区域的基本语法如下：

```
<textarea cols="宽度" rows="行数"></textarea>
```

<textarea> 与 </textarea> 之间的内容为文本区域中显示的初始文本内容。文本区域的常用属性有 cols（列），和 rows（行）。cols 属性用于设置文本区域的宽度，rows 属性用于设置文本区域的具体行数。

 提示

在文本区域标签 <textarea> 中可以通过 wrap 属性控制文本的换行方法。该属性的值有 off、virtual 和 phisical。off 值表示输入的字符超过文本区域的宽度时不会自动换行；virtual 值和 phicical 值表示会自动换行。不同的是，virtual 值输出的数据在自动换行处没有换行符号，phisical 值输出的数据在自动换行处有换行符号。

10.2.7 文件域

文件域可以让用户在域的内部填写文件路径，然后通过表单上传，这是文件域的基本功能。例如，在线发送 E-mail 时常见的附件功能。有的时候用户需要将文件提交给网站，例如 Office 文档、浏览者的个人照片或者其他类型的文件，这个时候就会用到文件域。

在"插入"面板的"表单"选项卡中单击"文件"按钮，如图 10-42 所示，即可在光标所在位置插入文件域，

显示效果如图 10-43
所示。切换到代码视
图，可以看到文件域
的 HTML 代码，如
图 10-44 所示。

图 10-42 单击 "文件" 按钮

图 10-43 文件域显示效果

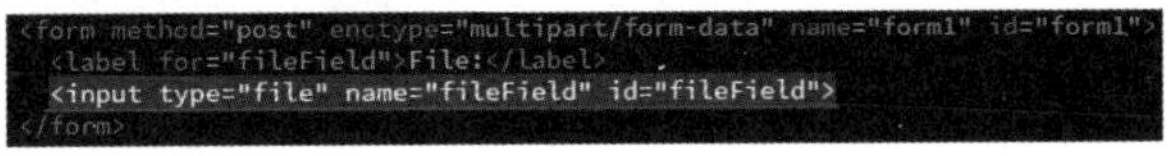

图 10-44 文件域的 HTML 代码

插入文件域的基本语法如下：

```
<input type="file" name="fileField">
```

文件域由一个文本框和一个 "浏览" 按钮组成。浏览者可以通过表单的文件域来上传指定的文件，浏览者既可以在文件域的文本框中输入一个文件的路径，也可以单击文件域中的 "浏览" 按钮来选择一个文件。当访问者提交表单时，这个文件将被上传。

10.2.8 隐藏域

隐藏域在网页中有着非常重要的作用，既可以存储用户输入的信息，如姓名、电子邮件地址或常用的查看方式，在用户下次访问该网站的时候使用这些数据，但是用户在浏览页面的过程中是看不到的，只有在页面的 HTML 代码中才可以看到。

很多时候传给程序的数据不需要浏览者填写，这种情况下通常采用隐藏域传递数据。

在 "插入" 面板的 "表单"
选项卡中单击 "隐藏" 按钮，如
图 10-45 所示，即可在光标所
在位置插入隐藏域。切换到代码
视图，可以看到隐藏域的 HTML
代码，如图 10-46 所示。

图 10-45 单击 "隐藏" 按钮

图 10-46 隐藏域的 HTML 代码

插入隐藏域的基本语法如下：

```
<input type="hidden" name="hiddenField" value="数据">
```

隐藏域在页面中不可见，但是可以装载和传输数据。

10.2.9 选择域

选择域的功能与复选框和单选按钮的功能差不多，都可以列举出很多选项供浏览者选择，其最大的好处就是可以在有限的空间内为用户提供更多的选项，非常节省版面。其中，列表提供一个滚动条，方便用户浏览许多选项，并进行多重选择；下拉菜单默认仅显示一个选项，该选项为活动选项，用户可以打开菜单，但只能选择其中一个选项。

在“插入”面板的“表单”选项卡中单击“选择”按钮，如图 10-47 所示，即可在光标所在位置插入选择域，如图 10-48 所示。切换到代码视图，可以看到选择域的 HTML 代码，如图 10-49 所示。

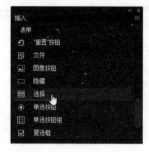

图 10-47 单击“选择”按钮

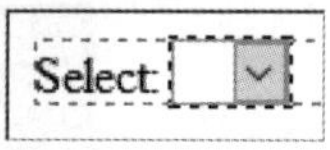

图 10-48 选择域显示效果

```
<form method="post" name="form1" id="form1">
  <label for="select">Select:</label>
  <select name="select" id="select">
  </select>
</form>
```

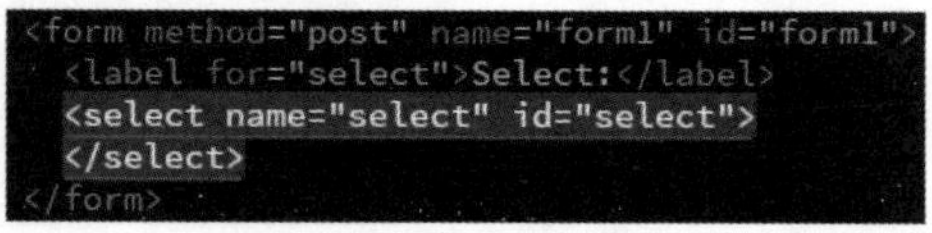

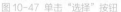

图 10-49 选择域的 HTML 代码

插入选择域的基本语法如下：

```
<select>
<option>列表值</option>
</select>
```

网页的表单提供了选择域控件，其标签是 <select></select>，其子项 <option></option> 为数据选项。如果 <select></select> 标签加上 multiple 属性，选择域即以菜单控件的形式出现。无论是下拉列表还是菜单，数据选项 <option></option> 的 select 属性可指示初始值。

10.2.10 单选按钮和单选按钮组

单选按钮可以组的形式出现，提供彼此排斥的选项，用户在单选按钮组内只能选择一个单选按钮。

在“插入”面板的“表单”选项卡中单击“单选按钮”，如图 10-50 所示，即可在光标所在位置插入单选按钮，如图 10-51 所示。切换到代码视图，可以看到单选按钮的 HTML 代码，如图 10-52 所示。

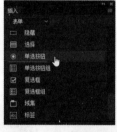

图 10-50 单击“单选按钮”

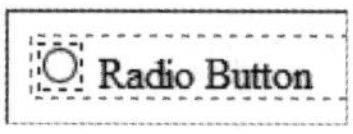

图 10-51 单选按钮效果

```
<form method="post" name="form1" id="form1">
  <input type="radio" name="radio" id="radio" value="radio">
  <label for="radio">Radio Button </label>
```

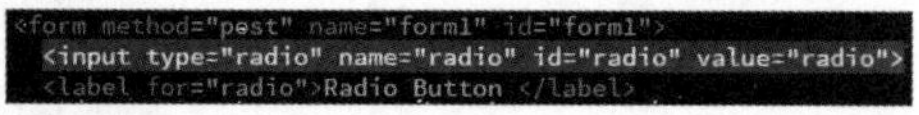

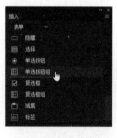

图 10-52 单选按钮的 HTML 代码

如果希望一次插入多个单选按钮，可以在“插入”面板的“表单”选项卡中单击“单选按钮组”按钮，如图 10-53 所示。此时会弹出“单选按钮组”对话框，在该对话框中可以对所要插入的单选按钮进行设置，如图 10-54 所示。单击“确定”按钮，即可一次插入多个单选按钮，如图 10-55 所示。

图 10-53 单击“单选按钮组”按钮

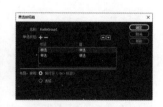

图 10-54 “单选按钮组”对话框

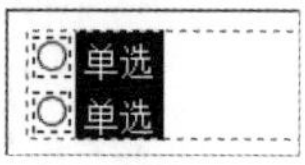

图 10-55 多个单选按钮

插入单选按钮的基本语法如下：

```
<input type="radio" name="radio" checked="checked">
```

为了保证多个单选按钮属于同一组，一组中每个单选按钮都需要具有相同的 name 属性值，操作时在单选按钮组中只能选定一个单选按钮。

10.2.11 复选框和复选框组

为了让浏览者更快捷地在表单中填写数据，表单提供了复选框元素，浏览者可以在一组复选框中勾选一个或多个复选框。

在"插入"面板的"表单"选项卡中单击"复选框"按钮，如图 10-56 所示，即可在光标所在位置插入复选框，如图 10-57 所示。切换到代码视图，可以看到复选框的 HTML 代码，如图 10-58 所示。

图 10-56 单击"复选框"按钮

图 10-57 复选框显示效果

图 10-58 复选框的 HTML 代码

在"插入"面板的"表单"选项卡中单击"复选框组"按钮，如图 10-59 所示。此时会弹出"复选框组"对话框，在该对话框中可以对所要插入的复选框进行设置，如图 10-60 所示。单击"确定"按钮，即可一次插入多个复选框，如图 10-61所示。

图 10-59 单击"复选框组"按钮

图 10-60 "复选框组"对话框

图 10-61 插入多个复选框

插入复选框的基本语法如下：

```
<input type="checkbox" checked="checked" value="选项值">
```

在网页中插入的复选框默认状态下是没有被选中的，如果希望复选框默认呈选中状态，可以在复选框的 <input> 标签中添加 checked 属性设置代码。

课堂案例 制作注册页面

素材文件	源文件 \ 第 10 章 \10-2-13.html
案例文件	最终文件 \ 第 10 章 \10-2-13.html
视频教学	视频 \ 第 10 章 \10-2-13.mp4
案例要点	掌握各种表单元素的创建和设置

扫码观看视频

Step 01 执行"文件 > 打开"命令,打开"源文件 \ 第 10 章 \10-2-13.html",如图 10-62 所示。将光标移至页面中名称为 reg 的 Div 中,将多余的文本删除,单击"插入"面板中的"表单"按钮,插入表单域,如图 10-63 所示。

图 10-62 打开页面　　　　　　　　　　　　图 10-63 插入表单域

Step 02 将光标移至表单域中,单击"插入"面板中的"段落"按钮。切换到代码视图,可以看到插入的段落代码,如图 10-64 所示。切换到外部 CSS 样式表文件中,创建名称为 #reg p 的 CSS 样式,如图 10-65 所示。

图 10-64 插入段落　　　　　　　　　　　　图 10-65 创建 CSS 样式

Step 03 返回设计视图,将光标移至段落中,单击"插入"面板中的"文本"按钮,插入文本域,修改提示文字,如图 10-66 所示。切换到代码视图,对刚插入的文本域的相关属性进行设置,如图 10-67 所示。

图 10-66 插入文本域　　　　　　　　　　　图 10-67 添加属性设置代码 1

Step 04 切换到外部 CSS 样式表文件中,创建名称分别为 .input01 和 .font01 的类 CSS 样式,如图 10-68 所示。返回网页的代码视图,为相应的文字应用名称为 .font01 的类 CSS 样式,为刚插入的文本域应用名称为 .input01 的类 CSS 样式,如图 10-69 所示。

图 10-68 创建类 CSS 样式 1　　　　　　　图 10-69 为文本域应用类 CSS 样式

Step 05 返回设计视图,可以看到文本域的效果,如图 10-70 所示。将光标移至文本域中之后,输入相应的文字,如图 10-71 所示。

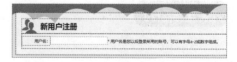

图 10-70 设计视图中的文本域效果　　　　　图 10-71 输入文字

Step 06 切换到外部 CSS 样式表文件中,创建名称为 .red 的类 CSS 样式,如图 10-72 所示。返回网页代码视图,为相应的文字添加 <span> 标签。在 <span> 标签中添加 class 属性,应用名称为 .red 的类 CSS 样式,如图 10-73 所示。

Step 07 返回设计视图,将光标移至刚输入的文字后,按 Enter 键,可以插入下一个段落,如图 10-74 所示。单击"插入"面板中的"电子邮件"按钮,插入电子邮件,修改提示文字,如图 10-75 所示。

图 10-72 创建
类 CSS 样式 2　　　　图 10-73 为文字应用类 CSS 样式　　　　图 10-74 插入段落　　　图 10-75 插入电
子邮件表单元素

Step 08 切换到代码视图，对刚插入的电子邮件表单元素的相关属性进行设置，如图 10-76 所示。在刚插入的表单
元素后输入相应的文字，并分别为
电子邮件表单元素和相应的文字应
用相应的类 CSS 样式，如图 10-77
所示。

图 10-76 添加属性设置代码 2　　　　图 10-77 为网页元素应用类 CSS 样式

Step 09 返回设计视图，可以看到刚制作的电子邮件表单元素的效果，如图 10-78 所示。使用相同的制作方法，可
以制作出相似的注册项，如图 10-79 所示。

Step 10 将光标移至"确认密码："表单元素之后，按 Enter 键，插入一个段落，输入相应的文字，如图 10-80 所
示，并为文字应用名称为 .font01 的类 CSS 样式。单击"插入"面板中的"单选按钮组"按钮，弹出"单选按钮组"
对话框，具体设置如图 10-81 所示。

图 10-78 电子邮件的显示效果　　　图 10-79 制作出相似的表单元素　　　图 10-80 插入换行符　　　图 10-81 "单选按钮组"对
　　　　　　　　　　　　　　　　　　　　　　　　　　　　　　　　　　　并输入文字　　　　　　话框

Step 11 单击"确定"按钮，插入单
选按钮组，并将多余的换行符删除，
效果如图 10-82 所示。切换到代码
视图，在"男"表单元素标签中添
加 checked 属性设置代码，将该单
选按钮设置为选中状态，如图 10-83
所示。

图 10-82 插入单选按钮组　　　　　　图 10-83 添加属性设置代码 3

Step 12 返回设计视图，将光标移至"性别："注册项之后，按 Enter 键，插入一个段落。单击"插入"面板中的"选
择"按钮，插入选择域，修改提示文字，如图 10-84 所示。切换到代码视图，在刚插入的选择域标签之间添加
<option> 标签，添加相应的列表选项，如图 10-85 所示。

Step 13 返回设计视图，在刚插入的选择域之后再插入一个选择域并输入相应的文字，效果如图 10-86 所示。切换
到外部 CSS 样式表文件中，创建名称为 .input02 的类 CSS 样式，如图 10-87 所示。

图 10-84 插入选择域　　　　图 10-85 添加列表选项　　　图 10-86 插入选择域并输入文字　　　图 10-87 创建类 CSS 样式 3

Step 14 切换到代码视图，为选择域应用名称为 .input02 的类 CSS 样式，为其他文字分别应用相应的类 CSS 样式，如图 10-88 所示。返回设计视图，可以看到选择域的效果，如图 10-89 所示。

图 10-88 应用类 CSS 样式

图 10-89 选择域的效果

Step 15 使用相同的制作方法，可以完成其他注册表单项的制作，效果如图 10-90 所示。将光标移至《服务协议》文字之后，按 Enter 键，插入一个段落。单击"插入"面板中的"图像按钮"按钮，弹出"选择图像源文件"对话框。选择需要作为图像按钮的图像，如图 10-91 所示。

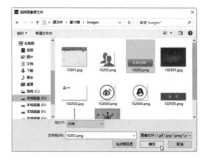

图 10-90 完成其他表单项的制作

图 10-91 选择需要作为图像按钮的图像

Step 16 单击"确定"按钮，插入图像按钮，效果如图 10-92 所示。切换到外部 CSS 样式表文件中，创建名称为 .btn01 的类 CSS 样式，如图 10-93 所示。

Step 17 切换到网页的代码视图，为刚插入的图像按钮应用名称为 .btn01 的类 CSS 样式，如图 10-94 所示。返回设计视图，可以看到应用类 CSS 样式后的图像按钮效果，如图 10-95 所示。

图 10-92 插入图像按钮　　图 10-93 创建类 CSS 样式 4　　图 10-94 为图像按钮应用类 CSS 样式　　图 10-95 应用类 CSS 样式的图像按钮效果

Step 18 至此，完成该注册表单页面的制作，保存页面并保存外部 CSS 样式表文件。在浏览器中预览该页面，效果如图 10-96 所示，在各表单元素中可以输入相应的内容，如图 10-97 所示。

图 10-96 预览注册表单页面效果

图 10-97 在表单元素中输入内容

HTML 5表单元素的应用

目前，HTML 5 的应用已经越来越广泛。为了适应 HTML 5 的发展，在 Dreamweaver 中新增了许多全新的 HTML 5 表单元素。HTML 5 不仅增加了一系列功能性的表单、表单元素和表单特性，还增加了自动验证表单功能。本节将向读者介绍 HTML 5 表单元素在网页中的应用。

10.3.1 电子邮件

新增的电子邮件表单元素是专门为输入 E-mail 地址而定义的文本框，主要是为了验证输入的文本是否符合 E-mail 地址的格式，会提示验证结果。

在"插入"面板的"表单"选项卡中单击"电子邮件"按钮，如图 10-98 所示，即可在光标所在位置插入电子邮件表单元素，显示效果如图 10-99 所示。切换到代码视图，可以看到电子邮件表单元素的 HTML 代码，如图 10-100 所示。

图 10-99 电子邮件表单元素显示效果

图 10-98 单击"电子邮件"按钮

图 10-100 电子邮件表单元素的 HTML 代码

电子邮件表单元素的使用方法如下：

```
<input type="email" name="myEmail" id=" myEmail" value="xxxxxx@163.com">
```

此外，电子邮件表单的 input 元素还有一个 multiple 属性，表示在该文本框中可输入用逗号隔开的多个电子邮件地址。

10.3.2 Url

Url 表单元素是专门为输入的 Url 地址进行定义的文本框，在验证输入的文本格式时，如果该文本框中的内容不符合 Url 地址格式，会提示验证错误。

在"插入"面板的"表单"选项卡中单击 Url 按钮，如图 10-101 所示，即可在光标所在位置插入 Url 表单元素，显示效果如图 10-102 所示。切换到代码视图，可以看到 Url 表单元素的 HTML 代码，如图 10-103所示。

图 10-102 Url 表单元素显示效果

图 10-101 单击 Url 按钮

图 10-103 Url 表单元素的 HTML 代码

10.3.3 Tel

Tel 表单元素是专门为输入电话号码而定义的文本框，没有特殊的验证规则。

在"插入"面板的"表单"选项卡中单击 Tel 按钮，如图 10-104 所示，即可在光标所在位置插入 Tel 表单元素，显示效果如图 10-105 所示。切换到代码视图，可以看到 Tel 表单元素的 HTML 代码，如图 10-106 所示。

图 10-104 单击 Tel 按钮

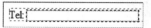

图 10-105 Tel 表单元素显示效果

图 10-106 Tel 表单元素的 HTML 代码

10.3.4 搜索

搜索表单元素是专门为输入搜索引擎关键词而定义的文本框，没有特殊的验证规则。

在"插入"面板的"表单"选项卡中单击"搜索"按钮，如图 10-107 所示，即可在光标所在位置插入搜索表单元素，显示效果如图 10-108 所示。切换到代码视图，可以看到搜索表单元素的 HTML 代码，如图 10-109 所示。

图 10-107 单击"搜索"按钮

图 10-108 搜索表单元素显示效果

图 10-109 搜索表单元素的 HTML 代码

10.3.5 数字

数字表单元素是专门为输入特定的数字而定义的文本框，具有 min、max 和 step 特性，表示允许范围的最小值、最大值和调整步长。

在"插入"面板的"表单"选项卡中单击"数字"按钮，如图 10-110 所示，即可在光标所在位置插入数字表单元素，显示效果如图 10-111 所示。

在"数字"文本框后插入一个"提交"按钮，如图 10-112 所示。切换到代码视图，可以看到添加数字表单元素和"提交"按钮的 HTML 代码，如图 10-113 所示。

图 10-110 单击"数字"按钮

图 10-111 数字表单元素显示效果

图 10-112 插入"提交"按钮

图 10-113 HTML 代码

为数字表单元素添加相应的属性设置代码，如图10-114所示。保存页面，在IE浏览器中预览页面，在数字表单元素中输入一个超出范围的数字，单击"提交"按钮，数字表单元素会显示相应的验证提示，如图10-115所示。

图 10-114 添加属性设置代码

图 10-115 显示验证提示

10.3.6 范围

图 10-116 单击"范围"按钮

范围表单元素可以将输入框显示为滑动条，作用是作为某一特定范围内的数值选择器。和数字表单元素一样具有 min 和 max 特性，表示选择范围的最小值（默认为 0）和最大值（默认为 100），也具有 step 特性，表示拖动步长（默认为 1）。

在"插入"面板的"表单"选项卡中单击"范围"按钮，如图10-116所示，即可在光标所在位置插入范围表单元素，显示效果如图10-117所示。

切换到代码视图，可以看到范围表单元素的 HTML 代码。在该表单元素中添加相应的属性设置代码，如图10-118所示。保存页面，在 IE 浏览器中预览页面，范围表单元素显示为一个滑块，可以通过滑块选择相应的值，如图10-119所示。

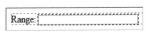

图 10-117 范围表单元素显示效果

图 10-118 添加属性设置代码

图 10-119 范围表单元素显示
效果

10.3.7 颜色

图 10-120 单击"颜色"按钮

颜色表单元素可以作为网页中默认提供的颜色选择器，在大部分浏览器中还不能实现此效果，在 Chrome 浏览器中可以看到颜色表单元素的效果。

如果需要在网页中插入颜色表单元素，只需在"插入"面板的"表单"选项卡中单击"颜色"按钮，如图10-120所示，即可在页面中光标所在位置插入颜色表单元素。切换到代码视图，可以看到颜色表单元素的 HTML 代码，如图10-121所示。

图 10-121 颜色表单元素的 HTML 代码

在 Chrome 浏览器中预览页面，可以看到颜色表单元素的效果，如图10-122所示。单击颜色表单元素的颜色块，可以弹出"颜色"对话框，可以从中选择所需颜色，如图10-123所示。选中颜色后，单击"确定"按钮，如图10-124所示。

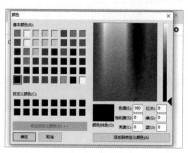

图 10-122 在浏览器中预览颜色　　　图 10-123 "颜色"对话框　　　图 10-124 选择其他颜色后颜色
　　　　　表单元素效果　　　　　　　　　　　　　　　　　　　　　　　　表单元素的效果

10.3.8　时间日期相关表单元素

　　HTML 5 中提供的时间和日期表单元素都会在网页中提供一个对应的时间选择器，在网页中既可以在文本框中输入精确的时间和日期，也可以在选择器中选择时间和日期。

　　在 Dreamweaver 中，插入"月"表单元素，网页会提供一个月选择器；插入"周"表单元素，会提供一个周选择器；插入"日期"表单元素，会提供一个日期选择器；插入"时间"表单元素，会提供一个时间选择器；插入"日期时间"表单元素，会提供一个完整的日期和时间（包含时区）选择器；插入"日期时间（当地）"表单元素，会提供完整的日期和时间（不包含时区）选择器。

　　在 Dreamweaver 中，依次在"插入"面板的"表单"选项卡中单击各种类型的时间和日期表单按钮，如图 10-125 所示，即可在网页中插入相应的时间和日期表单元素。切换到代码视图，可以看到各日期时间表单元素的代码，如图 10-126 所示。

　　在 Chrome 浏览器中预览页面，可以看到 HTML 5 中时间和日期表单元素的效果，如图 10-127 所示。浏览者可以在文本框中输入时间和日期，或者在不同类型的时间和日期选择器中选择时间和日期，如图 10-128 所示。

图 10-125 日期时间　　图 10-126 日期和时间表单元素代码　　图 10-127 在浏览器中时间和　　图 10-128 日期选择器效果
　　相关按钮　　　　　　　　　　　　　　　　　　　　　　　　日期表单元素的效果

课堂案例　制作留言表单页面

素材文件	源文件 \ 第 10 章 \10-3-9.html
案例文件	最终文件 \ 第 10 章 \10-3-9.html
视频教学	视频 \ 第 10 章 \10-3-9.mp4
案例要点	掌握插入和设置 HTML 5 表单元素的方法

扫码观看视频

Step 01 执行"文件 > 打开"命令,打开"源文件 \ 第 10 章 \10-3-9.html",如图 10-129 所示。将光标移至页面的 <p> 标签中,将多余的文字删除,在"插入"面板的"表单"选项卡中单击"文本"按钮,如图 10-130 所示。

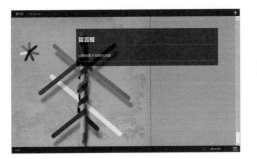

图 10-129 打开页面　　　　　　　图 10-130 单击"文本"按钮

Step 02 在光标所在位置插入一个文本域,将光标移至刚插入的文本域前,修改相应的文字,如图 10-131 所示。切换到代码视图,对刚插入的文本域的相关属性进行设置,如图 10-132 所示。

图 10-131 插入文本域并修改文字　　　图 10-132 设置文本域属性

Step 03 切换到外部 CSS 样式表文件中,创建名称为 #uname 的 CSS 样式,如图 10-133 所示。返回网页的设计视图,可以看到文本域的效果,如图 10-134 所示。

Step 04 将光标移至刚插入的文本域后,按 Enter 键,插入段落,如图 10-135 所示。在"插入"面板的"表单"选项卡中单击"电子邮件"按钮,如图 10-136 所示。

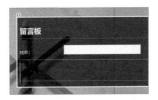

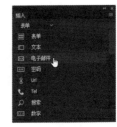

图 10-133 创建 CSS 样式 #uname　　　图 10-134 文本域效果　　　图 10-135 插入段落　　　图 10-136 单击"电子邮件"按钮

Step 05 在网页中插入电子邮件表单元素,如图 10-137 所示,修改相应的提示文字。切换到代码视图,对刚插入的电子邮件表单元素的相关属性进行设置,如图 10-138 所示。

图 10-137 插入电子邮件表单元素　　　图 10-138 设置电子邮件表单元素属性

Step 06 切换到外部 CSS 样式表文件中,创建名称为 #email 的 CSS 样式,如图 10-139 所示。返回网页的设计视图,可以看到电子邮件表单元素的效果,如图 10-140 所示。

图 10-139 创建 CSS 样式 #email　　　图 10-140 电子邮件表单元素的效果

Step 07 使用相同的制作方法，在网页中插入其他表单元素，并创建相应的 CSS 样式，效果如图 10-141 所示。保存页面，在浏览器中预览页面，可以看到页面中表单元素的效果，如图 10-142 所示。

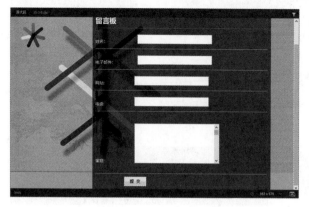

图 10-141 插入其他表单元素

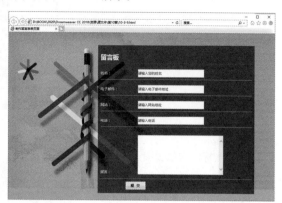

图 10-142 在浏览器中预览各表单元素的效果

Step 08 在网页中的表单中根据提示输入相应信息，当"姓名"和"电子邮件"为空时，单击"提交"按钮，会弹出提示信息，如图 10-143 所示。当输入的电子邮件地址格式错误时，单击"提交"按钮，会提示电子邮件地址有误，如图 10-144 所示。

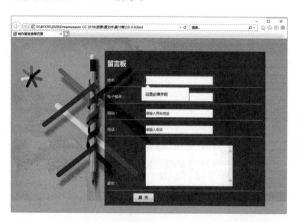

图 10-143 必填项提示

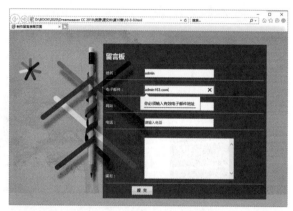

图 10-144 电子邮件地址有误提示

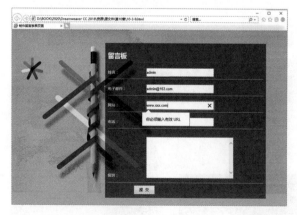

图 10-145 URL 地址有误提示

Step 09 如果在 Url 表单元素中填写的 URL 地址格式不正确，单击"提交"按钮，会提示 URL 地址有误，如图 10-145 所示。

 提示

Url 表单元素要求输入的内容必须是包含协议的完整的 URL 地址，例如，http://www.xxx.com 或 ftp://129.0.0.1 等。

素材文件	源文件 \ 第 10 章 \10-4.html	
案例文件	最终文件 \ 第 10 章 \10-4.html	扫码观看视频
视频教学	视频 \ 第 10 章 \10-4.mp4	
案例要点	掌握插入复选框组的方法	

1. 练习思路

复选框也是网页中一种常见的表单元素，在一组复选框中用户可以同时选择多个选项。网页中常见的投票机制都是使用复选框表单元素来制作的。

2. 制作步骤

Step 01 执行"文件 > 打开"命令，打开"源文件 \ 第 10 章 \10-4.html"，如图 10-146 所示。将光标移至页面的 <p> 标签中，删除多余的文字。在"插入"面板的"表单"选项卡中单击"复选框组"按钮，如图 10-147 所示。

Step 02 弹出"复选框组"对话框，设置相关选项，如图 10-148 所示。单击"确定"按钮，即可在光标所在位置插入一组复选框，效果如图 10-149 所示。

图 10-146 打开页面

图 10-147 单击"复选框组"按钮

图 10-148 "复选框组"对话框

图 10-149 插入一组复选框

Step 03 切换到代码视图，可以看到刚插入的复选框组的 HTML 代码，如图 10-150 所示。返回设计视图，将光标移至名称为 diaochabtn 的 Div 中，将多余的文字删除。单击"插入"面板中的"图像按钮"按钮，在弹出对话框中选择相应的图像，如图 10-151 所示。

图 10-150 复选框组的 HTML 代码

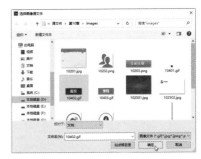

图 10-151 选择作为图像按钮的图像

Step 04 单击"确定"按钮，插入图像按钮，如图 10-152 所示。将光标移至刚插入的图像按钮后，插入图像"源文件 \ 第 10 章 \images\10403.gif"，如图 10-153 所示。切换到该网页所链接外部 CSS 样式表文件中，创建名称为 #diaochabtn img 的 CSS 样式，如图 10-154 所示。

图 10-152 插入图像按钮

图 10-153 插入图像

图 10-154 创建 CSS 样式 #diaochabtn img

Step 05 返回设计视图，可以看到名称为 diaochabtn 的 Div 中的图像效果，如图 10-155 所示。保存页面并保存外部 CSS 样式表文件，在浏览器中预览页面，可以看到所制作的投票表单的效果，如图 10-156 所示。

图 10-155 Div 中的效果

图 10-156 预览投票表单效果

课堂练习 制作发表日志表单页面

素材文件	源文件 \ 第 10 章 \10-5.html
案例文件	最终文件 \ 第 10 章 \10-5.html
视频教学	视频 \ 第 10 章 \10-5.mp4
案例要点	掌握文本域和日期表单元素的使用

扫码观看视频

1. 练习思路

在 HTML 5 中新增了许多全新的表单元素，其中，日期表单元素可以使用户非常方便地设置日期，但目前 IE 11 还不支持该表单元素。

2. 制作步骤

Step 01 执行"文件 > 打开"命令，打开"源文件 \ 第 10 章 \10-5.html"，如图 10-157 所示。将光标移至页面的 <p> 标签中，将多余的文字删除。单击"插入"面板中的"文本"按钮，插入文本域，将文本域的提示文字删除，如图 10-158 所示。

图 10-157 打开页面

图 10-158 插入文本域

Step 02 切换到代码视图，在刚插入的文本域标签中添加相应的属性设置代码，如图 10-159 所示。切换到该网页链接的外部 CSS 样式表文件中，创建名称为 #tit 的 CSS 样式，如图 10-160 所示。

图 10-159 添加属性设置代码 1

图 10-160 创建 CSS 样式 #tit

Step 03 返回设计视图，将光标移至文本域之后，按 Enter 键插入段落。单击"插入"面板中的"文本区域"按钮，插入文本区域，将提示文字删除，如图 10-161 所示。切换到代码视图，在刚插入的文本区域标签中添加相应的属性设置代码，如图 10-162 所示。

图 10-161 插入文本区域

图 10-162 添加属性设置代码 2

Step 04 切换到该网页链接的外部 CSS 样式表文件中，创建名称为 #textarea 的 CSS 样式，如图 10-163 所示。返回设计视图，将光标移至文本区域之后，按 Enter 键插入段落，分别插入"日期"和"时间"表单元素，效果如图 10-164 所示。

图 10-163 创建 CSS 样式 #textarea

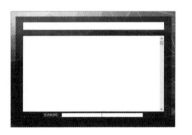

图 10-164 插入日期和时间表单元素

Step 05 切换到该网页链接的外部 CSS 样式表文件中，创建相应的 CSS 样式，如图 10-165 所示。返回网页代码视图，为 <p> 标签应用名称为 .time 的类 CSS 样式，如图 10-166 所示。

图 10-165 创建 CSS 样式

图 10-166 应用类 CSS 样式

Step 06 使用相同的制作方法，可以在"时间"表单元素之后插入图像按钮，并通过 CSS 样式对图像按钮进行设置，效果如图 10-167 所示。保存页面并保存外部 CSS 样式表文件，在 Chrome 浏览器中预览页面，可以看到发表日志表单在页面中的效果，如图 10-168 所示。

图 10-167 插入图像按钮

图 10-168 预览发表日志表单效果

课后习题

完成本章内容的学习后，接下来通过几道课后习题，测验读者对"插入表单元素"的学习效果，同时加深读者对所学知识的理解。

一、选择题

1. 许多表单元素都使用 <input> 标签，在 <input> 标签中通过对 type 属性的设置，可以使表单元素具有不同的表现效果。如果需要表单元素表现为文本域，则需要设置 type 属性为（   ）。

A. text   B. password   C. button   D. file

2. 以下哪一段代码是提交按钮的？（   ）

A. <input type="button" value=" 按钮名称 ">

B. <input type="image" src=" 图片路径 ">

C. <input type="reset" value=" 按钮名称 ">

D. <input type="submit" value=" 按钮名称 ">

3. 在 <input> 标签中添加（   ）属性，可以将该表单元素设置为必填项。

A. plachholder   B. required   C. form   D. type

二、填空题

1. _____ 是表单中必不可少的一个元素，所有的表单元素都要放在 _____ 中才会有效，制作表单页面的第一步就是插入 _____。

2. 网页中的表单提供了选择域控件，其标签是 _____，并且其子项 _____ 为数据选项。

3. HTML 5 新增的 _____ 表单元素是专门为输入 E-mail 地址定义的文本框，主要是为了验证输入的文本是否符合 E-mail 地址的格式，会提示验证结果。

三、简答题

简单描述网页中表单的作用是什么。

Chapter

11

第11章

表格和iFrame框架

随着 Web 标准时代的来临，Div+CSS 布局已经慢慢开始取代表格布局，表格正在慢慢地恢复原来的使用方式，也就是只用来显示数据，而不是用来进行页面布局。iFrame 框架是网页中一种特殊的框架应用形式，它可以出现在网页中的任何位置，使用起来非常方便和灵活。本章将向读者介绍表格和 iFrame 框架在网页设计中的应用。

DREAMWEAVER

学习目标

- 理解与表格和单元格相关的标签
- 了解选择表格和单元格的方法
- 理解 iFrame 框架的属性设置
- 了解 HTML 5 结构元素

技能目标

- 掌握在网页中插入表格的方法
- 掌握对表格数据进行排序的方法
- 掌握导入和导出表格数据的方法
- 掌握在网页中插入并设置 iFrame 框架的方法
- 掌握使用 HTML 5 结构元素制作网页的方法

11.1 认识表格

想要熟练地对表格进行处理和操作,必须对表格有清晰的认识。本节将向读者介绍表格的基本结构,以及表格的相关标签,以便在实际的网页制作过程中,可以通过 CSS 样式对表格进行控制。

11.1.1 插入表格

Dreamweaver 为用户提供了极为方便的插入表格的方法。下面将向读者介绍如何在 Dreamweaver 中制作网页时快速地插入表格。

将光标移至需要插入表格的位置,单击"插入"面板中的 Table 按钮,如图 11-1 所示,弹出 Table 对话框。在 Table 对话框中可以设置表格的行数、列数、表格宽度、单元格间距、单元格边距和边框粗细等,如图 11-2 所示。

图 11-1 单击 Table 按钮　　图 11-2 Table 对话框

在 Table 对话框中设置完相关属性后,单击"确定"按钮,即可将表格插入指定位置,如图 11-3 所示。

图 11-3 表格示意图

11.1.2 在网页中插入表格

表格由行、列和单元格 3 部分组成,一般通过 3 个标签来创建,分别是表格标签 <table>、单元行标签 <tr> 和单元格标签 <td>。表格的各种属性都要在表格的开始标签 <table> 和表格的结束标签 </table> 之间才会有效。

● 行

表格中的水平间隔。

● 列

表格中的垂直间隔。

● 单元格

表格中行与列相交产生的区域。

在网页中插入表格的基本语法如下:

```
<table>
    <tr>
```

```
<td>单元格中内容</td>
<td>单元格中内容</td>
    </tr>
        <tr>
<td>单元格中内容</td>
<td>单元格中内容</td>
    </tr>
</table>
```

<table> 标签和 </table> 标签分别表示表格的开始和结束；而 <tr> 和 </tr> 则分别表示表格行的开始和结束，在表格中包含几组 <tr></tr> 就表示该表格有几行；<td> 和 </td> 分别表示单元格的起始和结束。

11.1.3 表格标题

使用 <caption> 标签可以为表格添加一个简短的说明，和图像的说明比较类似。默认情况下，大部分可视化浏览器在表格的上方水平居中位置显示表格标题。

插入表格标题的基本语法如下：

<caption>表格的标题内容</caption>

表格标题可以让浏览者更好地了解表格中的数据所表达的意思，从而节省浏览者的大量时间。

课堂练习 创建数据表格

素材文件	源文件 \ 第 11 章 \11-1-4.html
案例文件	最终文件 \ 第 11 章 \11-1-4.html
视频教学	视频 \ 第 11 章 \11-1-4.mp4
案例要点	掌握创建和设置表格的方法

扫码观看视频

Step 01 执行"文件 > 打开"命令，打开"源文件 \ 第 11 章 \11-1-4.html"，如图 11-4 所示。将光标移至名称为 table_bg 的 Div 中，将多余的文字删除，单击"插入"面板中的 Table 按钮，如图 11-5 所示。

Step 02 弹出 Table 对话框，具体设置如图 11-6 所示。单击"确定"按钮，在页面中可以看到插入的表格，如图 11-7 所示。

图 11-4 打开页面

图 11-5 单击 Table 按钮

图 11-6 Table 对话框

图 11-7 插入表格

Step 03 将鼠标指针移至表格第一列的上方，当鼠标指针变成向下箭头形状时，如图 11-8 所示，单击鼠标左键即可选中第一列，执行"窗口 > 属性"命令，打开"属性"面板，设置"高"为 22，如图 11-9 所示。

图 11-8 选择第一列

图 11-9 设置"高"属性

Step 04 完成单元格高度的设置，此时表格的效果如图 11-10 所示。分别在表格各单元格中输入相应的文字，执行"文件 > 保存"命令，可以在浏览器中看到页面的最终效果，如图 11-11 所示。

图 11-10 表格效果

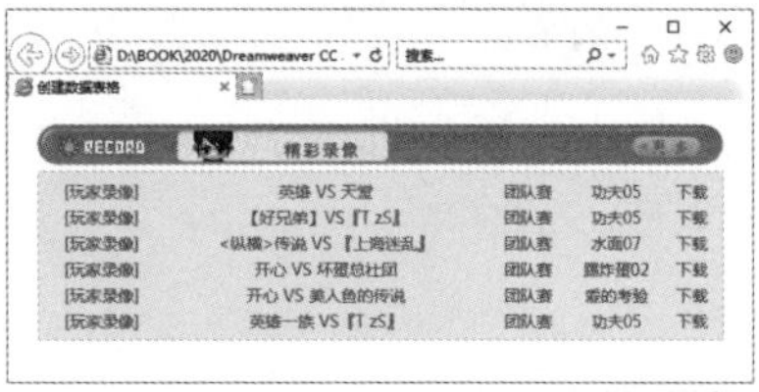

图 11-11 预览页面效果

11.2 表格的基本操作

表格是构成网页的重要元素，也是比较常用的页面排版布局工具之一，虽然随着 CSS 布局的兴起，使用表格布局的网页越来越少，但熟练掌握和运用表格的各种属性，还是非常有必要的，本节将向读者介绍表格的基本操作。

11.2.1 选择表格和单元格

选择表格时，可以选择整个表格或单个表格元素（行、列、连续范围内的单元格）。

选择整个表格的方法很简单，只需用鼠标单击表格上方，在弹出的菜单中选择"选择表格"命令即可，如图 11-12 所示；将鼠标指针移至要选择的表格左上角，当鼠标指针下方出现表格状图标时单击，如图 11-13 所示，同样可以选择表格；在表格内部单击鼠标右键，在弹出的快捷菜单中选择"表格 > 选择表格"命令，也可以选择表格。

图 11-12 选择表格 1

图 11-13 选择表格 2

要选择单个单元格，先将鼠标指针置于要选择的单元格上，在状态栏的标签选择器中单击 <td> 标签，如图 11-14 所示，即可选中该单元格，如图 11-15 所示。

图 11-14 单击 <td> 标签

图 11-15 选择单元格

如果要选择整行，只需将鼠标指针移至想要选择的行左边，当鼠标指针变成右箭头形状时单击鼠标左键，如图

11-16 所示。如果要选择整列，只需
将鼠标指针移至想要选择的一列表格
上方，当鼠标指针变成向下箭头形状时
单击鼠标左键，如图 11-17 所示。

图 11-16　选择整行 　　　　　　　　　　图 11-17　选择整列

要选择连续的单元格，需要从一个单元格开始向下拖动鼠标，如图 11-18 所示。要选择不连续的几个单元
格，只需在单击所选单元格的同时按住
Ctrl 键，如图 11-19 所示。

图 11-18　选择连续的多个单元格 　　　　　图 11-19　选择不连续的多个单元格

11.2.2　表格和单元格属性设置

表格是常用的页面元素，借助表格，可以实现所设想的排版效果。另外，灵活使用表格的背景、框线等属性，
可以得到更加美观的页面效果。

选择一个表格后，执行"窗口 > 属性"命令，打开"属性"面板，可以通过"属性"面板对表格的相关属性
进行设置，如图 11-20 所示。

将鼠标指针移至表格的某个单元格内，可以在单元格的"属性"面板中对这个单元格的属性进行设置，如图
11-21 所示。

图 11-20　在"属性"面板中可以对表格属性进行设置　　　　　图 11-21　在"属性"面板中可以对单元格属性进行设置

除了可以通过"属性"面板对表格和单元格的属性进行设置，还可以通过 CSS 样式对表格和单元格的样式进
行设置，从而实现更加精美的表现效果。

11.3　表格数据处理

Dreamweaver 还提供了一些特殊的表格处理功能，例如，表格排序和导入 / 导出表格数据
等。本节将向读者介绍如何对表格数据进行处理。

11.3.1　排序表格

网页的表格中常常会有大量的数据，Dreamweaver 可以自动将表格中的数据进行排序。选中需要进行排序处

理的表格，执行"编辑 > 表格 > 排序表格"命令，弹出"排序表格"对话框，如图 11-22 所示。在该对话框中对相关参数进行设置，即可对所选表格中的数据进行自动排序操作。

图 11-22 "排序表格"对话框

课堂案例 对表格数据进行排序

素材文件	源文件 \ 第 11 章 \11-3-2.html
案例文件	最终文件 \ 第 11 章 \11-3-2.html
视频教学	视频 \ 第 11 章 \11-3-2.mp4
案例要点	掌握对表格数据进行排序的方法

扫码观看视频

Step 01 执行"文件 > 打开"命令，打开"源文件 \ 第 11 章 \11-3-2.html"，如图 11-23 所示。在浏览器中预览该页面，页面中的表格数据默认是根据第一列的编号进行升序排列的，如图 11-24 所示。

图 11-23 打开页面

图 11-24 预览页面中表格数据的默认排序

Step 02 返回设计视图，选中需要进行数据排序的表格，如图 11-25 所示。执行"编辑 > 表格 > 排序表格"命令，弹出"排序表格"对话框，按降序对表格中的数据进行排列，具体设置如图 11-26 所示。

图 11-25 选择需要进行数据排序的表格

图 11-26 设置"排序表格"对话框

Step 03 单击"确定"按钮，关闭"排序表格"对话框，即可看到对表格中的数据进行重新排序的效果，如图 11-27 所示。保存页面，在浏览器中预览页面，如图 11-28 所示。

图 11-27 对表格中的数据重新排序后的效果

图 11-28 预览页面

11.3.2 导入和导出表格数据

　　用户可以将在另一个应用程序（例如 Microsoft Excel）中创建并以分隔文本的格式（其中的项目以制表符、逗号、冒号、分号或其他分隔符隔开）保存的表格式数据，导入到 Dreamweaver 中并设置为表格的格式。

　　在 Dreamweaver 中，执行"文件 > 导入 > 表格式数据"命令，弹出"导入表格式数据"对话框，如图 11-29 所示。在该对话框中可以选择需要导入的外部应用程序文件，导入外部表格式数据。

　　如果需要导出表格数据，需要将光标移至将要导出的表格的任意单元格中，也可以选中整个需要导出的表格。执行"文件 > 导出 > 表格"命令，弹出"导出表格"对话框，如图 11-30 所示。

　　完成"导出表格"对话框中的设置，单击"导出"按钮，会弹出"表格导出为"对话框。在该对话框中输入文件名称和路径，单击"保存"按钮，即可将表格输出为数据文件。

图 11-29 "导入表格式数据"对话框　　图 11-30 "导出表格"对话框

课堂案例　在网页中导入外部数据

素材文件	源文件 \ 第 11 章 \11-3-4.html
案例文件	最终文件 \ 第 11 章 \11-3-4.html
视频教学	视频 \ 第 11 章 \11-3-4.mp4
案例要点	掌握导入表格式数据的方法

扫码观看视频

Step 01 执行"文件 > 打开"命令，打开"源文件 \ 第 11 章 \11-3-4.html"，如图 11-31 所示。将光标移至名称为 text 的 Div 中，删除多余的文字，将在该页面中导入文本内容，如图 11-32 所示。

Step 02 将光标移至页面中需要导入数据的位置，执行"文件 > 导入 > 表格式数据"命令，弹出"导入表格式数据"对话框，具体设置如图 11-33 所示。单击"确定"按钮，即可将所选择的文本文件中的数据导入到页面中，如图 11-34 所示。

图 11-31 打开页面　　图 11-32 需要导入的文本内容　　图 11-33 "导入表格式数据"对话框　　图 11-34 导入数据后的效果

Step 03 切换到该网页所链接的外部 CSS 样式表文件中，创建名称为 .font01 的类 CSS 样式，如图 11-35 所示。返回代码视图，为相应的文字应用名称为 .font01 的类 CSS 样式，如图 11-36 所示。

Step 04 返回设计视图，可以看到为文字应用类 CSS 样式后的效果，如图 11-37 所示。保存页面并保存外部 CSS 样式表文件，在浏览器中预览页面，效果如图 11-38 所示。

图 11-35 创建类 CSS 样式

图 11-36 应用类 CSS 样式　　　图 11-37 应用类 CSS 样式后的文字效果　　　图 11-38 预览页面

11.4 iFrame框架

框架结构是一种使多个网页（两个或两个以上）通过多种类型区域的划分，最终显示在同一个窗口的网页结构。iFrame 框架是一种特殊的框架技术，利用 iFrame 框架，可以更加容易地控制网页中的内容，由于 Dreamweaver 中并没有提供 iFrame 框架的可视化制作方案，因此需要书写一些源代码。

如果需要在网页中插入 iFrame 框架，可以单击"插入"面板中的 IFRAME 按钮，如图 11-39 所示。网页中的 iFrame 框架显示为灰色方块，如图 11-40 所示。切换到代码视图，可以看到 iFrame 框架的标签 <iframe>，如图 11-41 所示。在 <iframe> 标签中添加相应的属性设置代码，可以设置 iFrame 框架的效果。

图 11-40 显示效果

图 11-39 单击 IFRAME 按钮　　　图 11-41 iFrame 框架标签

在 <iframe> 标签中除了可以通过 src 属性来指定所调用的页面，还可以添加其他的属性设置，从而控制 iFrame 框架的宽度、高度、对齐方式和滚动条等属性。

iFrame 框架属性设置的基本语法如下：

```
<iframe src="url" width="宽度值" height="高度值" align="对齐方式" scrolling="是否显示滚动条"
    frameborder="是否显示框架边框"></iframe>
```

<iframe> 标签中各属性说明如表 11-1 所示。

表 11-1　<iframe> 标签中各属性说明

属性	说明
src	该属性用于指定框架页面的路径地址和文件名
width	该属性用于设置 iFrame 框架页面的宽度，以像素值为单位
height	该属性用于设置 iFrame 框架页面的高度，以像素值为单位
align	该属性用于设置 iFrame 框架页面的对齐方式，该属性的取值包括左对齐 left、右对齐 right、居中对齐 middle 和底部对齐 bottom
scrolling	该属性用于设置 iFrame 框架是否显示滚动条，该属性有 3 个属性值，分别是 auto、yes 和 no。auto 属性值为默认值，根据窗口内容的宽度和高度决定是否显示滚动条；yes 属性值表示总显示滚动条，即使页面内容不足以撑满框架范围，也会预留滚动条的位置；no 属性值表示在任何情况下都不显示滚动条
frameborder	该属性用于设置 iFrame 框架是否显示边框。该属性值只能取 0 和 1，或者 yes 和 no。0 和 no 表示不显示框架边框，1 和 yes 为默认值，表示显示框架边框

课堂案例 制作 iFrame 框架页面

素材文件	源文件 \ 第 11 章 \11-4-2.html
案例文件	最终文件 \ 第 11 章 \11-4-2.html
视频教学	视频 \ 第 11 章 \11-4-2.mp4
案例要点	掌握插入和设置 iFrame 框架的方法

扫码观看视频

Step 02 执行"文件 > 打开"命令，打开"源文件 \ 第 11 章 \11-4-2.html"，如图 11-42 所示。将光标移至名称为 main 的 Div 中，将多余的文字删除，单击"插入"面板中的 IFRAME 按钮，如图 11-43 所示。

图 11-42 打开页面

图 11-43 单击 IFRAME 按钮

Step 02 在页面中光标所在位置插入 iFrame 框架，如图 11-44 所示。切换到代码视图，可以看到 iFrame 框架的标签 <iframe>，在该标签中添加相应的属性设置代码，如图 11-45 所示。

图 11-44 插入 iFrame 框架

```
<div id="main">
<iframe name="main" src="main1.html" width="1000" height="960"
frameborder="0" scrolling="no"></iframe>
</div>
```

图 11-45 设置 iFrame 属性

Step 03 返回设计视图，可以看到 iFrame 框架的灰色区域，而 main1.html 页面就会出现在 iFrame 框架内部，如图 11-46 所示。这里链接的 main1.html 页面是已经制作完成的页面，效果如图 11-47 所示。

图 11-46 iFrame 框架显示效果

图 11-47 main1.html 页面的效果

Step 04 执行"文件 > 保存"命令，保存页面，在浏览器预览整个框架页面，最终效果如图 11-48 所示。

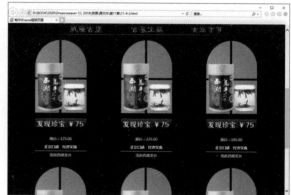

图 11-48 预览页面

11.5 使用HTML 5结构元素

一个典型的网页中通常包含头部、页脚、导航、主体内容和侧边内容等。针对这种情况，HTML 5 中引入了与文档结构相关联的网页结构元素。Dreamweaver 为了方便设计者轻松地在网页中插入 HTML 5 结构元素，在"插入"面板中提供了 HTML 5 文档结构元素的插入按钮，如图 11-49 所示，通过单击相应的按钮，即可快速插入相应的 HTML 5 结构元素。

图 11-49 HTML 5 文档结构相关元素按钮

11.5.1 Header

Header 表示页面的页眉部分，页眉通常用于定义网页的介绍信息，在 HTML 5 中新增了 <header> 标签，使用该标签可以在网页中定义网页的页眉部分。

如果需要在网页中插入页眉，可以单击"插入"面板中的 Header 按钮，如图 11-50 所示，弹出"插入 Header"对话框。在该对话框中，可以对相关选项进行设置，如图 11-51 所示。

单击"确定"按钮，即在网页中插入了页眉，如图 11-52 所示。切换到代码视图，可以看到页眉的 HTML 代码，如图 11-53 所示。

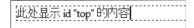

图 11-52 插入页眉

图 11-50 单击 Header 按钮　　　图 11-51 "插入 Header"对话框　　　图 11-53 页眉的 HTML 代码

 提示

"插入 Header"对话框中各选项的设置方法与"插入 Div"对话框中的相同，插入到网页中的页眉与 Div 的显示效果相似，可以通过 CSS 样式代码对插入到网页中的页眉进行设置。

11.5.2 Navigation

Navigation 表示页面导航。导航是每个网页中都包含的重要元素之一，通过导航可以在网站中各页面之间进行跳转。在 HTML 5 中新增了 <nav> 标签，使用该标签可以在网页中定义网页的导航部分。

如果需要在网页中插入导航，可以单击"插入"面板中的 Navigation 按钮，如图 11-54 所示，弹出"插入 Navigation"对话框，单击"确定"按钮，即在网页中插入了 <nav> 标签。切换到代码视图，可以看到导航的 HTML 代码，如图 11-55 所示。

11.5.3 Main

Main 表示页面主体内容。在 HTML 5 中新增了 <main> 标签，使用该标签可以在网页中定义页面的主体内容。

如果需要在网页中插入主体内容结构元素，可以单击"插入"面板中的 Main 按钮，如图 11-56 所示，弹出"插入主要内容"对话框，单击"确定"按钮，即在网页中插入了 <main> 标签。切换到代码视图，可以看到主体内容结构元素的 HTML 代码，如图 11-57 所示。

图 11-54 单击 Navigation
按钮

图 11-55 导航的 HTML 代码

图 11-56 单击 Main 按钮

图 11-57 主体内容结构元素的
HTML 代码

11.5.4 Section

Section 在网页中常用于定义章节等特定区域。在 HTML 5 中新增了 <section> 标签，使用该标签可以在网页中定义章节、页眉、页脚或文档中的其他内容。

如果需要在网页中插入章节结构元素，可以单击"插入"面板中的 Section 按钮，如图 11-58 所示，弹出"插入 Section"对话框，单击"确定"按钮，即在网页中插入了 <section> 标签。切换到代码视图，可以看到章节结构元素的 HTML 代码，如图 11-59 所示。

11.5.5 Article

网页中常常出现大段的文章内容，通过文章结构元素可以将网页中大段的文章内容标记出来，使网页的代码结构更加整齐。在 HTML 5 中新增了 <article> 标签，使用该标签可以在网页中定义独立的内容，包括文章、博客和用户评论等内容。

如果需要在网页中插入文章结构元素，可以单击"插入"面板中的 Article 按钮，如图 11-60 所示。弹出"插入 Article"对话框，单击"确定"按钮，即可在网页中插入 <article> 标签。切换到代码视图，可以看到文章结构元素的 HTML 代码，如图 11-61 所示。

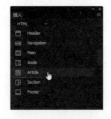

图 11-58 单击 Section
按钮

图 11-59 章节结构元素的 HTML 代码

图 11-60 单击 Article
按钮

图 11-61 文章结构元素的 HTML 代码

11.5.6 Aside

侧边结构元素可用于创建网页中文章内容的侧边栏内容。在 HTML 5 中新增了 <aside> 标签，<aside> 标签用于创建其所处内容之外的内容，<aside> 标签中的内容应该与其附近的内容相关。

如果需要在网页中插入侧边结构元素，可以单击"插入"面板中的 Aside 按钮，如图 11-62 所示，弹出"插入 Aside"对话框，单击"确定"按钮，即在网页中插入了 <aside> 标签。切换到代码视图，可以看到侧边结构元素的 HTML 代码，如图 11-63 所示。

图 11-62 单击 Aside 按钮

```
<body>
<aside>此处为新 aside 标签的内容</aside>
</body>
```

图 11-63 侧边结构元素的 HTML 代码

11.5.7 Footer

Footer 即页脚。页脚通常用于定义网页文档的版底信息，包括设计者信息、文档的创建日期及联系方式等。在 HTML 5 中新增了 <footer> 标签，使用该标签可以在网页中定义网页的页脚部分。

如果需要在网页中插入页脚，可以单击"插入"面板中的 Footer 按钮，如图 11-64 所示，弹出"插入 Footer"对话框。在该对话框中可以对相关选项进行设置，如图 11-65 所示。单击"确定"按钮，即在网页中插入了页脚，如图 11-66 所示。切换到代码视图，可以看到页脚的 HTML 代码，如图 11-67 所示。

此处显示 id "bottom" 的内容

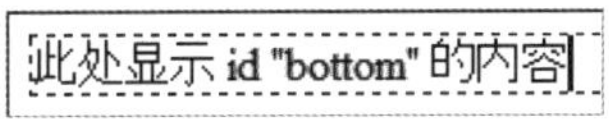

图 11-66 插入页脚

图 11-64 单击 Footer 按钮　　　　　　图 11-65 "插入 Footer"对话框

图 11-67 页脚的 HTML 代码

 提示

HTML 5 新增的文档结构标签仅仅是为了使 HTML 文档结构更有意义，有效划分页面中不同的内容区域，每种文档结构标签的默认显示效果与 Div 标签的显示效果相同，需要通过 CSS 样式代码来设置各元素的表现效果。

课堂案例　使用HTML 5结构元素制作网页

素材文件	源文件 \ 第 11 章 \11-5-8.html
案例文件	最终文件 \ 第 11 章 \11-5-8.html
视频教学	视频 \ 第 11 章 \11-5-8.mp4
案例要点	理解并掌握 HTML 5 结构元素的使用方法

扫码观看视频

Step 01 执行"文件 > 打开"命令,打开"源文件 \ 第 11 章 \11-5-8.html",如图 11-68 所示。将光标置于页面中,单击"插入"面板中的 Header 按钮,弹出"插入 Header"对话框,对相关选项进行设置,如图 11-69 所示。

图 11-68 打开页面　　　　　　　　　　　　图 11-69 "插入 Header"对话框

Step 02 单击"确定"按钮,插入 ID 名称为 header01 的 <header> 标签。切换到该网页所链接的外部 CSS 样式表文件中,创建名称为 #header01 的 CSS 样式,如图 11-70 所示。返回设计视图,可以看到名称为 header01 的 Header 结构元素的显示效果,如图 11-71 所示。

Step 03 将光标移至名称为 header01 的 Header 元素中,将多余的文字删除,单击"插入"面板中的 Div 按钮,弹出"插入 Div"对话框,对相关选项进行设置,如图 11-72 所示。单击"确定"按钮,插入 ID 名称为 logo 的 Div。切换到 CSS 样式表文件中,创建名称为 #logo 的 CSS 样式,如图 11-73 所示。

图 11-70 创建 CSS 样式 1　　　图 11-71 Header 结构元素的效果　　　图 11-72 "插入 Div"对话框　　　图 11-73 创建 CSS 样式 2

Step 04 返回设计视图,将名称为 logo 的 Div 中的多余文字删除,插入相应的图像,效果如图 11-74 所示。单击"插入"面板中的 Navigation 按钮,弹出"插入 Navigation"对话框,对相关选项进行设置,如图 11-75 所示。

Step 05 单击"确定"按钮,插入 ID 名称为 nav01 的 Navigation 结构元素。切换到外部 CSS 样式表文件中,创建名称为 #nva01 的 CSS 样式,如图 11-76 所示。切换到代码视图,在 <nav> 标签中使用项目列表制作导航菜单,如图 11-77 所示。

图 11-74 插入图像　　　图 11-75 "插入 Navigation"对话框　　　图 11-76 创建 CSS 样式 3　　　图 11-77 编写导航菜单代码

Step 06 切换到外部 CSS 样式表文件中,创建名称为 #nva01 li 的 CSS 样式,如图 11-78 所示。返回设计视图,可以看到页面导航菜单的效果,如图 11-79 所示。

Step 07 单击"插入"面板中的 Article 按钮,弹出"插入 Article"对话框,对相关选项进行设置,如图 11-80 所示。单击"确定"按钮,在页面中插入 ID 名称为 art01 的 Article 元素。切换到外部 CSS 样式表文件中,创建名称为 #art01 的 CSS 样式,如图 11-81 所示。

图 11-78 创建 CSS 样式 4　　　　图 11-79 页面导航菜单的效果　　　图 11-80 "插入 Article" 对话框　　图 11-81 创建 CSS 样式 5

Step 08 返回设计视图，可以看到刚插入的 Article 元素的显示效果，如图 11-82 所示。将光标移至该元素中，将提示文字删除，输入相应的段落文字，如图 11-83 所示。

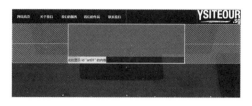

图 11-82 Article 元素的显示效果　　　　　　　　　图 11-83 输入段落文字

Step 09 切换到代码视图，将第一个段落标签 <p> 修改为 <h1> 标签，如图 11-84 所示。切换到外部 CSS 样式表文件中，创建名称分别为 #art01 h1 和 #art01 p 的 CSS 样式，如图 11-85 所示。

图 11-84 修改 <p> 标签为 <h1> 标签　　　　　图 11-85 创建 CSS 样式 6

Step 10 返回设计视图，可以看到页面的效果，如图 11-86 所示。单击 "插入" 面板中的 Footer 按钮，弹出 "插入 Footer" 对话框，对相关选项进行设置，如图 11-87 所示。

图 11-86 页面的效果　　　　　　　图 11-87 "插入 Footer" 对话框

Step 11 单击 "确定" 按钮，在页面中插入 ID 名称为 footer01 的 Footer 元素。切换到外部 CSS 样式表文件中，创建名称为 #Footer01 的 CSS 样式，如图 11-88 所示。返回设计视图，将 Footer 元素中的多余文字删除，输入相应的版底信息，如图 11-89 所示。

图 11-88 创建 CSS 样式 7　　　　　图 11-89 完成版底信息的制作

Step 12 完成该页面的制作。切换到代码视图，可以看到页面中的 HTML 5 文档结构标签，如图 11-90 所示。保存页面并保存外部 CSS 样式表文件，在浏览器中预览页面，效果如图 11-91 所示。

图 11-90 页面的 HTML 代码　　　　　图 11-91 预览页面

素材文件	源文件 \ 第 11 章 \11-6.html
案例文件	最终文件 \ 第 11 章 \11-6.html
视频教学	视频 \ 第 11 章 \11-6.mp4
案例要点	理解并掌握表头、表主体和表尾标签的使用方法

1. 练习思路

为了在 HTML 代码中清楚地区分表格结构，人们在 HTML 语言中规定了 <thead>、<tbody> 和 <tfoot>3 个标签分别对应表格的表头、表主体和表尾。

表格头部的开始标签是 <thead>，结束标签是 </thead>。它们用于定义表格最上端表头的样式，可以设置背景色、文字对齐方式等。

表格头部的基本语法如下：

```
<thead>
...
</thead>
```

在一个表格中只能出现一个 <thead> 标签，在 <thead> 与 </thead> 之间还可以包含 <td>、<th> 和 <tr> 标签。

与表格头部的标签功能类似，表格主体用于统一设计表格主体部分的样式，表格主体的标签为 <tbody>。

表格主体的基本语法如下：

```
<tbody>
...
</tbody>
```

在一个表格中只能出现一个 <tbody> 标签。

使用 <tfoot> 标签可以在表格中定义表尾部分。

表格尾部的基本语法如下：

```
<tfoot>
...
</tfoot>
```

在一个表格中只能出现一个 <tbody> 标签。

2. 制作步骤

Step 01 执行"文件 > 新建"命令，弹出"新建文档"对话框。选择 HTML 选项，单击"创建"按钮，新建 HTML 5 文档，如图 11-92 所示。将该页面保存为"源文件 \ 第 11 章 \11-6.html"，在 <title> 与 </title> 标签之间输入网页标题，如图 11-93 所示。

Step 02 在 <body> 与 </body> 标签之间添加表格标签并且添加 <thead> 标签，对表头进行制作，如图 11-94 所示，完成表头的制作。在表头结束标签 </thead> 之后输入表主体标签 <tbody>，对表主体进行制作，如图 11-95 所示。完成表主体的制作。

图 11-92 "新建文档"对话框

图 11-93 设计网页标题

图 11-94 表头代码

图 11-95 编写表主体部分代码

 提示

在 <thead> 标签中，添加 bgcolor 属性，设置表格头部的背景颜色；添加 align 属性，设置该属性值为 center，表示表格头部内容的水平对齐方式为居中对齐。在 <tbody> 标签中，添加 bgcolor 属性，设置表格主体的背景颜色；添加 align 属性，设置该属性值为 left，表示表格主体内容的水平对齐方式为左对齐。

Step 03 在表主体结束标签 </tbody> 之后输入表尾标签 <tfoot>，对表尾部分进行制作，如图 11-96 所示，完成页面中表格的制作。保存页面，在浏览器中预览页面，可以看到网页中的表格效果，如图 11-97 所示。

图 11-96 表尾代码

图 11-97 预览页面效果

 提示

在 <tfoot> 标签中只包含一个单元格，在该单元格 <td> 标签中添加 colspan 属性，可以设置合并单元格的数量。

 技巧

一个标准的数据表格应该包括标题、表头、表主体和表尾。标题说明了这个表格中的数据是什么内容；表中可以包含多个表头（<th></th>），用来说明每列数据的共性，比如天气报表中的天气；表主体是表格的重点，它包含具体的数据，并且往往以多行多列的形式表现出来；表尾一般对表格内容进行注解。

课堂练习 iFrame框架页面链接

素材文件	源文件 \ 第 11 章 \11-7.html
案例文件	最终文件 \ 第 11 章 \11-7.html
视频教学	视频 \ 第 11 章 \11-7.mp4
案例要点	掌握设置 iFrame 框架页面链接的方法

扫码观看视频

1. 练习思路

iFrame 框架页面的链接设置与普通链接设置基本相同，不同的是链接的 target 属性要与 iFrame 框架的名称相同。在本实例中，将链接的 target 属性值设置为 main，与 <iframe> 标签中 name="main" 的设置必须保持一致，从而保证可以链接的页面在 iFrame 框架中打开。

2. 制作步骤

Step 01 执行"文件 > 打开"命令，打开"源文件 \ 第 11 章 \11-7.html"，如图 11-98 所示。该页面是在 11.4.2 一节制作好的 iFrame 框架页面，目前在 iFrame 框架中显示的是 main1.html 页面，在浏览器中预览该页面，效果如图 11-99 所示。

图 11-98 打开页面

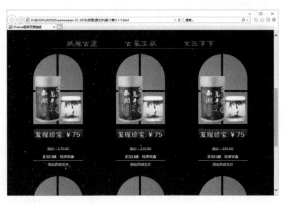

图 11-99 预览页面效果

Step 02 切换到网页的代码视图，为相应的图片设置超链接，链接到 main1.html 页面，设置 target 属性值为 iFrame 框架名称 main；设置相应的图片链接到 main2.html 页面，仍设置 target 属性值为 iFrame 框架名称 main，如图 11-100 所示。

图 11-100 为图片设置超链接

 提示

在 iFrame 框架中调用的各个二级页面内容的高度并不是统一的，当 iFrame 框架调用的内容比较多，页面比较长时，iFrame 框架就会出现滚动条。

Step 03 执行"文件 > 保存"命令，保存页面，在浏览器中预览 iFrame 框架页面，效果如图 11-101 所示。单击设置的图片超链接，在 iFrame 框 架 中 会 显示 main2.html 页面的内容，如图 11-102 所示。

图 11-101 预览 iFrame 框架页面效果

图 11-102 在 iFrame 框架中显示链接的页面

课后习题

完成本章内容的学习后，接下来通过几道课后习题，测验读者对"表格和 iFrame 框架"的学习效果，同时加深读者对所学知识的理解。

一、选择题

1. 表格标题标签是（　　）。

A. <table>

B. <title>

C. <caption>

D. <th>

2. 在 HTML 5 新增的文档结构元素中，用于表现网页导航的元素是（　　）。

A. Header

B. Footer

C. Main

D. Navigation

3. 以下关于表格的描述错误的是（　　）。

A. 在单元格中能继续插入表格

B. 可以同时选择表格中多个不相邻的单元格

C. 复制粘贴表格时，表格中的内容也会同时被复制粘贴

D. 在网页中，水平方向可以并排多个独立的表格

二、填空题

1. 表格由行、列和单元格 3 部分组成，一般通过 3 个标签来创建，分别是表格标签 _____、单元行标签 _____ 和单元格标签 _____。

2. iFrame 框架通过在 <iframe> 标签中添加 _____ 属性设置，来调整框架中所显示的页面。

3. 为了在 HTML 代码中清楚地区分表格结构，HTML 语言中规定了 _____、_____ 和 _____3 个标签分别对应表格的表头、表主体和表尾。

三、简答题

简单描述 HTML 5 中新增的文档结构元素的作用。

Chapter

12

第12章

模板和库的应用

在实际工作中，有时有很多页面都会使用相同的布局，为了避免这种重复操作，设计者可以使用 Dreamweaver 提供的"模板"和"库"功能，将具有相同整体布局结构的页面制作成模板，将相同的局部对象制作成库文件。这样，当设计者再次制作类似内容的网页时，就不需要进行重复操作。本章将向读者介绍模板和库的创建方法和使用技巧，并且介绍模板页面中可编辑区域、可选区域等内容的创建，使得模板的功能更加强大。

DREAMWEAVER

学习目标

- 了解模板的特点
- 了解嵌套模板
- 了解模板中的重复区域
- 了解更新模板的方法
- 了解库项目

技能目标

- 掌握创建模板的方法
- 掌握在模板中创建可编辑区域和可选区域的方法
- 掌握新建基于模板页面的方法
- 掌握库项目的创建方法
- 掌握在网页中插入库项目的方法

12.1 使用模板

Dreamweaver 中的模板是一种特殊类型的文档页面,用于设计布局比较"固定"的页面。读者可以创建基于模板的网页文件,这样该文件将继承所选模板的页面布局。在设计模板的过程中,读者需要指定模板的可编辑区域,以便于将其应用到网页中时可以进行编辑操作。

12.1.1 模板的特点

使用模板能够大大提高设计者的工作效率。当用户对一个模板进行修改后,所有使用了这个模板的网页都将被同步修改。简单地说,就是一次可以更新多个页面,这也是模板最强大的功能之一。在实际工作中,尤其是在制作一些大型网站时,它的效果可是非常明显的。所以说,模板与基于模板的网页文件之间保持了一种链接的状态,它们之间共同的内容也将能够保持一致。

什么样的网站比较适合使用模板呢?这其中确实是有些规律的。如果一个网站布局比较统一,拥有相同的导航,并且显示不同栏目内容的位置基本保持不变,那么这种布局的网站就可以考虑使用模板来创建。

模板能够确定页面的基本结构,并且其中可以包含文本、图像、页面布局、样式和可编辑区域等。

作为一个模板,Dreamweaver 会自动锁定文档中的大部分区域。模板设计者可以定义基于模板的页面中哪些区域是可编辑的,方法是在模板中插入可编辑区域或可编辑参数。在创建模板时,可编辑区域和锁定区域都可以更改。但是,在基于模板的文档中,模板用户只能在可编辑区域中进行修改,至于锁定区域则无法进行任何操作。

12.1.2 创建模板

在 Dreamweaver 中,有两种创建模板的方法。一种是将现有的网页文件另存为模板,然后根据需要进行修改;另一种是直接新建一个空白模板,在其中插入需要显示的文档内容。模板实际上也是一种文档,它的扩展名为 .dwt,存放在站点根目录下的 Templates 文件夹中。如果在站点中尚不存在 Templates 文件夹,Dreamweaver 将在保存新建模板时自动创建。

课堂案例 将网页创建为模板

素材文件	源文件 \ 第 12 章 \12-1-3.html
案例文件	最终文件 \Templates\12-1-2.dwt
视频教学	视频 \ 第 12 章 \12-1-3.mp4
案例要点	掌握创建模板页面的方法

扫码观看视频

Step 01 执行"文件 > 打开"命令，打开一个制作好的页面"源文件 \ 第 12 章 \12-1-3.html"，如图 12-1 所示。在浏览器中预览该页面，可以看到该页面的效果，如图 12-2 所示。

图 12-1 打开页面　　　　　　　　图 12-2 预览页面效果

Step 02 返回 Dreamweaver 的设计视图，执行"文件 > 另存为模板"命令，或者在"插入"面板的"模板"选项卡中单击"创建模板"按钮，如图 12-3 所示。此时会弹出"另存模板"对话框，设置模板名称，如图 12-4 所示。

图 12-3 单击"创建模板"按钮　　图 12-4 "另存模板"对话框

提示

在"另存模板"对话框中，可以在"站点"下拉列表中选择需要保存模板文件的站点；在"描边"文本框中可以输入该模板的简单描述；在"另存为"文本框中可以输入模板文件名称。

Step 03 单击"保存"按钮，弹出提示框，提示是否更新页面中的链接，如图 12-5 所示。单击"否"按钮，将"源文件 \ 第 12 章"中的 images 和 style 文件夹复制到 Templates 文件夹中，完成另存模板的操作。此时模板文件被保存在了站点的 Templates 文件夹中，如图 12-6 所示。

图 12-5 提示对话框　　　　图 12-6 Templates 文件夹

提示

在 Dreamweaver 中，不要将模板文件移动到 Templates 文件夹外，不要将其他非模板文件存放在 Templates 文件夹中，同样也不要将 Templates 文件夹移动到本地根目录外，因为这些操作都会引起模板路径错误。

Step 04 完成模板的创建后，可以看到刚刚打开的 12-1-3.html 文件的扩展名变为了 .dwt，如图 12-7 所示，该文件的扩展名就是网页模板文件的扩展名。

图 12-7 显示模板文件扩展名

12.1.3 嵌套模板

　　嵌套模板其实就是基于另一个模板创建的模板。要创建嵌套模板，首先要保存一个基础模板，然后使用基础模板创建新的文档，再把该文档保存为嵌套模板。在这个新的嵌套模板中，可以对基础模板中定义的可编辑区域进一步进行定义。

在一个整体站点中，使用嵌套模板可以让多个栏目的风格保持一致，但又在细节上有所不同。嵌套模板还有利于对页面内容的控制、更新和维护。修改基础模板将自动更新基于该基础模板创建的嵌套模板，以及基于该基础模板和其嵌套模板的所有网页文档。

课堂案例 定义模板页面中的可编辑区域

素材文件	源文件 \Templates\12-1-3.dwt
案例文件	最终文件 \Templates\12-1-3.dwt
视频教学	视频 \ 第 12 章 \12-1-5.mp4
案例要点	掌握模板页面中可编辑区域的创建方法

Step 01 执行"文件 > 打开"命令，打开刚创建的模板页面"源文件 \Templates\ 12-1-3.dwt"，将光标移至名称为 part02_text 的 Div 中，选中文本，如图 12-8 所示。单击"插入"面板"模板"选项卡中的"可编辑区域"按钮，如图 12-9 所示。

Step 02 弹出"新建可编辑区域"对话框，在"名称"文本框中输入该可编辑区域的名称，如图 12-10 所示。单击"确定"按钮，可编辑区域即被插入到模板页面中，如图 12-11 所示。

图 12-8 选中相应的提示文字

图 12-9 单击"可编辑区域"按钮

图 12-10 "新建可编辑区域"对话框

图 12-11 插入可编辑区域

 提示

在模板页面中需要定义可编辑区域，可编辑区域主要控制模板页面中哪些区域可以编辑，哪些区域不可以编辑。

 提示

可编辑区域在模板页面中由高亮显示的矩形边框围绕，区域左上角的选项卡会显示该区域的名称，在为可编辑区域命名时，不能使用某些特殊字符，如双引号（""）等。

Step 03 当需要选择可编辑区域时，直接单击可编辑区域上面的标签，即可选中可编辑区域，如图 12-12 所示。当选中可编辑区域后，打开"属性"面板，在"属性"面板中可以修改可编辑区域的名称，如图 12-13 所示。

Step 04 使用相同的制作方法，可以在模板页面中其他需要插入可编辑区域的位置插入可编辑区域，如图 12-14 所示。

图 12-12 选中可编辑区域　　　　图 12-13 修改可编辑区域的名称　　　　图 12-14 插入更多可编辑区域

 技巧

如果需要删除某个可编辑区域和其内容，可以选择需要删除的可编辑区域，按键盘上的 Delete 键。

课堂案例 定义模板页面中的可选区域

素材文件	源文件 \Templates\12-1-3.dwt
案例文件	最终文件 \Templates\12-1-3.dwt
视频教学	视频 \ 第 12 章 \12-1-6.mp4
案例要点	掌握模板页面中可选区域的创建方法

扫码观看视频

Step 01 继续在模板页面 12-1-3.dwt 中进行操作，在页面中选中名称为 right 的 Div，如图 12-15 所示。在"插入"面板的"模板"选项卡中单击"可选区域"按钮，如图 12-16 所示。

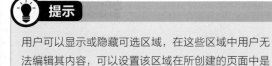 **提示**

用户可以显示或隐藏可选区域，在这些区域中用户无法编辑其内容，可以设置该区域在所创建的页面中是否可见。

图 12-15 选中相应的 Div　　　　图 12-16 单击"可选区域"按钮

Step 02 弹出"新建可选区域"对话框，如图 12-17 所示。单击"新建可选区域"对话框中的"高级"选项卡，可以切换到高级选项设置界面，如图 12-18 所示。

图 12-17 "新建可选区域"对话框　　　　图 12-18 高级选项设置界面

Step 03 通常采用默认设置，单击"确定"按钮，关闭"新建可选区域"对话框，完成模板页面中可选区域的定义，如图 12-19 所示。

图 12-19 定义可选区域

课堂案例 定义模板页面中的可编辑可选区域

素材文件	源文件 \Templates\12-1-3.dwt
案例文件	最终文件 \Templates\12-1-3.dwt
视频教学	视频 \ 第 12 章 \12-1-7.mp4
案例要点	掌握模板页面中可编辑可选区域的创建方法

扫码观看视频

Step 01 继续在模板页面 12-1-3.dwt 中进行操作,在页面中选中名称为 link 的 Div,如图 12-20 所示。在"插入"面板的"模板"选项卡中单击"可编辑的可选区域"按钮,如图 12-21 所示。

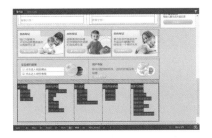

图 12-20 选中相应的 Div   图 12-21 单击"可编辑的可选区域"按钮

Step 02 弹出"新建可选区域"对话框,如图 12-22 所示。单击"确定"按钮,关闭"新建可选区域"对话框,即在页面中定义了可编辑可选区域,如图 12-23 所示。

图 12-22 "新建可选区域"对话框   图 12-23 定义可编辑的可选区域

12.1.4 定义重复区域

重复区域是可以根据需要在基于模板的页面中复制任意次数的部分。重复区域通常用于表格，但是也可以为其他页面元素定义重复区域。

用户可以通过重复特定项目来控制页面布局，例如目录项、说明布局或重复数据行（如项目列表）。用户可以使用重复区域和重复表格两种重复区域模板对象。

重复区域不是可编辑区域，如果需要使重复区域中的内容可编辑，必须在重复区域内插入可编辑区域。

12.1.5 设置可编辑标签属性

设置可编辑标签属性可以使用户能够从基于模板的网页中修改指定标记的属性。例如，用户可以在模板中设置背景色，但如果把代码页面本身的 <body> 标签的属性设置成可编辑，则在基于模板的网页中可以修改各自的背景色。

在页面中选择一个页面元素，例如，选中 <body> 标签，执行"工具 > 模板 > 令属性可编辑"命令，弹出"可编辑标签属性"对话框，如图 12-24 所示。单击"添加"按钮，在弹出的对话框中可以输入相应的属性，如图 12-25 所示。单击"确定"按钮，便可以完成可编辑标签属性的设置。

图 12-24 "可编辑标签属性"对话框

图 12-25 添加属性

 提示

如果在"可编辑标签属性"对话框中取消选中"令属性可编辑"复选框，则选中的属性在基于模板的页面中就不能被编辑。

12.2 应用模板

当在 Dreamweaver 中创建新页面时，如果在"新建文档"对话框中单击"网站模板"选项卡，即可选择模板，并且基于选中的模板创建页面。下面介绍模板的具体应用。

 **课堂案例** 创建基于模板的网页

素材文件	无
案例文件	最终文件 \ 第 12 章 \12-2-1.html
视频教学	视频 \ 第 12 章 \12-2-1.mp4
案例要点	掌握创建基于模板的网页的方法

扫码观看视频

Step 01 执行"文件 > 新建"命令，弹出"新建文档"对话框，选择"网站模板"选项卡，在"站点"右侧的列表中显示的是该站点中的模板，如图 12-26 所示。单击"创建"按钮，创建一个基于所选模板的网页。

Step 02 执行"文件 > 新建"命令，新建一个 HTML 文档，执行"工具 > 模板 > 应用模板到页"命令，弹出"选择模板"对话框，如图 12-27 所示。

图 12-26 "新建文档"对话框　　　　图 12-27 "选择模板"对话框

Step 03 单击"选定"按钮，便可以将选择的模板应用到刚刚创建的 HTML 页面中。执行"文件 > 保存"命令，将页面保存为"源文件 \ 第 12 章 \12-2-1.html"，如图 12-28 所示。

> 💡 **提示**
>
> 在 Dreamweaver 的设计视图中，基于模板的页面四周会出现黄色边框，并且在窗口右上角显示模板的名称。在该页面中，只有可编辑区域的内容能够被编辑，可编辑区域外的内容被锁定，无法编辑。

图 12-28 创建基于模板的页面

> 💡 **技巧**
>
> 将模板应用到页面中的其他方法：新建一个 HTML 文档，在"资源"页面中的"模板"类别中选择需要插入的模板，单击"应用"按钮；将模板列表中的模板直接拖到网页中也可以。

Step 04 将光标移至名称为 EditRegion3 的可编辑区域中，将多余的文字删除，输入相应的文字并插入图像，如图 12-29 所示。切换到代码视图，添加相应的项目列表标签，如图 12-30 所示。

Step 05 切换到外部 CSS 样式表文件中，创建名称为 #part02_text li 和名称为 #part02_text li img 的 CSS 样式，如图 12-31 所示。返回设计视图，可以看到该部分内容的效果，如图 12-32 所示。

图 12-29 输入文字并插入图像 1　　图 12-30 添加项目列表标签 1　　图 12-31 创建 CSS 样式 1　　图 12-32 设计视图中的效果 1

Step 06 将光标移至名称为 EditRegion4 的可编辑区域中，将多余的文字删除，输入相应的文字并插入图像，如图 12-33 所示。切换到代码视图，添加相应的项目列表标签，如图 12-34 所示。

Step 07 切换到外部 CSS 样式表文件中，创建名称为 #part05_text li 和名称为 #part05_text li img 的 CSS 样式，如图 12-35 所示。返回设计视图，可以看到该部分内容的效果，如图 12-36 所示。

图 12-33 输入文字并插入图像 2

图 12-34 添加项目列表标签 2

图 12-35 创建 CSS 样式 2

图 12-36 设计视图中的效果 2

Step 08 执行"文件 > 保存"命令，保存页面，在浏览器中预览整个页面，效果如图 12-37 所示。

图 12-37 预览页面

Step 09 返回 Dreamweaver 设计视图，执行"编辑 > 模板属性"命令，弹出"模板属性"对话框，在对话框中设置OptionalRegion2的值为"假"，如图 12-38 所示。单击"确定"按钮，返回页面视图，页面中名称为OptionalRegion2的可编辑区域就在页面中被隐藏，如图 12-39 所示。

图 12-38 "模板属性"对话框

图 12-39 在页面中隐藏可编辑区域

12.2.1 更新模板及基于模板的网页

执行"文件 > 打开"命令，打开制作好的模板页面"源文件\Templates\12-1-3.dwt"。在模板页面中进行修改，修改完成后执行"文件 > 保存"命令，弹出"更新模板文件"对话框，如图 12-40 所示。单击"更新"按钮，弹出"更新页面"对话框，会显示更新的结果，如图 12-41 所示。单击"关闭"按钮，便可以完成页面的更新。

图 12-40 "更新模板文件"对话框

图 12-41 "更新页面"对话框

 提示

在"查看"下拉列表中可以选择"整个站点""文件使用""已选文件"3 个选项。如果选择的是"整个站点"选项，则要确认更新了哪个站点的模板生成网页；如果选择的是"文件使用"选项，则要选择更新使用了哪个模板生成的网页。在"更新"选项组中可以选择"库项目"和"模板"两个复选框，可以制作更新的类型。选中"显示记录"复选框后，则会在更新之后显示更新记录。

12.2.2 删除网页中使用的模板

如果不希望对基于模板的页面进行更新，那么可以执行"查看 > 模板 > 从模板中分离"命令，如图 12-42 所示。这样，基于模板生成的页面即可脱离模板，成为普通的网页，这时页面右上角的模板名称与页面中的模板元素名称便会消失，如图 12-43 所示。

图 12-42 执行"从模板中分离"命令

图 12-43 从模板中分离后的页面效果

课堂练习 创建网站库项目

素材文件	无
案例文件	最终文件\Library\12-3.lbi
视频教学	视频\第 12 章\12-3.mp4
案例要点	理解并掌握库项目的创建方法

扫码观看视频

1. 练习思路

将网页中经常用到的对象转换为库项目，可以将其作为一个对象插入到其他网页之中。这样就能够通过简单的插入操作创建页面了。模板使用的是整个网页，而库项目使用的只是网页上的局部内容。

2. 制作步骤

Step 01 执行"窗口 > 资源"命令，打开"资源"面板，单击面板左侧的"库"按钮，在"库"选项的空白处单击鼠标右键，在弹出的快捷菜单中选择"新建库项"命令，如图 12-44 所示，新建一个库项目，并将新建的库项目命名称为 12-3，如图 12-45 所示。

Step 02 在新建的库项目上双击，在 Dreamweaver 的编辑窗口中打开该库项目，如图 12-46 所示。为了方便操作，将"源文件\第 12 章"中的 images 和 style 文件夹复制到 Library 文件夹中，如图 12-47 所示，辅助制作库项目。

图 12-44 执行"新建库项"命令

图 12-45 新建库项目并重命名

图 12-46 打开库项目

图 12-47 库项目文件夹

Step 03 打开"CSS 设计器"面板，单击"添加 CSS 源"按钮，在弹出的菜单中选择"附加现有的 CSS 文件"命令，弹出"使用现有的 CSS 文件"对话框，链接外部 CSS 样式表文件"源文件 \Library\style\12-3.css"，如图 12-48 所示。在页面中插入名称为 menu 的 Div，如图 12-49 所示。

Step 04 切换到外部 CSS 样式表文件中，创建名称为 #menu 的 CSS 样式，如图 12-50 所示。返回设计视图，将光标移至名称为 menu 的 Div 中，将多余的文字删除，插入图像，如图 12-51 所示。

图 14-48 "使用现有的 CSS 文件"对话框

图 12-49 插入 Div

图 12-50 创建 CSS 样式 1

图 12-51 插入图像

Step 05 将光标移至刚插入的图像之后，在图像后插入名称为 menu-top 的 Div。切换到外部 CSS 样式表文件中，创建名称为 #menu img 和名称为 #menu-top 的 CSS 样式，如图 12-52 所示。返回设计视图，页面效果如图 12-53 所示。

Step 06 将光标移至名称为 menu-top 的 Div 中，将多余的文字删除，输入相应的文字内容，完成该库项目文件的制作，效果如图 12-54 所示。

图 12-52 创建 CSS 样式 2

图 12-53 设计视图的页面效果

图 12-54 完成库项目的制作

技巧

在一个制作完成的页面中，用户可以直接将页面中的某一处内容转换为库项目。首先选中页面中需要转换为库项目的内容，然后执行"修改 > 库 > 增加对象到库"命令，便可以将选中的内容转换为库项目。

课堂练习 在网页中插入库项目

素材文件	源文件 \ 第 12 章 \12-4.html	
案例文件	最终文件 \ 第 12 章 \12-4.html	扫码观看视频
视频教学	视频 \ 第 12 章 \12-4.mp4	
案例要点	掌握在网页中插入和使用库项目的方法	

1. 练习思路

完成了库项目的创建，接下来就可以将库项目插入到相应的网页中去了。这样，在整个网站的制作过程中，就可以节省很多时间。在网站页面中插入库项目的方法非常简单，只需在"资源"面板中选择需要插入的库项目文件，单击"插入"按钮即可。

2. 制作步骤

Step 01 执行"文件 > 打开"命令，打开"源文件\第 12 章\12-4.html"，如图 12-55 所示。在浏览器中预览该页面，效果如图 12-56 所示。

图 12-55 打开页面

图 12-56 在浏览器中预览页面

Step 02 返回设计视图，将光标移至页面顶部名称为 top 的 Div 中，将多余的文字删除。打开"资源"面板，选中刚创建的库项目，单击"插入"按钮，如图 12-57 所示。即可在页面中光标所在位置插入所选择的库项目，如图 12-58 所示。

图 12-57 选择需要插入的库项目

图 12-58 插入库项目

 提示

当将库项目插入到页面中后，背景会显示为淡黄色，而且是不可编辑的。在预览页面时背景色按照实际设置的显示。

Step 03 执行"文件 > 保存"命令，保存页面，在浏览器中预览页面，效果如图 12-59 所示。

图 12-59 插入库项目后在浏览器中预览页面

 提示

如果需要修改库项目，可以在"资源"面板的"库"中选择需要修改的库项目。单击"编辑"按钮，即可打开该库项目进行编辑。完成库项目的修改后，执行"文件 > 保存"命令，可以保存库项目。此时会弹出"更新库项目"对话框，询问是否更新站点中使用了库项目的网页文件。单击"更新"按钮，即可更新应用该库项目的网页。

课后习题

完成本章内容的学习后，接下来通过几道课后习题，测验读者对"模板和库的应用"的学习效果，同时加深读者对所学知识的理解。

一、选择题

1. 模板是一种特殊的文档，它的扩展名为（　　），存放在站点根目录下的 Templates 文件夹中。

A. .html

B. .css

C. .lbi

D. .dwt

2. 关于基于模板的页面，以下说法正确的是（　　）。

A. 基于模板所创建的页面可以进行任意编辑

B. 在基于模板所创建的页面中无法控制可编辑区域的显示或隐藏，必须在模板页面中进行设置

C. 在基于模板的页面中只有可编辑区域的内容能够被编辑，可编辑区域外的内容被锁定，无法编辑

D. 无法删除基于模板的页面与模板之间的关联

3. 在网站中，通常将（　　）制作为库项目。

A. 任意元素

B. 在多个页面中经常使用的元素

C. 整个页面

D. 页面局部

二、填空题

1. 将模板页面中的某一部分内容定义为＿＿＿＿，则可以设置该部分内容在基于模板的页面中显示或隐藏，并可以编辑该区域中的内容。

2. 执行"文件 > 新建"命令，弹出"新建文档"对话框，在左侧选择＿＿＿＿选项卡，在"站点"右侧的列表中显示的是该站点中的模板，单击"创建"按钮，即可创建基于所选模板的页面。

3. 在 Dreamweaver 中创建的库项目的文件扩展名为＿＿＿＿，存放在站点根目录中名称为 Library 的文件夹中。

三、简答题

简单描述模板和库的作用。

Chapter

13

第13章

使用行为创建动态效果

行为是 Dreamweaver 中一种强大的工具，通过行为可以完成页面中一些常用的交互效果，例如，验证表单、弹出窗口和状态栏文本的设置等。通过"行为"面板可以将事件与行为相结合，实现许多精彩的网页交互效果。本章将向读者介绍 Dreamweaver 中内置的行为效果，并且通过案例的制作练习使读者掌握各种行为的使用方法和技巧。

DREAMWEAVER

学习目标

- 了解什么是事件和行为
- 了解 Dreamweaver 中各种行为实现的效果
- 了解各种文本行为实现的效果
- 了解各种 jQuery 实现的效果

技能目标

- 掌握为网页添加行为的方法
- 掌握添加和设置各种行为的方法
- 掌握添加和设置文本行为的方法
- 掌握添加和设置 jQuery 效果的方法

13.1 了解行为

行为是由事件和触发动作组成的。动作是由预先编写好的 JavaScript 代码完成的，这些代码可以执行特定功能，如播放声音、弹出窗口等。用户可以将行为放置在网页文档中，允许浏览者与网页进行交互，从而以多种方式触发某种任务的执行。在 Dreamweaver 的"行为"面板中，可以先为对象指定一个动作，再设置触发该动作的事件，从而完成一个行为的添加。

13.1.1 什么是事件

实际上，事件是浏览器生成的消息，指示用户在浏览该页面时执行某种操作。例如，当浏览者将鼠标指针移动到某个超链接上时，浏览器为该超链接生成一个 onMouseOver（鼠标经过）事件，然后浏览器查看是否存在应该为该事件调用的 JavaScript 代码。每个页面元素会发生的事件不尽相同，例如，页面文档本身会发生的 onLoad（页面被打开时的事件）和 onUnload（页面被关闭时的事件）。

在 Dreamweaver 中，执行"窗口 > 行为"命令，打开"行为"面板，如图 13-1 所示。单击"添加行为"按钮 <kbd>+</kbd>，在弹出的菜单中列出了 Dreamweaver 中预设的行为，如图 13-2 所示。

图 13-1 "行为"面板　　图 13-2 预设的各种行为

13.1.2 什么是行为

行为只在某个事件被触发时才被执行。例如，可以设置当将鼠标指针移动到某个超链接上时，浏览器状态栏出现一行文字。

用户将可以行为附加到整个文档中，还可以附加到超链接、表单、图像和其他元素中，也可以为每个事件指定多个行为，行为会按照"行为"面板中显示的顺序发生。

13.1.3 为网页元素添加行为的方法

要为网页元素添加行为，首先要在网页中选择需要添加行为的具体元素。然后打开"行为"面板，单击"添加行为"按钮 <kbd>+</kbd>，在弹出的菜单中可以选择需要添加的行为，如图 13-3 所示。

选择某个行为之后，会弹出该动作的设置对话框，在其中可以对这个行为的参数进行设置。参数设置完成后，单击"确定"按钮即可完成行为的添加。在"行为"面板中便可以看到添加的行为，如图 13-4 所示。

在行为添加完成后，会自动添加一个触发事件，在该事件上单击便可以对其进行编辑，如图 13-5 所示。在行为处双击，弹出该行为的设置对话框，可以对该行为的属性进行重新设置。

图 13-3 选择需要添加的动作　　　图 13-4 完成动作的添加　　图 13-5 修改触发事件

提示

在"添加行为"菜单中不能选择呈灰色显示的动作命令，这些动作命令呈灰色显示的原因可能是当前所选择的页面元素不适合添加该动作。

在"行为"面板中单击一项行为的动作部分，会再次弹出设置对话框，用户可以对客户端动作重新进行设置。在"行为"面板中选中一项行为，并单击"删除事件"按钮██，可以删除客户端行为。

提示

任何时候添加行为都要遵循以下 3 个步骤：1. 选择对象→2. 添加动作→3. 设置事件。

13.2 为网页添加行为

在 Dreamweaver 中，可以将行为附加给整个文档、超链接、图像、表单或其他任何 HTML 对象，并由浏览器决定哪些对象可以接受行为，哪些对象不能接受行为。当为对象附加行为时，可以一次为某个事件关联多个动作，动作的执行按照"行为"面板中显示的顺序执行。

课堂案例　应用"交换图像"行为

素材文件	源文件 \ 第 13 章 \13-2-1.html
案例文件	最终文件 \ 第 13 章 \13-2-1.html
视频教学	视频 \ 第 13 章 \13-2-1.mp4
案例要点	理解并掌握"交换图像"行为的使用

扫码观看视频

 执行"文件 > 打开"命令，打开"源文件 \ 第 13 章 \13-2-1.html"，如图 13-6 所示。单击页面中需要添加"交换图像"行为的图像，如图 13-7 所示。

图 13-6 页面效果

图 13-7 选择需要添加行为的图像

Step 02 单击"行为"面板中的"添加行为"按钮,从弹出的菜单中选择"交换图像"命令,弹出"交换图像"对话框,具体设置如图 13-8 所示。单击"确定"按钮,关闭"交换图像"对话框,在"行为"面板中自动添加相应的行为,如图 13-9 所示。

图 13-8 "交换图像"对话框

图 13-9 添加"交换图像"行为

Step 03 使用相同的方法,可以为网页中的其他图像分别添加"交换图像"行为。保存页面,在浏览器中预览页面,当将鼠标指针移至添加了"交换图像"行为的图像上时,可以看到交换图像的效果,如图 13-10 所示。

图 13-10 预览"交换图像"行为效果

课堂案例 为网页添加弹出信息

素材文件	源文件 \ 第 13 章 \13-2-2.html
案例文件	最终文件 \ 第 13 章 \13-2-2.html
视频教学	视频 \ 第 13 章 \13-2-2.mp4
案例要点	理解并掌握"弹出信息"行为的使用

扫码观看视频

Step 01 执行"文件 > 打开"命令，打开"源文件 \ 第 13 章 \13-2-2.html"，效果如图 13-11 所示。在标签选择器中选择 <body> 标签，如图 13-12 所示。

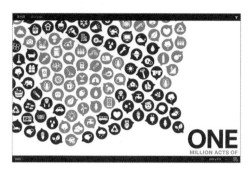

图 13-11 打开页面

图 13-12 选择 <body> 标签

Step 02 单击"行为"面板中的"添加行为"按钮，从弹出的菜单中选择"弹出信息"命令，弹出"弹出信息"对话框，具体设置如图 13-13 所示。单击"确定"按钮，关闭"弹出信息"对话框。在"行为"面板中将触发该行为的事件修改为 onLoad，如图 13-14 所示。

图 13-13 "弹出信息"对话框   图 13-14 添加"弹出信息"行为

Step 03 切换到代码视图，在 <body> 标签中可以看到所添加的代码，如图 13-15 所示。保存页面，在浏览器中预览页面，在刚载入页面时，可以看到弹出信息行为的效果，如图 13-16 所示。

图 13-15 自动添加的相关代码

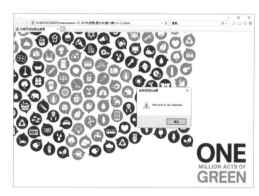

图 13-16 弹出信息行为的效果

13.2.1 恢复交换图像

前面介绍了"交换图像"行为，当在页面中添加"交换图像"行为时，会自动添加"恢复交换图像"行为，这两个行为效果通常一起出现。

"恢复交换图像"行为是将最后一组交换的图像恢复为以前的图像，该行为只有在网页中已经使用"交换图像"行为后才可以使用。

素材文件	源文件 \ 第 13 章 \13-2-4.html
案例文件	最终文件 \ 第 13 章 \13-2-4.html
视频教学	视频 \ 第 13 章 \13-2-4.mp4
案例要点	理解并掌握"打开浏览器窗口"行为的使用

Step 01 执行"文件 > 打开"命令，打开"源文件 \ 第 13 章 \13-2-4.html"，如图 13-17 所示。再打开要使用的广告页面"源文件 \ 第 13 章 \pop.html"，效果如图 13-18 所示。

Step 02 切换到 13-2-4.html 页面，在"标签选择器"中选择 <body> 标签。单击"行为"面板中的"添加行为"按钮，在弹出的菜单中选择"打开浏览器窗口"命令，弹出"打开浏览器窗口"对话框，具体设置如图 13-19 所示。单击"确定"按钮，在"行为"面板中设置触发事件为 onLoad，即在页面载入时打开新窗口，如图 13-20 所示。

图 13-17 打开页面

图 13-18 弹出广告页面

图 13-19 "打开浏览器窗口"对话框

图 13-20 "行为"面板

Step 03 保存页面，在浏览器中预览页面，当页面打开时，会自动弹出设置好的页面，如图 12-21 所示。

图 13-21 在浏览器中预览弹出信息窗口

💡 **提示**

使用"打开浏览器窗口"行为可以在打开一个页面时，同时在一个新的窗口中打开指定的页面。用户可以指定新窗口的属性（包括其大小）、特性（它是否可以调整大小、是否具有菜单条等）和名称。例如，可以使用此行为在访问者单击缩略图时在一个单独的窗口中打开一张较大的图像；使用此行为，可以使新窗口与该图像恰好一样大。

素材文件	源文件 \ 第 13 章 \13-2-5.html
案例文件	最终文件 \ 第 13 章 \13-2-5.html
视频教学	视频 \ 第 13 章 \13-2-5.mp4
案例要点	理解并掌握"拖动 AP 元素"行为的使用

Step 01 执行"文件 > 打开"命令，打开"源文件 \ 第 13 章 \13-2-5.html"，如图 13-22 所示。单击"行为"面板上的"添加行为"按钮，在弹出的菜单中选择"拖动 AP 元素"命令，弹出"拖动 AP 元素"对话框，具体设置如图 13-23 所示。

图 13-22 打开页面　　　　　　图 13-23 "拖动 AP 元素"对话框

Step 02 单击"高级"按钮，切换到"高级"选项卡，如图 13-24 所示。在该选项卡中可以设置拖动 AP 元素的控制点、调用的 JavaScript 程序等，这里使用默认设置即可。单击"确定"按钮，将"行为"面板中的鼠标事件设置为 onMouseDown，如图 13-25 所示，代表按下鼠标并且未释放的时候拖动 AP 元素。

图 13-24 "高级"选项卡　　　　图 13-25 "行为"面板 1

 提示

在"AP 元素"下拉列表中可以选择允许用户拖动的 Div，并且可以查看 Div 名称后的设置。"移动"下拉列表中包含两个选项，即"限制"和"不限制"。"不限制"移动适用于拼板游戏和其他拖放游戏；对于滑块控制和可移动的布景，可以选择"限制"移动。在"放下目标"处可以设置一个绝对位置，当用户将 Div 拖动到该位置时，自动放下 Div。

Step 03 再次单击"行为"面板上的"添加行为"按钮，在弹出的菜单中选择"拖动 AP 元素"命令，弹出"拖动 AP 元素"对话框，具体设置如图 13-26 所示。单击"确定"按钮，将"行为"面板中的鼠标事件设置为 onMouseDown，如图 13-27 所示。

图 13-26 "拖动 AP 元素"对话框 2　　图 13-27 "行为"面板 2

Step 04 执行"文件 > 保存"命令，保存页面，在浏览器中预览页面，用鼠标拖动 Div，就会发现可以随意对其进行拖动，如图 13-28 所示。

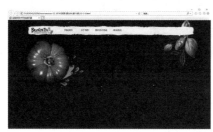

图 13-28 预览"拖动 AP 元素"行为的效果

素材文件	源文件 \ 第 13 章 \13-2-6.html
案例文件	最终文件 \ 第 13 章 \13-2-6.html
视频教学	视频 \ 第 13 章 \13-2-6.mp4
案例要点	理解并掌握"改变属性"行为的使用

扫码观看视频

Step 01 执行"文件 > 打开"命令，打开"源文件 \ 第 13 章 \13-2-6.html"，如图 13-29 所示。单击页面中的图像，为该图像添加"改变属性"行为，如图 13-30 所示。

图 13-29 打开页面

图 13-30 选择需要添加行为的图像

 提示

使用"改变属性"行为可以改变对象的属性。例如，当某个鼠标事件发生之后，通过这个鼠标动作的影响，可以动态地改变表格背景、Div 背景等属性，从而获得相对动态的页面。

Step 02 单击"行为"面板中的"添加行为"按钮，在弹出的菜单中选择"改变属性"命令，弹出"改变属性"对话框，具体设置如图 13-31 所示。单击"确定"按钮，添加"改变属性"行为，修改触发该行为的事件为 onMouseOver，如图 13-32 所示。

Step 03 使用相同的制作方法，选中图像，再次添加"改变属性"行为，在弹出的"改变属性"对话框中进行设置，如图 13-33 所示。单击"确定"按钮，在"行为"面板中设置激活该行为的事件为 onMouseOut，如图 13-34 所示。

图 13-31 "改变属性"对话框 1

图 13-32 "行为"面板 1

图 13-33 "改变属性"对话框 2

图 13-34 "行为"面板 2

Step 04 执行"文件 > 保存"命令，保存页面。在浏览器中预览页面，当将鼠标指针移至网页中的图像上时，可以看到"改变属性"行为的效果，如图 13-35 所示。

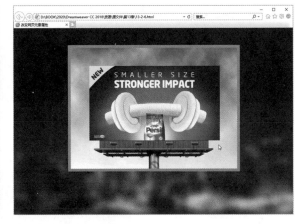

图 13-35 预览"改变属性"行为的效果

课堂案例 实现网页元素的显示和隐藏

素材文件	源文件 \ 第 13 章 \13-2-7.html
案例文件	最终文件 \ 第 13 章 \13-2-7.html
视频教学	视频 \ 第 13 章 \13-2-7.mp4
案例要点	理解并掌握"显示 – 隐藏元素"行为的使用

扫码观看视频

Step 01 执行"文件 > 打开"命令，打开"源文件 \ 第 13 章 \13-2-7.html"，如图 13-36 所示。单击页面中 ID 名称为 text 的 Div，如图 13-37 所示，希望该 Div 默认为隐藏状态。

图 13-36 打开页面　　　　　　　　　图 13-37 选中相应的 Div

Step 02 切换到外部 CSS 样式文件中，找到名称为 #text 的 CSS 样式，在该 CSS 样式代码中添加 visibility 属性设置，如图 13-38 所示。保存 CSS 样式表文件，在浏览器中预览页面，可以看到页面中 ID 名称为 text 的 Div 默认为隐藏状态，如图 13-39 所示。

```
#text {
    width: 400px;
    height: auto;
    overflow: hidden;
    font-size: 24px;
    line-height: 40px;
    text-align: center;
    padding-top: 120px;
    visibility: hidden;
}
```

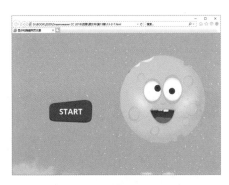

图 13-38 添加 CSS 属性设置代码　　　图 13-39 指定元素默认为隐藏状态

Step 03 返回设计视图，单击页面中相应的图像，如图 13-40 所示。单击"行为"面板中的"添加行为"按钮，在弹出的菜单中选择"显示－隐藏元素"命令，弹出"显示－隐藏元素"对话框，选择 div "text" 选项，单击"显示"按钮，如图 13-41 所示。

Step 04 单击"确定"按钮，添加"显示－隐藏元素"行为，如图 13-42 所示。将触发该行为的事件设置为 onMouseOver，意思为当将鼠标指针移至该图像上时显示 ID 名称为 text 的 Div，如图 13-43 所示。

图 13-40 选择图像　　图 13-41 "显示－隐藏元素"对话框 1　　图 13-42 "行为"面板 1　　图 13-43 修改触发事件

Step 05 再次选择刚刚选中的图像，添加"显示－隐藏元素"行为，弹出"显示－隐藏元素"对话框，在"元素"下拉列表中选择 div "text" 选项，单击"隐藏"按钮，如图 13-44 所示。单击"确定"按钮，将该行为的触发事件设置为 onMouseOut，即当将鼠标指针移出该图像时隐藏 ID 名称为 text 的 Div，如图 13-45 所示。

图 13-44 "显示－隐藏元素"对话框 2　　图 13-45 "行为"面板 2

Step 06 保存页面，在浏览器中预览页面，当将鼠标指针从图像上移开时隐藏相应的内容，当将鼠标指针移至图像上时显示相应的内容，如图 13-46 所示。

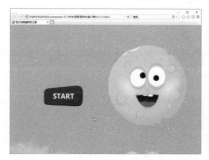

图 13-46 预览"显示－隐藏元素"行为的效果

提示

该行为可以根据鼠标事件显示或隐藏页面中的元素，很好地改善了与用户之间的交互，这个行为一般用于向用户提示一些信息。当鼠标指针滑过栏目图像时，可以显示相应的元素给出的有关该栏目的说明、内容等详细信息。

13.2.2 检查插件

利用 Flash、Shockwave、QuickTime 等软件制作页面的时候，如果浏览者的计算机中没有安装相应的插件，就没有办法查看相应的页面效果。使用"检查插件"行为会自动监测浏览器是否已经安装了相应的软件，根据检查结果的不同，跳转到不同的网页中。

课堂练习 实现表单验证

素材文件	源文件 \ 第 13 章 \13-2-9.html
案例文件	最终文件 \ 第 13 章 \13-2-9.html
视频教学	视频 \ 第 13 章 \13-2-9.mp4
案例要点	理解并掌握 "检查表单" 行为的使用

扫码观看视频

Step 01 执行 "文件 > 打开" 命令，打开 "源文件 \ 第 13 章 \13-2-9.html"，如图 13-47 所示。在标签选择器中选择 <form> 标签，如图 13-48 所示。"检查表单" 行为主要是针对 <form> 标签添加的。

图 13-47 打开页面

图 13-48 选择 <form> 标签

 提示

使用 "检查表单" 行为配合 onBlur 事件，可以在用户填写完表单的每一项之后，立刻检验该项是否合理。使用 "检查表单" 行为配合 onSubmit 事件，当用户单击提交按钮后，可以一次校验所有填写内容的合法性。

Step 02 单击 "行为" 面板中的 "添加行为" 按钮，在弹出的菜单中选择 "检查表单" 命令，弹出 "检查表单" 对话框，首先设置 uname 的值，这是必需的，并且 uname 的值只能接受电子邮件地址，如图 13-49 所示。选择 upass，设置其值，并且 upass 的值必须是数字，如图 13-50 所示。

Step 03 单击 "确定" 按钮，在 "行为" 面板中将触发事件修改为 onSubmit，如图 13-51 所示，即当浏览者单击表单的提交按钮时，行为会检查表单的有效性。保存页面，在浏览器中预览页面，不输入信息直接提交表单，浏览器会弹出警告提示框，如图 13-52 所示。

图 13-49 设置 uname 值

图 13-50 设置 upass 值

图 13-51 修改触发事件

图 13-52 弹出警告提示框

提示

验证功能虽然实现了，但是美中不足的是，提示框中的文本都是系统默认使用的英文，有些用户可能觉得不如中文看着简单。没有关系，可以通过修改源代码来解决。

Step 04 切换到代码视图，找到弹出警告提示框中的英文提示，如图 13-53 所示。将英文替换为中文，如图 13-54 所示。

图 13-53 英文提示部分　　　　　　　　　　　　　　图 13-54 替换为中文提示

Step 05 保存页面，在浏览器中预览页面，测试验证表单的行为，可以看到提示框中的提示文字已经变成了中文，如图 13-55 所示。

图 13-55 验证表单行为的效果

提示

在客户端处理表单信息，无疑会用到脚本程序。好在用户可以通过行为完成某些简单、常用的有效性验证，不需要自己编写脚本。但是，如果需要特殊的验证方式，那么用户必须自己编写代码。

13.2.3　调用JavaScript

当某个鼠标事件发生的时候，用户可以指定调用某个 JavaScript 函数。

选择一个对象，单击"行为"面板中的"添加行为"按钮，从弹出的菜单中选择"调用 JavaScript"命令，弹出"调用 JavaScript"对话框，如图 13-56 所示。

在"调用 JavaScript"对话框中的 JavaScript 文本框中输入将要执行的 JavaScript 或者要调用的函数名称。单击"确定"按钮后，就在"行为"面板中出现了所添加的"调用 JavaScript"行为。这时可以根据制作者的需要，更改激活该行为的事件。

图 13-56　"调用 JavaScript"对话框

素材文件	源文件 \ 第 13 章 \13-2-11.html
案例文件	最终文件 \ 第 13 章 \13-2-11.html
视频教学	视频 \ 第 13 章 \13-2-11.mp4
案例要点	理解并掌握"跳转菜单"行为的使用

扫码观看视频

Step 01 执行"文件 > 打开"命令,打开"源文件 \ 第 13 章 \13-2-11.html",如图 13-57 所示。将光标移至页面中红色虚线的表单域中,在"插入"面板的"表单"选项卡中单击"选择"按钮,插入选择域,如图 13-58 所示。

图 13-57 打开页面

图 13-58 插入选择域

> **提示**
>
> 跳转菜单是链接的一种形式,但与真正的链接相比,跳转菜单可以节省很大的空间。跳转菜单从表单中的菜单发展而来,浏览者在下拉菜单中选择相应的选项,即可链接到目标网页。

Step 02 将选择域前的提示文字删除,选中选择域,单击"行为"面板中的"添加行为"按钮,在弹出的菜单中选择"跳转菜单"命令,弹出"跳转菜单"对话框,具体设置如图 13-59 所示。单击对话框中的"添加项"按钮➕,可以继续添加跳转菜单项。使用相同的方法,可以对其他的跳转菜单项进行设置,如图 13-60 所示。

Step 03 单击"确定"按钮,关闭"跳转菜单"对话框,在页面中插入跳转菜单,如图 13-61 所示。切换到外部 CSS 样式表文件中,创建名称为 link01 的 CSS 样式,如图 13-62 所示。

图 13-59 "跳转菜单"对话框

图 13-60 添加多个跳转菜单项

图 13-61 插入跳转菜单

图 13-62 创建 CSS 样式

Step 04 返回代码视图,在跳转菜单的 <select> 标签中添加 class 属性,应用名称为 link01 的 CSS 样式,如图 13-63 所示。返回设计视图,可以看到应用 CSS 样式后的跳转菜单效果,如图 13-64 所示。

Step 05 在"行为"面板中可以看到刚添加的"跳转菜单"行为,如图 13-65 所示。将光标移至刚插入的跳转菜单后,使用相同的方法插入其他的跳转菜单,如图 13-66 所示。

图 13-63 应用 CSS 样式

图 13-64 跳转菜单效果

图 13-65 "行为"面板

图 13-66 插入其他跳转菜单

Step 06 保存页面，在浏览器中预览
页面，可以看到跳转菜单的效果，
如图 13-67 所示。在跳转菜单下拉列
表中选择任意跳转菜单项，即可跳转
到链接的页面，如图 13-68 所示。

图 13-67 选择跳转菜单项   图 13-68 跳转到指定页面

13.2.4 跳转菜单开始

　　这种类型的下拉菜单比一般的下拉菜单多了一个跳转按钮。当然，这个按钮可以使用各种形式，比如图片等。
在一般的商业网站中，这种技术被经常使用。

　　选中作为跳转按钮的图片，然后单击"行为"面板中的"添加行为"按钮，在弹出的菜单中选择"跳转菜单开
始"行为，弹出"跳转菜单开始"对话框，如图 13-69 所示。

　　在该对话框中的"选择跳转菜单"下拉列表中，选择页
面中存在的将被跳转的下拉菜单，单击"确定"按钮，完成"跳
转菜单开始"行为的设置。

图 13-69 "跳转菜单开始"对话框

课堂案例　实现网页跳转

素材文件	源文件 \ 第 13 章 \13-2-13.html
案例文件	最终文件 \ 第 13 章 \13-2-13.html
视频教学	视频 \ 第 13 章 \13-2-13.mp4
案例要点	理解并掌握"转到 URL"行为的使用

Step 01 执行"文件 > 打开"命
令，打开"素材 \ 第 13 章 \
13-2-13.html"，如图 13-70
所示。单击页面中的 GO 图像，
单击"行为"面板中的"添加
行为"按钮，在弹出的菜单中
选择"转到 URL"行为，弹出"转
到 URL"对话框，如图 13-71
所示。

图 13-70 打开页面   图 13-71 "转到 URL"对话框

提示

在"打开在"下拉列表中选择链接的窗口。在 URL 文本框中输入链接的地址。也可以单击"浏览"按钮，浏览到需要跳转的本地文件。

Step 02 在"转到 URL"对话框中进行设置，如图 13-72 所示。单击"确定"按钮，添加"转到 URL"行为，并修改触发该行为的事件为 onMouseOver，如图 13-73 所示。

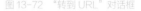

图 13-72 "转到 URL"对话框　　　　图 13-73 "行为"面板

Step 03 保存页面，在浏览器中预览页面，如图 13-74 所示。当将鼠标指针移至 GO 图像上时，就可以跳转到所链接的 URL 地址，如图 13-75 所示。

图 13-74 预览页面　　　　图 13-75 跳转到所链接的 URL 地址

13.2.5 预先载入图像

该行为可以将页面中基于某种动作显示的图片预先载入，使得显示的效果平滑。

选择页面中的某一个对象，然后单击"行为"面板上的"添加行为"按钮，在弹出的菜单中选择"预先载入图像"行为，弹出"预先载入图像"对话框，如图 13-76 所示。

在"预先载入图像"对话框中单击"浏览"按钮，选择需要预先载入的图像文件。单击对话框中的"添加项"按钮，可以继续添加需要预先加载的图像文件，完成"预先载入图像"对话框的设置。单击"确定"按钮，在"行为"面板中可以对激活该行为的事件进行修改。

图 13-76 "预先载入图像"对话框

13.3 为网页添加文本行为

在"设置文本"行为中包含 4 个选项，分别是"设置容器的文本""设置文本域文字""设置框架文本""设置状态栏文本"。通过"设置文本"行为可以为指定的对象内容替换文本。

"设置容器的文本"行为可以将页面中现有容器（即可以包含文本或其他任何元素）的内容和格式替换为指定的内容。该内容可以包括任何有效的 HTML 源代码。

选中页面中的某个对象后，单击"行为"面板中的"添加行为"按钮，在弹出的菜单中选择"设置文本 > 设置容器的文本"命令，弹出"设置容器的文本"对话框，如图 13-77 所示。

在"容器"下拉列表中显示了该页面中可以包含文本或其他任何元素，在该文本框中输入容器中需要显示的相关内容。

单击"确定"按钮，完成"设置容器的文本"对话框的设置。在"行为"面板中确认激活该行为的动作是否正确。如果不正确，单击扩展按钮，在弹出的菜单中选择正确的事件。

图 13-77　"设置容器的文本"对话框

课堂案例 设置文本域默认文字内容

素材文件	源文件 \ 第 13 章 \13-3-2.html
案例文件	最终文件 \ 第 13 章 \13-3-2.html
视频教学	视频 \ 第 13 章 \13-3-2.mp4
案例要点	理解并掌握"设置文本域文字"行为使用

扫码观看视频

Step 01 执行"文件 > 打开"命令，打开"源文件 \ 第 13 章 \13-3-2.html"，如图 13-78 所示。单击"行为"面板中的"添加行为"按钮，在弹出的菜单中选择"设置文本 > 设置文本域文字"命令，弹出"设置文本域文字"对话框，如图 13-79 所示。

图 13-78　打开页面

图 13-79　"设置文本域文字"对话框

 提示

在"文本域"下拉列表中显示了该页面中的所有文本域，可以在该下拉列表中选择需要设置文本域文字的文本域。在"新建文本"文本框中输入文本域中的文本内容。

Step 02 在"设置文本域文字"对话框中进行设置，如图 13-80 所示，单击"确定"按钮，完成设置。在"行为"面板中修改触发该行为的事件为 onMouseOut，如图 13-81 所示。

图 13-80 设置相关参数   图 13-81 "行为"面板

Step 03 保存页面，在浏览器中预览页面，如图 13-82 所示。当将鼠标指针移出表单域时，可以看到设置的文本域文字，如图 13-83 所示。

图 13-82 预览页面   图 13-83 显示文本域文字

> **提示**
>
> HTML 5 为表单元素新增了 placeholder 属性，该属性可以用来设置表单元素中显示的默认提示文字。使用该属性更加方便，并且能够获得比"设置文本域文字"更好的效果。

13.3.2 设置框架文本

设置框架文本的行为可以动态地改变框架的文本、转变框架的显示，以及替换框架的内容。

选中页面中的某个对象后，单击"行为"面板中的"添加行为"按钮，在弹出的菜单中选择"设置文本 > 设置框架文本"命令，弹出"设置框架文本"对话框。完成设置后，单击"确定"按钮，即可添加该行为。

目前，框架在网页中的应用越来越少，HTML 5 已经废弃了与框架相关的标签，所以这里不再对该行为进行详细介绍。

课堂案例 设置网页状态栏文本

素材文件	源文件 \ 第 13 章 \13-3-4.html
案例文件	最终文件 \ 第 13 章 \13-3-4.html
视频教学	视频 \ 第 13 章 \13-3-4.mp4
案例要点	理解并掌握"设置状态栏文本"行为的使用

扫码观看视频

图 13-84 打开页面

Step 01 执行"文件 > 打开"命令，打开"源文件 \ 第 13 章 \13-3-4.html"，如图 13-84 所示。在标签选择器中选择 <body> 标签，单击"行为"面板中的"添加行为"按钮，在弹出的菜单中选择"设置文本 > 设置状态栏文本"命令，弹出"设置状态栏文本"对话框，具体设置如图 13-85 所示。

图 13-85 "设置状态栏文本"对话框

Step 02 单击"确定"按钮，在"行为"面板中将触发事件修改为 onLoad，如图 13-86 所示。保存页面，在浏览器中预览页面，可以看到在浏览器的状态栏上出现了设置的状态栏文本，如图 13-87 所示。

图 13-86 "行为"面板

图 13-87 查看状态栏文本效果

13.4 为网页添加jQuery效果

Dreamweaver 中还包含一系列 jQuery 效果，用于创建过渡动画，或者以可视的方式修改页面元素。jQuery 效果直接应用于 HTML 元素，而不需要其他自定义标签。Dreamweaver 中的"效果"行为可以增强页面的视觉效果，几乎可以将它们应用于 HTML 页面上的所有元素。

通过"效果"行为可以修改元素的不透明度、缩放比例、位置和样式属性，通过组合应用两个或多个属性可以创建有趣的视觉效果。

由于这些效果基于 jQuery，因此在用户单击应用了效果的元素时，仅会动态地更新该元素，而不会刷新整个 HTML 页面。在 Dreamweaver 中，当为页面元素添加"效果"行为时，单击"行为"面板中的"添加行为"按钮，即可弹出 Dreamweaver 默认的"效果"行为菜单，如图 13-88 所示。

图 13-88 "效果"行为

各种"效果"行为的说明如表 13-1 所示。

表 13-1   "效果"行为说明

"效果"行为	说明
Blind	可以控制网页中元素的显示和隐藏，并且可以控制显示和隐藏的方向
Bounce	可以使网页中的元素产生抖动效果，可以控制抖动的频率和幅度
Clip	可以使网页中的元素实现收缩隐藏的效果
Drop	可以控制网页中的元素向某个方向实现渐隐或渐显的效果
Fade	可以控制网页中的元素在当前位置实现渐隐或渐显的效果
Fold	可以控制网页中的元素在水平和垂直方向上的动态隐藏或显示
Hightlight	可以实现网页中的元素过渡到所设置的高光颜色后，再隐藏或显示的效果
Puff	可以实现网页中的元素逐渐放大并渐隐或渐显的效果
Pulsate	可以实现网页中的元素在原位置闪烁并最终隐藏或显示的效果
Scale	可以实现网页中的元素按所设置的比例进行缩放并渐隐或渐显的效果
Shake	可以实现网页中的元素在原位置晃动的效果，可以设置其晃动的方向和次数
Slide	可以实现网页中的元素向指定的方向位移一定距离后隐藏或显示的效果

提示

如果需要为某个元素应用某种效果，首先必须选中该元素，或者该元素必须具有一个 ID 名。例如，如果需要向当前未选定的 Div 标签应用高亮显示效果，该 Div 必须具有一个有效的 ID 值，如果该元素还没有有效的 ID 值，可以在"属性"面板中为该元素定义 ID 值。

课堂案例   实现网页元素的动态隐藏

素材文件	源文件 \ 第 13 章 \13-4-2.html	
案例文件	最终文件 \ 第 13 章 \11-4-2.html	扫码观看视频
视频教学	视频 \ 第 13 章 \13-4-2.mp4	
案例要点	理解并掌握"Blind 效果"行为的使用	

Step 01 执行"文件 > 打开"命令，打开"源文件 \ 第 13 章 \13-4-2.html"，如图 13-89 所示。选择页面中相应的图像，本例需要在该图像上添加相应的行为，如图 13-90 所示。

图 13-89 打开页面

图 13-90 选中图像

Step 02 单击"行为"面板中的"添加行为"按钮，在弹出的菜单中选择"效果 >Blind"命令，弹出 Blind 对话框，具体设置如图 13-91 所示。单击"确定"按钮，添加 Blind 行为，修改触发事件为 onMouseOver，如图 13-92 所示。

图 13-91 Blind 对话框 1

图 13-92 修改触发事件 1

Step 03 切换到代码视图，可以看到在页面的代码中自动添加了相应的 JavaScript 脚本，如图 13-93 所示。使用相同的方法，单击"行为"面板中的"添加行为"按钮，在弹出的菜单中选择"效果 >Blind"命令，弹出 Blind 对话框，具体设置如图 13-94 所示。

图 13-93 自动添加相应的 JavaScript 脚本

图 13-94 Blind 对话框 2

Step 04 单击"确定"按钮，添加 Blind 行为，修改触发事件为 onMouseOut，如图 13-95 所示。执行"文件 >保存"命令，弹出"复制相关文件"对话框，如图 13-96 所示，单击"确定"按钮，保存文件。

图 13-95 修改触发事件 2

图 13-96 "复制相关文件"对话框

> **提示**
>
> 在网页中为元素添加 jQuery 效果时，会自动复制相应的 jQuery 文件到站点根目录中的 jQueryAssets 文件夹中。这些文件是实现 jQuery 效果所必需的，一定不能删除，否则这些 jQuery 效果将不起作用。

Step 05 在浏览器中预览该页面，效果如图 13-97 所示。当将鼠标指针移至页面中设置了 jQuery 效果的元素上时，会出现相应的 jQuery 交互动画效果，如图 13-98 所示。

图 13-97 预览页面

图 13-98 jQuery 交互动画效果

> **提示**
>
> 在网页中添加 jQuery 效果时，会弹出相应的对话框，各对话框中的选项相似，读者可以自己动手试一试效果。

课堂练习 实现网页元素的高光过渡

素材文件	源文件 \ 第 13 章 \13-4-3.html
案例文件	最终文件 \ 第 13 章 \11-4-3.html
视频教学	视频 \ 第 13 章 \13-4-3.mp4
案例要点	理解并掌握 "Highlight 效果" 行为的使用

扫码观看视频

Step 01 执行 "文件 > 打开" 命令，打开 "源文件 \ 第 13 章 \13-4-3.html"，如图 13-99 所示。选中页面中相应的图像，本例需要在该图像上添加行为，如图 13-100 所示。

图 13-99 打开页面　　　　　　　　　　　　　　　　　图 13-100 选中图像

Step 02 单击 "行为" 面板中的 "添加行为" 按钮，在弹出的菜单中选择 "效果 >Highlight" 命令，弹出 Highlight 对话框，具体设置如图 13-101 所示。单击 "确定" 按钮，添加 Highlight 行为，修改触发事件为 onMouseOver，如图 13-102 所示。

Step 03 继续单击 "行为" 面板中的 "添加行为" 按钮，在弹出的菜单中选择 "效果 >Highlight" 命令，弹出 Highlight 对话框，具体设置如图 13-103 所示。单击 "确定" 按钮，添加 Highlight 行为，修改触发事件为 onMouseOut，如图 13-104 所示。

图 13-101 Highlight 对话框 1　　图 13-102 修改触发事件 1　　图 13-103 Highlight 对话框 2　　图 13-104 修改触发事件 2

Step 04 保存页面，在浏览器中预览该页面，效果如图 13-105 所示。当将鼠标指针移至页面中设置了 jQuery 效果的元素上时，会产生相应的 jQuery 交互动画效果，如图 13-106 所示。

图 13-105 预览页面　　　　　　　　　　　　　　图 13-106 jQuery 交互动画效果

素材文件	源文件 \ 第 13 章 \13-5.html
案例文件	最终文件 \ 第 13 章 \13-5.html
视频教学	视频 \ 第 13 章 \13-5.mp4
案例要点	理解并掌握"调用 JavaScript"行为的使用

扫码观看视频

1. 练习思路

为网页添加"调用 JavaScript"行为，可以设置当某事件被触发时调用相应的 JavaScript 代码，以实现相应的行为动作。

2. 制作步骤

图 13-107 打开页面

Step 01 执行"文件 > 打开"命令，打开"源文件 \ 第 13 章 \13-5.html"，如图 13-107 所示。在标签选择器中选择 <body> 标签，单击"行为"面板中的"添加行为"按钮，在弹出的菜单中选择"调用 JavaScript"命令，弹出"调用 JavaScript"对话框，输入 JavaScript 语句，如图 13-108 所示。

图 13-108 "调用 JavaScript"对话框

Step 02 单击"确定"按钮，添加"调用 JavaScript"行为，设置该行为的触发事件为 onLoad，如图 13-109 所示。保存页面，在浏览器中预览页面，可以看到添加该行为所实现的效果，这里添加的 JavaScript 脚本实现的是弹出信息窗口，如图 13-110 所示。

图 13-109 设置触发事件

图 13-110 预览"调用 JavaScript"行为的效果

素材文件	源文件 \ 第 13 章 \13-6.html
案例文件	最终文件 \ 第 13 章 \13-6.html
视频教学	视频 \ 第 13 章 \13-6.mp4
案例要点	理解并掌握"Drop 效果"行为的使用

扫码观看视频

1. 练习思路

使用"Drop 效果"行为不仅可以实现网页元素的隐藏与显示，而且还可以实现逐渐隐藏和逐渐显示的效果。

2. 制作步骤

Step 01 执行"文件 > 打开"命令，打开"源文件 \ 第 13 章 \13-6.html"，效果如图 13-111 所示。选中页面中相应的图像，需要在该图像上添加行为，如图 13-112 所示。

图 13-111 打开页面　　　　　　　　　　　　　　　　图 13-112 选中图像

Step 02 单击"行为"面板中的"添加行为"按钮，在弹出的菜单中选择"效果 >Drop"命令，弹出 Drop 对话框，具体设置如图 13-113 所示。单击"确定"按钮，添加 Drop 行为，修改触发事件为 onMouseOver，如图 13-114 所示。

Step 03 继续单击"行为"面板中的"添加行为"按钮，在弹出的菜单中选择"效果 >Drop"命令，弹出 Drop 对话框，具体设置如图 13-115 所示。单击"确定"按钮，添加 Drop 行为，修改触发事件为 onMouseOut，如图 13-116 所示。

图 13-113 Drop 对话框 1　　　图 13-114 添加行为并修改　　　图 13-115 Drop 对话框 2　　　图 13-116 添加行为并修改
　　　　　　　　　　　　　　触发事件 1　　　　　　　　　　　　　　　　　　　　触发事件 2

Step 04 保存页面，在浏览器中预览该页面。当将鼠标指针移至页面中的图片上时，图片底部的文字内容会逐渐消失，如图 13-117 所示。当将鼠标指针从图片上移开时，图片底部的文字内容会逐渐显示，如图 13-118 所示。

图 13-117 预览 "Drop 效果" 所实现的效果 1

图 13-118 预览 "Drop 效果" 所实现的效果 2

课后习题

完成本章内容的学习后，接下来通过几道课后习题，测验读者对 "使用行为创建动态效果" 的学习效果，同时加深读者对所学知识的理解。

一、选择题

1. 将鼠标指针移至网页元素上的触发事件是（　）。

A. onMouseOver　　　　B. onMouseOut　　　　C. onMouseUp　　　　D. onMouseDown

2. 以下哪个选项的行为不是 "设置文本" 中所包含的？（　）

A. 设置容器的文本　　　B. 设置文本域文字　　　C. 设置状态栏文本　　　D. 设置 Div 文本

3. 以下关于添加行为说法错误的是（　）。

A. 首先需要在网页中选中需要添加行为的具体元素，然后才能为指定的元素添加行为

B. 在行为菜单中不能选择呈灰色显示的命令，这些命令呈灰色显示的原因可能是当前所选择的页面元素不适用添加该行为

C. 完成行为的添加之后，可以在 "行为" 面板中修改触发该行为的事件

D. 同一个网页元素只能够添加一种行为

二、填空题

1. 添加行为的 3 个步骤：① _____；② _____；③ _____。

2. 使用 "检查表单" 行为配合 _____ 事件，可以在用户填写完表单的每一项之后，立刻检验该项是否合理。使用 "检查表单" 行为配合 _____ 事件，当用户单击提交按钮后，可以一次校验所有填写内容的合法性。

3. 行为是由 _____ 和 _____ 组成的。

三、简答题

简单描述什么是事件？什么是行为？

Chapter

14

综合案例

在前面的章节中，通过课堂案例与知识点相结合的方式讲解了
Dreamweaver 的功能。要想熟练地使用 Dreamweaver 制作网站页
面，进行大量的制作练习是非常必要的。本章将通过 3 个不同类型的商
业网站页面案例的制作，使读者巩固使用 Dreamweaver 制作网站页
面的方法和技巧。

14.1 制作企业宣传网站页面

企业网站是非常常见的一种网站类型，企业网站的页面不同于其他网站页面，整个页面的设计不仅要体现出企业的鲜明形象，还要注重对企业产品的展示与宣传，以方便浏览者了解企业的性质。另外，在页面布局上还要体现出大方、简洁的风格，只有这样才能体现出制作网站的真正意义。

1. 设计分析

本节制作一个企业网站页面。该企业是一家关于建筑、节能和新能源的科技公司，使用带有蓝天白云的素材图像作为背景，突出绿色、节能、低碳和环保的企业理念。整个页面使用深蓝色作为主色调，局部使用明亮的黄色进行点缀，突出重点。整个页面给人感觉环保、清新、简洁和大方。

2. 布局分析

网站页面采用传统的上、中、下布局，使得页面显得规整、清晰。页面顶部通过通栏的半透明黑色背景来突出导航菜单；中间部分为页面的正文，在该部分又通过多栏布局的方式来表现不同栏目的内容；页面底部同样采用了通栏的灰色色块背景来表现版底信息，与顶部的导航背景相呼应。图 14-1 所示为本节制作的企业网站页面的最终效果。

图 14-1 页面最终效果

3. 制作步骤

素材文件	无
案例文件	最终文件 \ 第 14 章 \14-1.html
视频教学	视频 \ 第 14 章 \14-1.mp4
案例要点	掌握使用 Div+CSS 布局制作网页的方法

扫码观看视频

Step 01 执行“文件 > 新建”命令，弹出“新建文档”对话框，新建一个空白的 HTML 页面，如图 14-2 所示，将其保存为“源文件 \ 第 14 章 \14-1.html”。新建外部 CSS 样式表文件，如图 14-3 所示，将其保存为“源文件 \ 第 14 章 \style\14-1.css”。

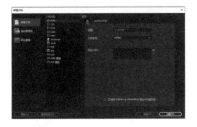

图 14-2 新建 HTML 页面

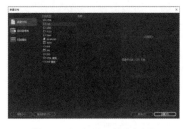

图 14-3 新建 CSS 样式表文件

Step 02 切换到 HTML 代码视图，在 <head> 与 </head> 标签之间添加 <link> 标签，链接刚刚创建的外部 CSS 样式表文件，如图 14-4 所示。切换到该网页所链接的外部 CSS 样式表文件中，创建通配符和 <body> 标签的 CSS 样式，如图 14-5 所示。

```
<!doctype html>
<html>
<head>
<meta charset="utf-8">
<title>企业类网站页面</title>
<link href="style/14-1.css" rel="stylesheet" type="text/css">
</head>

<body>
</body>
</html>
```

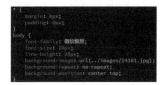

图 14-4 添加链接外部 CSS 样式表的代码

```
* {
    margin: 0px;
    padding: 0px;
}
body {
    font-family: 微软雅黑;
    font-size: 14px;
    line-height: 28px;
    background-image: url(../images/14101.jpg);
    background-repeat: no-repeat;
    background-position: center top;
}
```

图 14-5 创建 CSS 样式 1

Step 03 返回页面的设计视图，可以看到页面的背景效果，如图 14-6 所示。在页面中插入名称为 top-bg 的 Div，如图 14-7 所示。

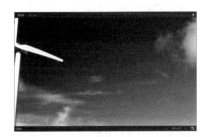

图 14-6 页面背景效果

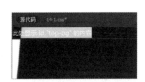

图 14-7 在页面中插入 Div

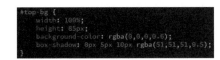

提示

对于比较复杂的完整的网站页面，建议结合使用代码与设计视图，因为 Dreamweaver 的设计视图能够为用户提供实时的页面效果，非常方便。在代码视图中，当页面的 HTML 代码较多时，对代码不是很熟悉的用户很有可能出错，所以还是建议结合使用代码与设计视图，在制作过程中随时查看页面效果。

Step 04 切换到外部 CSS 样式表文件中，创建名称为 #top-bg 的 CSS 样式，如图 14-8 所示。返回页面的设计视图，页面的效果如图 14-9 所示。

```
#top-bg {
    width: 100%;
    height: 85px;
    background-color: rgba(0,0,0,0.6);
    box-shadow: 0px 5px 10px rgba(51,51,51,0.5);
}
```

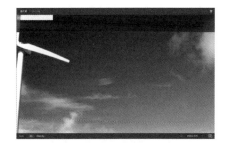

图 14-8 创建 CSS 样式 2

图 14-9 设计视图中的页面效果

Step 05 将光标移至名称为 top-bg 的 Div 中，将多余的文字删除，在该 Div 中插入名称为 top 的 Div，切换到外部 CSS 样式表文件中，创建名称为 #top 的 CSS 样式，如图 14-10 所示。返回网页的设计视图，页面中名称为 top 的 Div 的效果如图 14-11 所示。

```
#top {
    width: 940px;
    height: 60px;
    margin: 0px auto;
    padding-top: 25px;
}
```

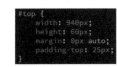

图 14-10 创建 CSS 样式 3

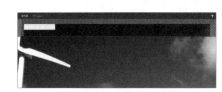

图 14-11 名称为 top 的 Div 的效果

Step 06 将光标移至名称为 top 的 Div 中，将多余的文字删除，在该 Div 中插入名称为 menu 的 Div。切换到外部 CSS 样式表文件中，创建名称为 #menu 的 CSS 样式，如图 14-12 所示。返回网页的设计视图，页面中名称为 menu 的 Div 的效果如图 14-13 所示。

Step 07 将光标移至名称为 menu 的 Div 中，将多余的文字删除，输入项目列表内容，如图 14-14 所示。切换到外部 CSS 样式表文件中，创建名称为 #menu li 的 CSS 样式，如图 14-15 所示。

图 14-12 创建 CSS 样式 4

图 14-13 名称为 menu 的 Div 的效果

图 14-14 创建项目列表

图 14-15 创建 CSS 样式 5

Step 08 返回网页的设计视图，页面导航菜单的效果如图 14-16 所示。将光标移至名称为 menu 的 Div 之后，插入图像"源文件\第14章\images\14102.png"，如图 14-17 所示。

图 14-16 页面导航菜单的效果

图 14-17 插入图像

Step 09 在名称为 top-bg 的 Div 之后插入名称为 box 的 Div。切换到外部 CSS 样式表文件中，创建名称为 #box 的 CSS 样式，如图 14-18 所示。返回网页的设计视图，页面中名称为 box 的 Div 的效果如图 14-19 所示。

图 14-18 创建
CSS 样式 6

图 14-19 名称为 box 的 Div 的效果

Step 10 将光标移至名称为 box 的 Div 中，将多余的文字删除，在该 Div 中插入名称为 help 的 Div。切换到外部 CSS 样式表文件中，创建名称为 #help 的 CSS 样式，如图 14-20 所示。返回网页的设计视图，页面中名称为 help 的 Div 的效果如图 14-21 所示。

图 14-20 创建 CSS 样式 7

图 14-21 名称为 help 的 Div 的效果

Step 11 将光标移至名称为 help 的 Div 中，将多余的文字删除，输入相应的文字，如图 14-22 所示。在 HTML 代码中，在刚刚输入的文字中添加相应的 <span> 标签，如图 14-23 所示。

Step 12 切换到外部 CSS 样式表文件中，创建名称为 #help span 的 CSS 样式，如图 14-24 所示。返回网页的设计视图，页面的效果如图 14-25 所示。

图 14-22 输入文字 1

图 14-23 添加 <span> 标签

图 14-24 创建 CSS 样式 8

图 14-25 页面效果 1

Step 13 在名称为 help 的 Div 之后插入名称为 banner 的 Div。切换到外部 CSS 样式表文件中，创建名称为 #banner 的 CSS 样式，如图 14-26 所示。返回网页的设计视图，将名称为 banner 的 Div 中多余的文字删除，插入图像"源文件 \ 第 14 章 \images\14104.png"，效果如图 14-27 所示。

Step 14 在名称为 banner 的 Div 之后插入名称为 main 的 Div。切换到外部 CSS 样式表文件中，创建名称为 #main 的 CSS 样式，如图 14-28 所示。返回网页的设计视图，可以看到页面中名称为 main 的 Div 的效果，如图 14-29 所示。

图 14-26 创建 CSS 样式 9　　　图 14-27 页面效果 2　　　图 14-28 创建 CSS 样式 10　　　图 14-29 名称为 main 的 Div 的效果

Step 15 将光标移至名称为 main 的 Div 中，将多余的文字删除，在该 Div 中插入名称为 title1 的 Div。切换到外部 CSS 样式表文件中，创建名称为 #title1 的 CSS 样式，如图 14-30 所示。返回网页的设计视图，将名称为 title1 的 Div 中多余的文字删除并输入相应的文字，如图 14-31 所示。

Step 16 在名称为 title1 的 Div 之后插入名称为 hot 的 Div。切换到外部 CSS 样式表文件中，创建名称为 #hot 的 CSS 样式，如图 14-32 所示。返回网页的设计视图，可以看到页面中名称为 hot 的 Div 的效果，如图 14-33 所示。

图 14-30 创建 CSS　　　图 14-31 输入文字 2　　　图 14-32 创建 CSS 样式 12　　　图 14-33 名称为 hot 的 Div 的效果
样式 11

Step 17 将光标移至名称为 hot 的 Div 中，将多余的文字删除，在该 Div 中插入名称为 pic1 的 Div。切换到外部 CSS 样式表文件中，创建名称为 #pic1 的 CSS 样式，如图 14-34 所示。返回网页的设计视图，将名称为 pic1 的 Div 中多余的文字删除，插入相应的图像并输入文字，如图 14-35 所示。

Step 18 使用相同的制作方法，在名称为 pic1 的 Div 之后依次插入名称为 pic2 和 pic3 的 Div。在外部 CSS 样式表文件中创建相应的 CSS 样式，如图 14-36 所示。返回网页的设计视图，完成该部分内容的制作，页面的效果如图 14-37 所示。

图 14-34 创建 CSS 样式 13　　　图 14-35 插入图像并　　　图 14-36 创建 CSS 样式 14　　　图 14-37 依次插入图像并输入文字的效果
输入文字

Step 19 在名称为 hot 的 Div 之后插入名称为 button 的 Div。切换到外部 CSS 样式表文件中，创建名称为 #button 的 CSS 样式，如图 14-38 所示。返回网页的设计视图，可以看到页面中名称为 button 的 Div 的效果，如图 14-39 所示。

Step 20 将光标移至名称为 button 的 Div 中，将多余的文字删除。单击"插入"面板中的"鼠标经过图像"按钮，在弹出的对话框中进行设置，如图 14-40 所示。单击"确定"按钮，在光标所在位置插入鼠标经过图像，如图 14-41 所示。

图 14-38 创建 CSS 样式 15　　　　图 14-39 名称为 button 的 Div 的效果　　　　图 14-40 "插入鼠标经过图像" 对话框　　　　图 14-41 插入鼠标经过图像

Step 21 使用相同的制作方法，在刚插入的图像后插入其他鼠标经过图像。切换到外部 CSS 样式表文件中，创建名称为 #button img 的 CSS 样式，如图 14-42 所示。返回网页的设计视图，可以看到页面的效果，如图 14-43 所示。

Step 22 使用相同的制作方法，可以完成页面中其他部分的制作，页面的效果如图 14-44 所示。

图 14-42 创建 CSS 样式 16　　　　图 14-43 插入所有鼠标经过图像的效果　　　　图 14-44 页面最终效果

Step 23 保存 HTML 页面并保存外部 CSS 样式表文件。在浏览器中预览页面，可以看到该企业网站页面的效果，如图 14-45 所示。

图 14-45 在浏览器中预览页面

> **提示**
>
> 该网站页面采用了 W3C 标准的 CSS 盒模型进行布局设计制作，整体上能够适配所有主流浏览器，在页面中为个别元素应用了 CSS 3.0 新增的 RGBA 颜色模式实现半透明效果，应用 box-shadow 属性实现了元素的阴影效果。

14.2 制作房地产宣传网站页面

房地产宣传网站的页面通常会使用清新、有活力和有生命力的色调搭配一些美观、漂亮的图片或动画，整个页面都洋溢着和谐、快乐的生活气息，可以给浏览者大方、简洁的视觉感受，同时也需要能够体现出楼盘的特点。

1. 设计分析

本节制作一个房地产网站的页面，使用了大幅自然风景图片，在页面中占据较大的面积。蓝天、白云和山水环绕的图片体现出了楼盘所处环境优雅、静谧的同时，也使得整个页面更有大自然的韵味，给浏览者留下深刻的印象。

2. 布局分析

该网站页面采用满版式布局，使用大幅自然风景图片作为页面背景。页面中的内容较少，叠加在背景图上，导航菜单在页面下方，与页面主体相近，方便用户操作。页面内容与图像的叠加处理使页面具有较强的层次感。

图 14-46 所示为本节所制作的房地产宣传网站页面的最终效果。

图 14-46 页面最终效果

3. 制作步骤

素材文件	无
案例文件	最终文件 \ 第 14 章 \14-2.html
视频教学	视频 \ 第 14 章 \14-2.mp4
案例要点	掌握使用 Div+CSS 布局制作网站页面的综合应用

扫码观看视频

Step 01 执行"文件 > 新建"命令，弹出"新建文档"对话框，新建一个空白的 HTML 页面，如图 14-47 所示，将其保存为"源文件 \ 第 14 章 \14-2.html"。新建外部 CSS 样式表文件，如图 14-48 所示，将其保存为"源文件 \ 第 14 章 \style\14-2.css"。

图 14-47 新建 HTML 页面　　　图 14-48 新建 CSS 样式表文件

Step 02 在代码视图中，在 <head> 与 </head> 标签之间添加 <link> 标签，链接刚创建的外部 CSS 样式表文件，如图 14-49 所示。切换到该网页所链接的外部 CSS 样式表文件中，创建通配符和 <body> 标签的 CSS 样式，如图 14-50 所示。

图 14-49 添加链接外部 CSS 样式表的代码　　　图 14-50 创建 CSS 样式 1

Step 03 返回页面的设计视图，页面的背景效果如图 14-51 所示。在页面中插入名称为 top 的 Div，如图 14-52 所示。

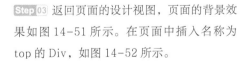

图 14-51 页面背景效果　　　图 14-52 在页面中插入 Div

Step 04 切换到外部 CSS 样式表文件中，创建名称为 #top 的 CSS 样式，如图 14-53 所示。返回网页的设计视图，将名称为 top 的 Div 中多余的文字删除，效果如图 14-54 所示。

图 14-53 创建 CSS 样式 2

图 14-54 删除 Div 中的文字

Step 05 在名称为 top 的 Div 之后插入名称为 logo 的 Div，切换到外部 CSS 样式表文件中，创建名称为 #logo 的 CSS 样式，如图 14-55 所示。返回页面的设计视图，将名称为 logo 的 Div 中多余的文字删除，插入图像"源文件 \ 第 14 章 \images\14203.jpg"，效果如图 14-56 所示。

图 14-55 创建 CSS 样式 3

图 14-56 插入图像 1

Step 06 在名称为 logo 的 Div 之后插入名称为 main 的 Div，切换到外部 CSS 样式表文件中，创建名称为 #logo 的 CSS 样式，如图 14-57 所示。返回页面的设计视图，可以看到名称为 main 的 Div 的效果，如图 14-58 所示。

图 14-57 创建 CSS 样式 4

图 14-58 名称为 main 的 Div 的效果

Step 07 将光标移至名称为 main 的 Div 中，将多余的文字删除，在该 Div 中插入名称为 left 的 Div，切换到外部 CSS 样式文件中，创建名称为 #left 的 CSS 样式，如图 14-59 所示。返回页面的设计视图中，可以看到名称为 left 的 Div 的效果，如图 14-60 所示。

Step 08 将光标移至名称为 left 的 Div 中，将多余的文字删除，输入相应的文字内容，如图 14-61 所示。切换到代码视图中，为刚输入的文字内容添加相应的列表定义代码，如图 14-62 所示。

图 14-59 创建 CSS 样式 5

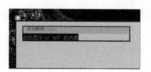

图 14-60 名称为 left 的 Div 的效果

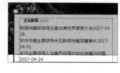

图 14-61 输入文字 1

图 14-62 添加列表定义代码

Step 09 切换到外部 CSS 样式文件中，创建名称分别为 #left dt 和 #left dd 的 CSS 样式，如图 14-63 所示。返回页面的设计视图中，在实时视图中可以看到该部分新闻列表的效果，如图 14-64 所示。

Step 10 在名称为 left 的 Div 之后插入名称为 center 的 Div。切换到外部 CSS 样式文件中，创建名称为 #center 的 CSS 样式，如图 14-65 所示。返回页面的设计视图，可以看到名称为 center 的 Div 的效果，如图 14-66 所示。

图 14-63 创建 CSS 样式 6

图 14-64 新闻列表效果

图 14-65 创建 CSS 样式 7

图 14-66 名称为 center 的 Div 的效果

Step 11 将光标移至名称为 center 的 Div 中，将多余的文字删除，插入相应的图像，如图 14-67 所示。切换到外部 CSS 样式文件中，创建名称为 #center img 的 CSS 样式，如图 14-68 所示。

Step 12 返回页面的设计视图，可以看到该部分内容的效果，如图 14-69 所示。在名称为 center 的 Div 之后插入名称为 right 的 Div，切换到外部 CSS 样式文件中，创建名称为 #right 的 CSS 样式，如图 14-70 所示。

图 14-67 插入图像 2

图 14-68 创建 CSS 样式 8

图 14-69 设计视图

图 14-70 创建 CSS 样式 9

Step 13 返回页面的设计视图，将光标移至名称为 right 的 Div 中，将多余的文字删除，输入相应的文字，如图 14-71 所示。切换到外部 CSS 样式文件中，创建名称为 .font01 的类 CSS 样式，如图 14-72 所示。

Step 14 返回代码视图，为相应的文字应用名称为 .font01 的类 CSS 样式，如图 14-73 所示。返回设计视图，可以看到该部分内容的效果，如图 14-74 所示。

图 14-71 输入文字 2

图 14-72 创建类 CSS 样式 10

图 14-73 应用类 CSS 样式

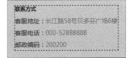
图 14-74 应用类 CSS 样式的效果

Step 15 在名称为 right 的 Div 之后插入名称为 next 的 Div。切换到外部 CSS 样式文件中，创建名称为 #next 的 CSS 样式，如图 14-75 所示。返回设计视图，将光标移至名称为 next 的 Div 中，删除多余的文字，插入图像"源文件 \ 第 14 章 \images\14212.png"，效果如图 14-76 所示。

Step 16 在名称为 main 的 Div 之后插入名称为 bottom 的 Div。切换到外部 CSS 样式文件中，创建名称为 #bottom 的 CSS 样式，如图 14-77 所示。返回设计视图，可以看到名称为 bottom 的 Div 的效果，如图 14-78 所示。

图 14-75 创建 CSS 样式 11

图 14-76 插入图像 3

图 14-77 创建 CSS 样式 12 ... 图 14-78 名称为 bottom 的 Div 的效果

Step 17 将光标移至名称为 bottom 的 Div 中，删除多余的文字，在该 Div 中插入名称为 link 的 Div。切换到外部 CSS 样式文件中，创建名称为 #link 的 CSS 样式，如图 14-79 所示。返回设计视图，将光标移至名称为 link 的 Div 中，将多余的文字删除，输入相应的文字，效果如图 14-80 所示。

Step 18 切换到网页的代码视图中，为该部分文字添加项目列表标签，如图 14-81 所示。切换到外部 CSS 样式文件中，创建名称为 #link li 的 CSS 样式，如图 14-82 所示。

图 14-79 创建 CSS 样式 13

图 14-80 输入文字 3

图 14-81 添加项目
列表标签代码

图 14-82 创建 CSS 样式 14

Step 19 返回页面的设计视图，可以看到该部分内容的效果，如图 14-83 所示。使用相同的制作方法，可以完成页面版底信息内容的制作，如图 14-84 所示。

图 14-83 页面效果

图 14-84 版底信息效果

Step 20 完成该网站页面的制作，保存页面并保存外部 CSS 样式表文件。在浏览器中预览页面，效果如图 14-85 所示。

图 14-85 在浏览器中预览页面

制作儿童教育网站页面

在设计制作儿童类网站页面的过程中，页面的布局尤为重要。除了页面的色调、风格等因素（它们决定了页面的整体美观性），布局也会直接影响页面的视觉效果。使用一些卡通动画及图片进行搭配，可以为整体页面营造一种带有生命的活力与朝气的氛围，这样才能够表现出儿童世界的欢乐与纯真。

1. 设计分析

如今，随着社会的发展，越来越多的关于儿童的网站受到家长们的关注与青睐。本节制作的网站页面以暖色调为主，营造出温馨、舒适的效果。在页面设计中，大量使用了儿童比较感兴趣的插画和文字作为页面的主要构成元素，通过图文的巧妙组合给人一种亲近感，使整个页面洋溢着和谐、快乐的气息。

2. 设计分析

本节制作的儿童教育网站页面为了能够快速吸引受众的视线，整体采用了居中布局的方式，同样可以划分为上、中、下 3 个部分。顶部通过大幅的卡通背景突出表现页面的主题和导航菜单；中间为页面的主体内容区域，该部分通过背景图像的设计分为 3 行，而每行又根据不同的栏目划分出不同的列，使得每部分内容都清晰、易读；底部为页面的版底信息。页面的整体结构简约、大方，在很大程度上抓住了浏览者倾向简单、舒适的心理。图 14-86 所示为本节制作的儿童教育网站页面的最终效果。

图 14-86 页面最终效果

3. 制作步骤

素材文件	无
案例文件	最终文件 \ 第 14 章 \14-3.html
视频教学	视频 \ 第 14 章 \14-3.mp4
案例要点	掌握使用 Div+CSS 布局页面的综合应用

扫码观看视频

Step 01 执行"文件 > 新建"命令，弹出"新建文档"对话框，新建一个空白的 HTML 页面文档，如图 14-87 所示，将其保存为"源文件 \ 第 14 章 \14-3.html"。新建外部 CSS 样式表文件，如图 14-88 所示，将其保存为"源文件 \ 第 14 章 \style\14-3.css"。

Step 02 切换至代码视图，在 <head> 与 </head> 标签之间添加 <link> 标签，链接刚创建的外部 CSS 样式表文件，如图 14-89 所示。切换到该网页所链接的外部 CSS 样式表文件中，创建通配符和 <body> 标签的 CSS 样式，如图 14-90 所示。

图 14-87 新建 HTML 页面

图 14-88 新建 CSS 样式表文件

图 14-89 添加链接外部 CSS 样式表的代码

图 14-90 创建 CSS 样式 1

图 14-91 页面背景效果

Step 03 返回页面的设计视图，页面的背景效果如图 14-91 所示。在页面中插入名称为 top-line 的 Div，切换到外部 CSS 样式表文件中，创建名称为 #top-line 的 CSS 样式，如图 14-92 所示。

图 14-92 创建 CSS 样式 2

Step 04 返回网页的设计视图，将名称为 box-line 的 Div 中多余的文字删除，效果如图 14-93 所示。在名称为 top-line 的 Div 后插入名称为 box 的 Div，切换到外部 CSS 样式表文件中，创建名称为 #box 的 CSS 样式，图 14-94 所示。

 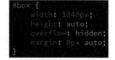

图 14-93 删除 Div 中多余的文字　　图 14-94 创建 CSS 样式 3

Step 05 返回页面的设计视图，可以看到名称为 box 的 Div 的效果，如图 14-95 所示。将光标移至名称为 box 的 Div 中，将多余的文字删除，插入名称为 top-bg 的 Div。切换到外部 CSS 样式表文件中，创建名称为 #top-bg 的 CSS 样式，如图 14-96 所示。

图 14-95 名称为 box 的 Div 的效果　　图 14-96 创建 CSS 样式 4

Step 06 返回页面的设计视图，可以看到名称为 top-bg 的 Div 的效果，如图 14-97 所示。将光标移至名称为 top-bg 的 Div 中，将多余的文字删除，插入名称为 top-link 的 Div。切换到外部 CSS 样式表文件中，创建名称为 #top-link 的 CSS 样式，如图 14-98 所示。

图 14-97 名称为 top-bg 的 Div 的效果　　图 14-98 创建 CSS 样式 5

Step 07 返回页面的设计视图，可以看到名称为 top-link 的 Div 的效果，如图 14-99 所示。将光标移至名称为 top-link 的 Div 中，将多余的文字删除，依次插入相应的图像，效果如图 14-100 所示。

Step 08 在名称为 top-link 的 Div 后插入名称为 menu 的 Div。切换到外部 CSS 样式表文件中，创建名称为 #menu 的 CSS 样式，如图 14-101 所示。返回设计视图，可以看到名称为 menu 的 Div 的效果，如图 14-102 所示。

图 14-99 名称为 top-link 的 Div 的效果　　图 14-100 插入图像　　图 14-101 创建 CSS 样式 6　　图 14-102 名称为 menu 的 Div 的效果

Step 09 将光标移至名称为 menu 的 Div 中，将多余的文字删除，输入文字，如图 14-103 所示。切换到代码视图，为刚输入的文字添加项目列表标签，如图 14-104 所示。

Step 10 切换到外部 CSS 样式表文件中，创建名称为 #menu li 的 CSS 样式，如图 14-105 所示。返回设计视图，可以看到导航菜单的效果，如图 14-106 所示。

图 14-103 在 menu Div 中输入文字　　图 14-104 添加项目列表标签　　图 14-105 创建 CSS 样式 7　　图 14-106 导航菜单的效果

Step 17 切换到外部 CSS 样式表文件中，创建名称为 #rank-text dt 和 #rank-text dd 的 CSS 样式，如图 14-119 所示。返回页面的设计视图，可以看到该部分新闻列表的效果，如图 14-120 所示。

Step 18 在名称为 rank 的 Div 之后插入名称为 business 的 Div。切换到外部 CSS 样式表文件，创建名称为 #business 的 CSS 样式，如图 14-121 所示。返回页面的设计视图，可以看到名称为 business 的 Div 的效果，如图 14-122 所示。

图 14-119 创建 CSS 样式 13

图 14-120 新闻列表效果

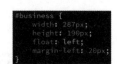

图 14-121 创建 CSS 样式 14

图 14-122 名称为 business 的 Div 的效果

Step 19 使用相同的制作方法，可以完成该 Div 中内容的制作，效果如图 14-123 所示。在名称为 business 的 Div 之后插入名称为 right 的 Div。切换到外部 CSS 样式表文件，创建名称为 #right 的 CSS 样式，如图 14-124 所示。

Step 20 返回页面的设计视图，可以看到名称为 right 的 Div 的效果，如图 14-125 所示。将光标移至名称为 right 的 Div 中，将多余的文字删除，在该 Div 中插入名称为 login 的 Div。切换到外部 CSS 样式表文件，创建名称为 #login 的 CSS 样式，如图 14-126 所示。

图 14-123 页面效果

图 14-124 创建 CSS 样式 15

图 14-125 名称为 right 的 Div 的效果

图 14-126 创建 CSS 样式 16

Step 21 返回页面的设计视图，可以看到名称为 login 的 Div 的效果，如图 14-127 所示。切换到代码视图，在该 Div 中编写登录表单的 HTML 代码，如图 14-128 所示。

Step 22 返回页面的设计视图，可以看到该部分登录表单的默认效果，如图 14-129 所示。切换到外部 CSS 样式表文件，创建名称为 #uname,#upass 和 #button 的 CSS 样式，如图 14-130 所示。

图 14-127 名称为 login 的 Div 的效果

图 14-128 编写登录表单的 HTML 代码

图 14-129 登录表单的 默认效果

图 14-130 创建 CSS 样式 17

Step 23 返回设计视图，可以看到该部分登录表单的效果，如图 14-131 所示。切换到外部 CSS 样式表文件中，创建名称分别为 .img01 和 .img02 的类 CSS 样式，如图 14-132 所示。

图 14-131 设计视图中登 录表单的效果

图 14-132 创建类 CSS 样式 18

Step 24 返回页面的代码视图,为相应的图片分别应用名称为 .img01 和 .img02 的类 CSS 样式,如图 14-133 所示。返回页面的设计视图,可以看到该部分登录表单的效果,如图 14-134 所示。

图 14-133 为图片应用类 CSS 样式

图 14-134 应用类 CSS 样式的登录表单效果

Step 25 在名称为 login 的 Div 后插入名称为 pic03 的 Div。切换到外部 CSS 样式表文件,创建名称为 #pic03 的 CSS 样式,如图 14-135 所示。返回页面的设计视图,将名称为 pic03 的 Div 中多余的文字删除,依次插入相应的图像,效果如图 14-136 所示。

Step 26 切换到外部 CSS 样式表文件中,创建名称为 #pic03 img 的 CSS 样式,如图 14-137 所示。返回设计视图,可以看到该部分内容的效果,如图 14-138 所示。

图 14-135 创建 CSS 样式 19

图 14-136 在 Div 中插入图像

图 14-137 创建 CSS 样式 20

图 14-138 设计视图中的页面效果

Step 27 使用相同的制作方法,可以完成其他内容的制作,效果如图 14-139 所示。在名称为 main-bg 的 Div 后插入名称为 bottom 的 Div。切换到外部 CSS 样式表文件,创建名称为 #bottom 的 CSS 样式,如图 14-140 所示。

图 14-139 完成其他内容的制作

图 14-140 创建 CSS 样式 21

Step 28 返回页面的设计视图,可以看到名称为 bottom 的 Div 的效果,如图 14-141 所示。使用相同的制作方法,可以完成版底信息内容的制作,效果如图 14-142 所示。

Step 29 至此,完成了儿童教育网站页面的设计制作。保存 HTML 页面和外部 CSS 样式表文件,在浏览器中预览该页面,最终效果如图 14-143 所示。

图 14-141 名称为 bottom 的 Div 的效果

图 14-142 版底效果

图 14-143 在浏览器中预览页面

课后习题答案

第1章

一、选择题
1. C   2. D   3. A
二、填空题
1. HTTP
2. 拆分、设计、实时视图
3. 预览
三、简答题
网页英文名称为 Web Page，它是一个文件，被保存在世界某个角落的某一台计算机中，而这台计算机必须与互联网相连。

网站英文名称为 Web Site，简单地说，网站就是多个网页的集合，其中包括一个首页和若干个分页。

第2章

一、选择题
1. A   2. B   3. D
二、填空题
1. 远程服务器、远程服务器
2. 文件
3. 管理站点
三、简答题
通过站点可以对网站的整体结构进行规划，将网站所使用的页面和相关资源进行统一管理。除此之外，在创建站点时为站点设置远程服务器，还可以使站点随时保持与远程服务器的连接，从而方便用户利用远程服务器进行网站文件的上传和下载。

第03章

一、选择题
1. D   2. C   3. D
二、填空题
1. <head>
2. <div>、<span>
3. <video>
三、简答题
<div> 标签被称为区域标签（又称容器标签），用来作为多种 HTML 标签组合的容器，对该区域进行操作和设置，就可以完成对区域中元素的操作和设置。

<span> 标签可以作为片段文字、图像等简短内容的容器标签，其意义与 <div> 标签类似，但是和 <div> 标签是不一样的，<span> 标签是文本级元素，默认情况下是不会占用整行的，可以在一行中显示多个 <span> 标签。<span> 标签常用于段落、列表等项目中。

第04章

一、选择题
1. C   2. D   3. A
二、填空题
1. 选择器、声明、声明
2. 类 CSS 样式、类 CSS 样式
3. 派生选择器
三、简答题
CSS 现在有 3 个不同层次的标准，即 CSS 1.0、CSS 2.0 和 CSS 3.0。CSS 1.0 主要定义了网页的基本属性，如字体、颜色和空白边等。CSS 2.0 在此基础上添加了一些高级功能，如浮动和定位，以及一些高级选择器，如子选择器和相邻选择器等。CSS 3.0 开始遵循模块化开发，这将有助于理清模块化规范之间的不同关系，减小完整文件的大小。

第05章

一、选择题
1. A   2. C   3. B
二、填空题
1. @font-face 规则
2. opacity
3. box-shadow、box-shadow、英文逗号
三、简答题
cloumns 属性用于快速定义多列布局的列数目和每列的宽度。

column-width 属性用于设置多列布局的列宽。

column-count 属性用于设置多列布局的列数。

column-gap 属性可以设置多列布局中列与列之间的间距。

column-rule 属性可以设置多列布局中列与列之间的边框。

Step 11 在名称为 menu 的 Div 后插入名称为 logo 的 Div。切换到外部 CSS 样式表文件中，创建名称为 #logo 的 CSS 样式，如图 14-107 所示。返回页面的设计视图，将光标移至名称为 logo 的 Div 中，将多余的文字删除，插入图像"源文件\第 14 章 \images\ 14309.png"，如图 14-108 所示。

图 14-107 创建 CSS 样式 8　　　　　　　　图 14-108 删除文字并插入图像

Step 12 在名称为 top-bg 的 Div 后插入名称为 main-bg 的 Div，切换到外部 CSS 样式表文件中，创建名称为 #main-bg 的 CSS 样式，如图 14-109 所示。返回页面的设计视图，可以看到名称为 main-bg 的 Div 的效果，如图 14-110 所示。

图 14-109 创建 CSS 样式 9　　　　　　　　图 14-110 名称为 main-bg 的 Div 的效果

Step 13 将光标移至名称为 main-bg 的 Div 中，将多余的文字删除，在该 Div 中插入名称为 rank 的 Div。切换到外部 CSS 样式表文件中，创建名称为 #rank 的 CSS 样式，如图 14-111 所示。返回页面的设计视图，可以看到名称为 rank 的 Div 的效果，如图 14-112 所示。

Step 14 将光标移至名称为 rank 的 Div 中，将多余的文字删除，在该 Div 中插入名称为 rank-title 的 Div，切换到外部 CSS 样式表文件中，创建名称为 # rank-title 的 CSS 样式，如图 14-113 所示。返回页面的设计视图，将名称为 rank-title 的 Div 中多余的文字删除，插入相应的图像，效果如图 14-114 所示。

图 14-111 创建 CSS 样式 10　　图 14-112 名称为 rank 的　　图 14-113 创建 CSS 样式 11　　图 14-114 在 Div 中插入图像
　　　　　　　　　　　　　　　　　　Div 的效果

Step 15 在名称为 rank-title 的 Div 之后插入名称为 rank-text 的 Div。切换到外部 CSS 样式表文件中，创建名称为 # rank-text 的 CSS 样式，如图 14-115 所示。返回页面的设计视图，可以看到名称为 rank-text 的 Div 的效果，如图 14-116 所示。

Step 16 将光标移至名称为 rank-text 的 Div 中，将多余的文字删除，输入文字，如图 14-117 所示。切换到页面的代码视图，为刚输入的文字添加定义列表标签代码，如图 14-118 所示。

图 14-115 创建 CSS 样式 12　　图 14-116 名称为 rank-text　　图 14-117 在 rank-text Div 中　　图 14-118 添加定义列表标签代码
　　　　　　　　　　　　　　　　的 Div 的效果　　　　　　　　输入文字

column-span 属性主要用于设置一个分列元素中的子元素能够跨所有列。

第 06 章

一、选择题
1. D　　　2. B　　　3. B

二、填空题
1. <div></div>
2. margin（边界）、border（边框）、padding（填充）、content（内容）
3. auto

三、简答题
每个块级元素默认占一行高度，一行内添加一个块级元素后一般无法添加其他元素（使用 CSS 样式进行定位和浮动设置除外）。两个块级元素连续编辑时，会在页面自动换行显示。块级元素一般可嵌套块级元素或行内元素。

行内元素也叫内联元素、内嵌元素等，行内元素一般都是基于语义级的基本元素，只能容纳文本或其他内联元素，常见内联元素如 <a> 标签。

第 07 章

一、选择题
1. C　　　2. A　　　3. B

二、填空题
1. Enter、<p>
2. 有序列表、<ol></ol>
3. <marquee>

三、简答题
第 1 种是在网页编辑窗口中直接用键盘输入文本，这可以算是最基本的输入方式了。

第 2 种是使用复制粘贴的方法，可以从其他的文字处理程序中将文字内容复制到网页中。

第 08 章

一、选择题
1. B　　　2. A　　　3. C

二、填空题
1. <canvas>
2. Wmode、透明
3. controls

三、简答题
使用插件在网页中嵌入音频和视频。音频和视频在网页中的播放依赖于当前计算机系统中默认的音频和视频播放软件，这样就会导致可能每个用户所看到的音频和视频播放界面不统一，对音频和视频格式的支持也不统一。

使用 HTML 5 新增的 Audio 和 Video 元素在网页中嵌入音频和视频，能够为用户提供统一的播放器外观，并且 Audio 和 Video 元素还提供接口，用户可以通过 JavaScript 脚本自定义播放控制组件。

第 09 章

一、选择题
1. D　　　2. B　　　3. C

二、填空题
1. _blank、_parent、_self、_top、new
2. # 号、锚点名称
3. :hover

三、简答题
相对路径最适合网站的内部链接。只要是属于同一网站之下的，即使不在同一个目录下，相对路径也非常适合。如果链接到同一目录下，则只需输入要链接文档的名称。要链接到下一级目录中的文件，只需先输入目录名，然后加 "/"，再输入文件名。如果要链接到上一级目录中的文件，则先输入 "../"，再输入目录名、文件名。

绝对路径为文件提供完全的路径，包括使用的协议（如 HTTP、FTP 和 RTSP 等）。一般常见的绝对路径如 http://www.sina.com、ftp://202.98.148.1/ 等。

第 10 章

一、选择题
1. A　　　2. D　　　3. B

二、填空题
1. 表单域、表单域、表单域
2. <select>、<option>
3. 电子邮件

三、简答题
网页中的 <from></form> 标签用来创建表单，定义了表单开始和结束的位置，在标签之间的内容都在一个表单当中。表单子元素的作用是提供不同类型的容器，记录用户的数据。

用户完成表单数据的输入之后，表单将把数据提交到后台程序页面。页面中可以有多个表单，但要确保一个表单只能提交一次数据。

一、选择题

1. C　　　2. D　　　3. D

二、填空题

1. <table>、<tr>、<td>

2. src

3. <thead>、<tbody>、<tfoot>

三、简答题

一个典型的网页中通常都会包含头部、页脚、导航、主体内容和侧边内容等区域。针对这种情况，HTML 5 中引入了与文档结构相关联的网页结构元素。以前在制作 HTML 页面时，通常都是使用 Div 元素进行布局制作，所以在页面的 HTML 代码中都是 <div> 标签，这样不便于区域 HTML 页面的各部分内容，而使用 HTML 5 的文档结构标题，可以使 HTML 页面的文档结构更加清晰、明确。

第 12 章

一、选择题

1. D　　　2. C　　　3. B

二、填空题

1. 可编辑的可选区域

2. 网站模板

3. .lbi

三、简答题

在实际的工作中，有时有很多页面都会使用相同的布局，在制作时为了避免这种重复操作，设计者可以使用 Dreamweaver 提供的"模板"和"库"功能，将具有相同整体布局结构的页面制作成模板，将相同局部的对象制作成库文件。这样，当设计者再次制作拥有模板和库内容的网页时，就不需要进行重复的操作了。

第 13 章

一、选择题

1. A　　　2. D　　　3. D

二、填空题

1. 选择对象、添加动作、设置触发事件

2. onBlur、onSubmit

3. 动作、事件

三、简答题

事件实际上是浏览器生成的消息，指示用户在该页面中浏览时执行某种操作。例如，当浏览者将鼠标指针移动到某个超链接上时，浏览器为该超链接生成一个 onMouseOver 事件（鼠标经过），然后浏览器查看是否存在应该调用的 JavaScript 代码。而每个页面元素所能发生的事件不尽相同。例如，页面文档本身能发生的 onLoad（页面被打开时的事件）和 onUnload（页面被关闭时的事件）。

动作只有在某个事件发生时才被执行。例如，可以设置当将鼠标指针移动到某个超链接上时，执行一个动作使浏览器状态栏出现一行文字。